电子技术实验教程

（第三版）

刘舜奎　林小榕　李惠钦　编

厦门大学出版社 XIAMEN UNIVERSITY PRESS
国家一级出版社
全国百佳图书出版单位

图书在版编目(CIP)数据

电子技术实验教程/刘舜奎,林小榕,李惠钦编.—3版.—厦门:厦门大学出版社,2013.1(2015.7重印)
(高等院校信息技术实验教程丛书)
ISBN 978-7-5615-2889-1

Ⅰ.①电… Ⅱ.①刘…②林…③李… Ⅲ.①电子技术-实验-高等学校-教材
Ⅳ.①TN-33

中国版本图书馆CIP数据核字(2012)第313700号

厦门大学出版社出版发行
(地址:厦门市软件园二期望海路39号 邮编:361008)
总编办电话:0592-2182177 传真:0592-2181253
营销中心电话:0592-2184458 传真:0592-2181365
网址:http://www.xmupress.com
邮箱:xmup@xmupress.com
南平市武夷美彩印中心印刷
2013年1月第3版 2015年7月第2次印刷
开本:787×1092 1/16 印张:14.5
字数:363千字 印数:3 001~6 000册
定价:26.00元
本书如有印装质量问题请直接寄承印厂调换

高等院校信息技术实验教程丛书编委会

序

21世纪，科学技术的发展日新月异，信息化时代的来临使信息科学与技术深入社会生活的各个领域。其发展水平已成为衡量一个国家科技实力的重要标志之一。各国都把培养大量高水平的信息科学人才作为科技发展的重要战略目标。

培养高水平的信息科学人才，应重视学生的工程素质和实践能力的培养，提高学生分析问题解决实际问题的能力，这也是当前社会对毕业生专业技能的要求。各高校通过实验课程、课程设计、毕业设计、毕业实习以及组织各种竞赛来提高学生的实践能力、设计与制作能力。

实验是自然科学的基础，是一切科学创造的源泉。学生在本科阶段存在课程多，学时少，实验、实践锻炼的机会更少的问题。一方面由于扩招引起的指导教师、实验资源不足；另一方面也缺少一批实用、高效的实验教材。在厦门大学出版社的大力支持下，我们组织完成了这套"高等院校信息技术实验教程丛书"的编写工作。参与编写该丛书的作者都是担任相关课程的老师或实验指导老师，该丛书是在相关课程经过多年实验使用的实验讲义的基础上编制而成，收集了较多不同难度的实验项目，供实验课选择。

"高等院校信息技术实验教程丛书"包括《电子技术实验教程》、《电机与电力拖动实验教程》、《可编程控制器(PLC)实验教程》、《自控原理实验教程》、《过程控制实验教程》、《单片机实验教程》、《电磁场与微波实验教程》、《数据库实验教程》、《汇编程序设计实践教程》、《数字信号处理(DSP)实验教程》十本实验指导书。

在此，我们向所有支持和参与该丛书出版的单位和同志表示感谢，特别要向李茂青教授、许茹教授在该丛书的编写、出版中做出的指导性工作表示感谢。同时，感谢该丛书中使用的实验设备的生产厂家提供的支持。

由于作者的水平与能力有限，丛书中的不足与问题难免，恳请广大师生批评指正。

高等院校信息技术实验教程丛书编委会

2008年1月于厦门大学海韵园

目　录

模拟电路部分

数字电路部分

附　录

模拟电路部分

实验教学的基本要求

电子技术基础课具有很强的灵活性，通过实验教学使学生掌握基本实验技能，并培养学生实验研究的能力，综合应用知识的能力和创新意识。具体要求如下：

1. 正确使用常用电子仪器，如示波器、信号发生器、数字万用表、稳压电源等。

2. 掌握基本的测试技术，如测量电压或电流的平均值、有效值、峰值，信号的周期、相位，脉冲波形的参数，以及电子电路的主要技术指标。

3. 掌握一种电子电路计算机辅助设计软件的使用方法。

4. 能够根据技术要求设计功能电路、小系统，并独立完成组装和测试。

5. 具有一定的分析、查找和排除电子电路中常见故障的能力。

6. 具有一定的处理实验数据和分析误差的能力。

7. 具有查阅电子器件手册的能力。

8. 能够独立写出严谨、有理论分析、实事求是、文理通顺、字迹端正的实验报告。

实验规则

为了顺利完成实验任务，确保人身和设备安全，培养严谨、踏实、实事求是的科学作风和爱护国家财产的优秀品质，特制定以下实验规则：

1. 实验前必须充分预习，完成预习报告。

2. 使用仪器前必须了解其性能、操作方法及注意事项。在使用中应严格遵守。

3. 实验时接线要认真，仔细检查，确信无误才能通电。初学或没把握时应经指导教师检查后才能通电。

4. 实验时应注意观察，若发现有破坏性异常现象（如器件发烫、冒烟或有异味），应立即关断电源，保持现场，报告指导教师，找出原因，排除故障并经指导教师同意后才能继续实验。如果发生事故（如器件或设备损坏）应主动填写事故报告单，并服从处理决定（包括经济赔偿），并自觉总结经验，吸取教训。

5. 实验过程中需要改接线时，应先关断电源后才能拆线接线。

6. 实验过程中应仔细观察实验现象，认真记录实验结果（数据、波形及现象）。所记录的结果必须经指导教师审阅签字后才能拆除实验电路。

7. 实验结束后，必须将仪器关掉，并将工具、导线等按规定整理整洁，保持桌面干净，才可离开实验室。

8. 在实验室不可大声喧哗，不可做与实验无关的事。

9. 遵守实验室纪律，不乱拿其他组的东西。不在仪器设备或桌面上乱写乱画，爱护一切公物，保持实验室的整洁。

10. 实验后每个同学按要求做一份实验报告。

实验预习要求和实验报告要求

一、实验预习要求

实验前应阅读实验指导书的有关内容并做好预习报告，预习报告包括以下内容：

1. 实验电路及相关原理；
2. 实验内容相关的分析和计算；
3. 实验电路的测试方法以及本次实验所用仪器的使用方法和注意事项；
4. 实验中所要填写的表格；
5. 回答教师指定的预习思考题。

二、实验报告要求

实验报告应简单明了，并包括如下内容：

1. 实验原始记录：包括实验电路、实验数据、波形、故障及其解决方法。原始记录必须有指导教师签字，否则无效。

2. 实验结果分析：对原始记录进行必要的分析、整理。包括与估算结果的比较，误差原因和实验故障原因的分析等。

3. 总结本次实验中的1～2点体会和收获。如实验中对所设计电路进行修改的原因分析；测试技巧或故障排除的方法总结；实验中所获得的经验或可以引以为戒的教训等。

4. 预习报告和实验报告一并交给指导教师批阅。

实验报告封面样式

实验名称：

系别：　班号：　实验组别：

实验者姓名：　学号：

实验日期：　年　月　日

实验报告完成日期：　年　月　日

指导教师意见：

实验一　电压源与电压测量仪器

一、实验目的

1. 掌握直流稳压电源的功能、技术指标和使用方法；
2. 掌握任意波函数信号发生器的功能、技术指标和使用方法；
3. 掌握四位半数字万用表功能、技术指标和使用方法；
4. 学会正确选用电压表测量直流、交流电压。

二、实验原理

(一)GPD-3303 型直流稳压电源

1. 直流稳压电源的主要特点

(1)具有三路完全独立的浮地输出(CH1、CH2、FIXED)。

固定电源可选择输出电压值 2.5 V、3.3 V 和 5 V，适合常用芯片所需固定电源。

(2)两路(主路 CH1 键、从路 CH2 键)可调式直流稳压电源，两路均可工作在稳压(绿灯 C. V.)、稳流(红灯 C. C.)工作方式，稳压值为 0～32 V 连续可调，稳流值为 0～3.2 A 连续可调。

(3)两路可调式直流稳压电源可设置为组合(跟踪)工作方式，在组合(跟踪)工作方式下，可选择：

①串联组合方式(面板 SER/INDEP 键)：通过调节主路 CH1 电压、电流，从路 CH2 电压、电流自动跟随主路 CH1 变化，输出电压最大可达两路电压的额定值之和(接线端接 CH1＋和 CH2－)。

②并联组合方式(面板 PARA/INDEP 键)：通过调节主路 CH1 电压，从路 CH2 电压自动跟随主路 CH1 变化，两路电流可单独调节，输出电流可达两路电流的设定值之和。

(4)四组常用电压存储功能(面板 MEMORY1～4 键)：将 CH1、CH2 常用的电压、电流或串联、并联组合的电压、电流通过调节至所需设定值后，通过长按数字键(1～4)，则可将该组电压、电流值存储下来，当需要调用时，只需按对应的数字键即可得到原来所设定的存储电压、电流值。

(5)锁定功能：为避免电源使用过程中，误调整电压或电流值，该仪器还设置锁定功能(面板 LOCK 键)，当按下按键时，电压、电流调节旋钮不起作用，若要解除该功能，则长按该键即可。

(6)输出保护功能：当调节完成电压、电流后，需通过按面板 OUTPUT 键才能将所调电压、电流从输出孔输出。

(7)蜂鸣功能：可通过长按 CH2 键控制蜂鸣器。

2. GPD-3303 型直流稳定电源前面板图及功能

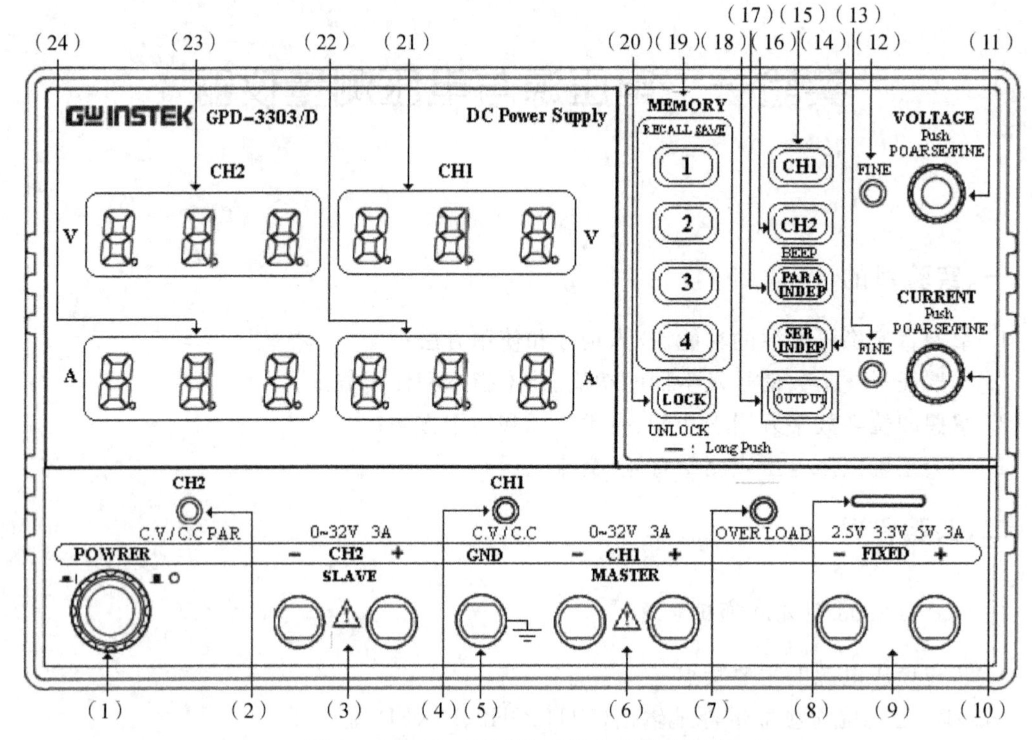

图 1 GPD-3303 型直流稳定电源前面板图

3. 功能键及旋钮作用说明

(1)电源开关:按下电源开关,接通电源;

(2)从路 CH2 恒压、恒流指示灯(C. V. /C. C.):当从路处于恒压(绿色)、恒流(红色)状态时,C. V. /C. C. 指示灯亮;

(3)从路(CH2)输出端口:从路输出端口(+为电源正端、-为电源负端);

(4)主路 CH1 恒压、恒流指示灯(C. V. /C. C.):当主路处于恒压(绿色)、恒流(红色)状态时,C. V. /C. C. 指示灯亮;

(5)接地端口:接仪器外壳,并通过电源线接本楼地线;

(6)主路(CH1)输出端口:主路输出端口(+为电源正端、-为电源负端);

(7)溢出指示灯(OVER LOAD):固定电源超载指示灯;

(8)固定电源调节开关:调整 2.5 V、3.3 V 和 5 V;

(9)固定电源(FIXED)输出端口:+为电源正端、-为电源负端;

(10)电流调节旋钮:调整 CH1/CH2 输出电流,按入为电流细调,对应指示灯(FINE)亮;

(11)电压调节旋钮:调整 CH1/CH2 输出电压,按入为电压细调,对应指示灯(FINE)亮;

(12)电压细调指示灯:细调时 FINE 灯亮;

(13)电流细调指示灯:细调时 FINE 灯亮;

(14)串联控制键:键入时(键灯亮),电源自动将 CH1、CH2 串联(CH1+为总电源+、CH2-为总电源-,CH1-和 CH2+自动连接),总电压之和为设置值的 2 倍;

(15)CH1 控制键:键入时(键灯亮),CH1 工作,可调整电压、电流并准备输出;

(16)CH2 控制键:键入时(键灯亮),CH2 工作,可调整电压、电流并准备输出;长按时可切换蜂鸣器的开、关；

(17)并联控制键：键入时(键灯亮)，电源自动将 CH1、CH2 并联(CH1＋与 CH2＋，CH1－与 CH2－自动连接)，总电流可达两路之和；

(18)OUTPUT 控制键：键入时(键灯亮)，控制 CH1、CH2 电压、电流输出；

(19)存储、调用选择键(1～4)：四组(1～4 键)存储控制键；

(20)锁定键：锁定或解除前面板设定；按下该键(键灯亮)，前面板旋钮被锁定；长按该键，按键灯熄灭，解除对前面板旋钮的锁定；

(21)CH1 电压数字显示(三位)；

(22)CH1 电流数字显示(三位)；

(23)CH2 电压数字显示(三位)；

(24)CH2 电流数字显示(三位)。

4. 使用方法

(1)开机前，将“电流调节旋钮”调到最大值，“电压调节旋钮”调到最小值。开机后再将“电压”旋钮调到需要的电压值。

(2)当电源作为恒流源使用时，开机后，通过“电流调节”旋钮调至需要的稳流值。

(3)当电源作为稳压源使用时，可根据需要调节电流旋钮任意设置“限流”保护点。

(4)预热时间：30 秒。

5. 注意事项

(1)避免端口输出线短路；

(2)避免使电源出现过载现象；

(3)避免输出出现正、负极性接错。

(二)RIGOL DG1022 双通道函数/任意波函数信号发生器

1. DG1022 双通道函数/任意波形发生器主要特点

(1)双通道输出，可以实现通道耦合、通道复制；

(2)输出 5 种基本(正弦波、方波、锯齿波、脉冲波、白噪声)波形，并内置 48 种任意波形；

(3)可编辑输出 14-bit，4 k 点的用户自定义任意波形；

(4)100 MSa/s 采样率；

(5)频率特性：

①正弦波 1 μHz～20 MHz；

②方波 1 μHz～5 MHz；

③锯齿波 1μHz～150 kHz；

④脉冲波 500 μHz～3 MHz；

⑤白噪声 5 MHz 带宽(－3 dB)；

⑥任意波形 1 μHz～5 MHz。

(6)幅度范围 2 mVp-p～10 Vp-p　(50 Ω)，4 mVp-p　－20 Vp-p　(高阻)；

(7)高精度、宽频带频率计：

①测量参数：频率、周期、占空比和正/负脉冲宽度；

②频率范围：100 mHz～200 MHz(单通道)。

(8)丰富的调制功能，输出各种调制波形：调幅(AM)、调频(FM)、调相(PM)、二进制频移

键控(FSK)、线性和对数扫描(Sweep)及脉冲串(Burst)模式;

(9)丰富的输入输出:外接调制源,外接基准 10 MHz 时钟源,外触发输入、波形输出和数字同步信号输出。

(10)支持即插即用 USB 存储设备,并可通过 USB 存储设备存储、读取波形配置参数及用户自定义任意波形。

2. DG1022 系列双通道函数/任意波形发生器前面板及功能

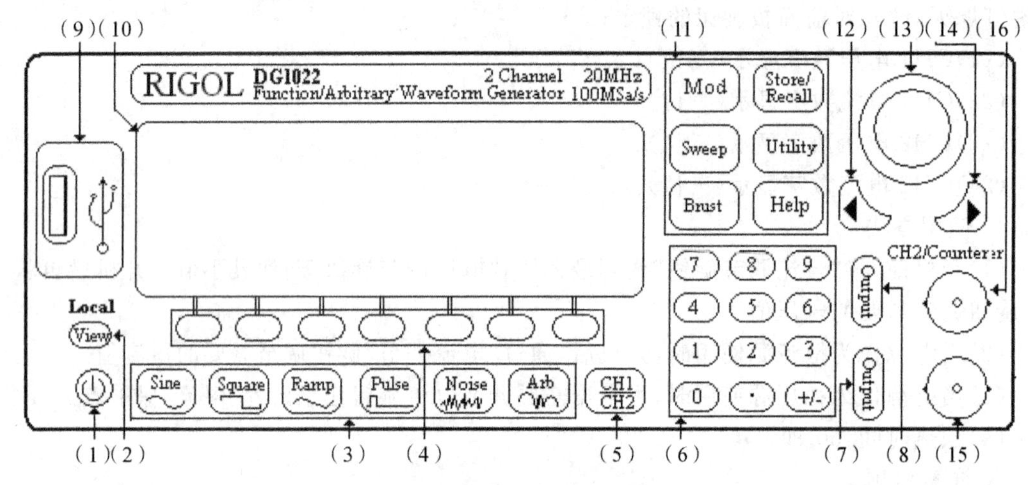

图 2 信号发生器前面板

3. 功能键及旋钮作用说明

(1)电源开关:电源主开关在仪器背面用于总电源开关,电源辅开关:控制电源的开关;

(2)参数设置、视图切换:用于参数设置和在 LCD 上观察信号形状进行切换;

(3)波形选择:选择信号发生器生成的信号的形状(正弦、方波、锯齿、脉冲、噪声等);

(4)菜单键:根据选择的波形,按照 LCD 上显示的菜单,对信号参数进行设置;

(5)通道切换键:CH1、CH2 通道切换,以便于设定输出通道信号的参数;

(6)数字键:设置参数的大小;

(7)CH1 使能:控制 CH1 通道信号输出;

(8)CH2 使能:控制 CH2 通道信号输出;

(9)USB 端口:外接 USB 设备;

(10)LCD 显示模式:用于显示信号状态、输出配置、输出通道、信号形状、信号参数、信号参数菜单等;

(11)模式/功能键:实现存储和调出、辅助系统功能、帮助功能及其他 48 种任意波形功能;

(12)左方向键:控制参数数值权位左移、任意波文件/设置文件的存储位置;

(13)旋钮:调整数值大小,在 0~9 内,顺时针转一格数字加 1,逆时针转一格数字减 1;

(14)右方向键:控制参数数值权位右移、任意波文件/设置文件的存储位置;

(15)CH1 信号输出端口;

(16)CH2 信号输出端口或频率计信号输入端口。

4. DG1022 系列双通道函数/任意波形发生器使用方法

(1)依次打开信号发生器后面板、前面板上的电源开关;

(2)按通道切换键,切换信号输出通道(默认为 CH1);

(3)按波形选择键，选择需要的波形；

(4)依次在菜单键上按相应的参数设置键，用数字键盘或方向键、旋钮设置对应的参数值后，选择对应的参数单位；

(5)检查菜单键中，其余未用到的参数设置键，是否有错误的设置值或者前次设置而本次不需要的设置值；

(6)根据步骤(2)中选择的通道，按下对应的通道使能键，使设置好的信号能够从正确的端口输出。

5. 注意事项

(1)避免端口输出线短路；

(2)避免使函数信号发生器出现过载现象；

(3)避免输出出现信号端和公共端接错。

(三)GDM-8145 型数字万用表

1. GDM-8145 型数字万用表的主要技术指标

GDM-8145 型是 4-1/2 位 Digital LED 显示的台式数字电表，“四位半”数字万用表比普通万用表性能更优，有“四位半”的数字显示，即：当被测数值以 1 开头，则显示五位有效数字，当被测数值以其他数字开头，则显示四位有效数字。

(1)交、直流电压测量：可测量 10 mV～1000 V 正弦交流信号或 10 μV～1200 V 直流信号。

①量程 200 mV、2 V、20 V、200 V、1000 V(1200 V 直流)；

②输入阻抗：10 MΩ；

③频率响应：200 V 以下量程：40 Hz～50 kHz。

(2)交、直流电流测量：可测量 10 μA～20 A 正弦交流信号或 10 nA～20 A 直流信号。

①量程：200 μA、20 mA、200 mA、2 A、20 A；

②频率响应：40 Hz～50 kHz；

③最大测试压降为 200 mV。

(3)TRUE RMS 测量：测量交流正弦信号叠加电压直流的均方根值；

$$V_{RMS}=\sqrt{V_{AC}^2+V_{DC}^2}$$

(4)电阻测量：可测量 10 mΩ～20 MΩ 的标注阻抗。

①量程：200 Ω、2 K、20 K、200 K、2 M、20 M；

②开路电压低于 700 mV。

(5)PN 结测量。

①PN 结正偏时：直流电流约 1 mA，显示正向压降；

②PN 结反偏时：直流电压约 2.8 V，显示(超量程)。

(6)超量程显示：被测值超出量程时，出现溢出显示(四个 0000)闪烁。

2. GDM-8145 型数字万用表的面板及功能键

3. 功能键说明

(1)电源开关：控制电源的开关；

(2)量程键：选择测量参数的量程，被测值不允许超过量程规定值，否则超量程显示；

(3)电阻测量：选择测量电阻功能；测量时应将红表笔接 V/Ω 插孔；

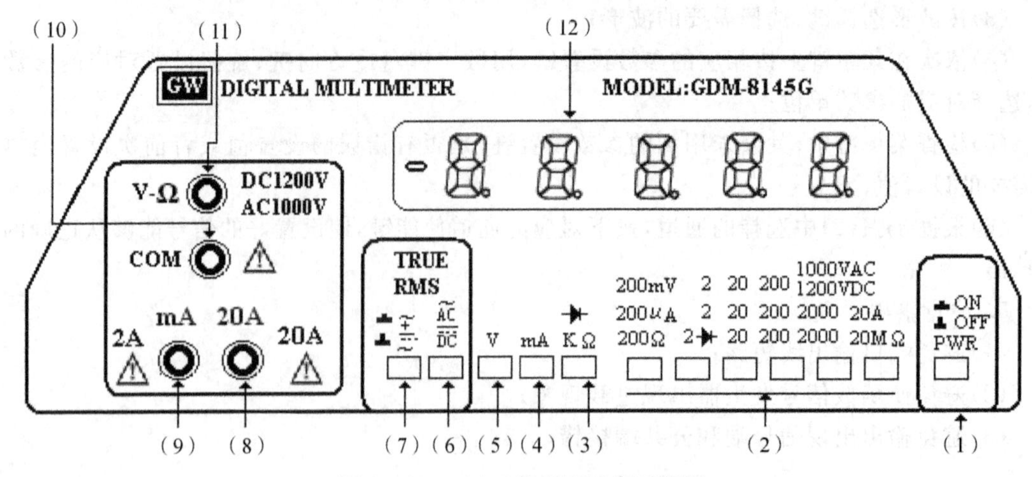

图 3 GDM-8145 数字万用表面板图

(4)电流测量:选择测量电流功能,测量时应将红表笔接 2 A 或 20 A 插孔;

(5)电压测量:选择测量电压功能,测量时应将红表笔接 V/Ω 插孔;

(6)交、直流测量:选择交流(键入)或直流测量(弹开);

(7)均方根测量:选择均方根测量(键入),用于测量叠加直流分量的交流信号;

(8)20 A 电流插孔:用于测量超过 2 A,小于 20 A 电流;

(9)2 A 电流插孔:用于测量小于 2 A 电流;

(10)公共端插孔:用于接黑表笔;

(11)电压、电阻插孔:用于测量电压、电阻;

(12)数码管显示:显示测量参数数值。

4. GDM-8145 型数字万用表使用方法

(1)交、直流电压测量:

①功能开关选择 V 键入,根据交、直流选择 AC(键入)、DC(不按键);

②黑表笔插入 COM 插孔,红表笔插入 V/Ω 插孔;

③选择合适量程,量程值应大于被测值,否则出现溢出显示;

④测试笔并接在被测负载两端。

(2)交、直流电流测量:

①功能开关选择 mA 键入,根据交、直流选择 AC(键入)、DC(不按键);

②黑表笔插入 COM 插孔,红表笔插入 mA 或 20 A 插孔;

③选择合适量程,量程值应大于被测值,否则出现溢出显示;

④测试笔串入被测支路;

⑤不能测量电压,否则,仪器将被烧坏。

(3)电阻测量:

①功能开关置 Ω 档;

②黑表笔插入 COM 插孔,红表笔插入 V/Ω 插孔;

③选择合适量程,量程值应大于被测值,否则出现溢出显示;

④测试笔并接在被测电阻两端;

⑤检测在线电阻时,一定要关掉被测电路中的电源并从电路断开。

(4)PN 结测试：

①功能键和量程键—▶|—键入；

②黑表笔插入 COM 插孔，红表笔插入 V/Ω 插孔（红笔为内置电源的正极）。PN 结正偏时，数码管显示 PN 结正向压降(V)；PN 结反偏时，数码管显示超量程。

5. 注意事项

(1)根据所需测量参数合理选择功能键，并按正确方法测量（电压并接、电流串接）。

(2)在预先不知道被测信号幅度的情况下，应先把量程键放在最高档。

(3)当显示出现“0000”闪烁（过载）时，应立即将量程键切换至更高量程，使过载显示消失，避免仪器长时间过载而损坏，否则应立即拨出输入线，检查被选择的功能键是否出现错误或有其他故障（如输入电压过大或有内部故障等）。

(4)测量电压时不应超过最大输入电压（直流 1200 V，交流 1000 V）。

(5)测量电流时，输入线不要插错，不大于 2 A 输入线插在 2 A 端子上，不大于 20 A 插在 20 A 端子上。

（四）多功能电路实验箱简介

1. 多功能实验箱如图 4 所示。其含有交、直流电源；交、直流信号源；电位器组；逻辑电平开关；单脉冲源；逻辑电平指示灯；七段共阴数码管；带 8421 译码器数码管；喇叭和搭接电路用的多孔实验插座板；

2. 直流电源提供±5 V、±12 V 和－8 V 三组输出和 9 V 独立直流电源；交流电源提供 12 V 输出，当接通主电源开关时，所有电源均处于工作状态；

3. 交流信号源提供正弦信号，其频率、幅度均可调节；

4. 两路直流信号源调节范围：－1 V～＋1 V；

5. 电位器组由 470 Ω、1 kΩ、10 kΩ、100 kΩ 四个多圈电位器组成；

6. 12 位逻辑电平开关：当 Ki 向上拨动时，Ki 对应的 D 输出逻辑“1”(＋5 V)，$\overline{D}$输出逻辑“0”(0 V)；同理，当 Ki 向下拨动时，Si 对应的 D 输出逻辑“0”(0 V)，$\overline{D}$输出逻辑“1”(＋5 V)；

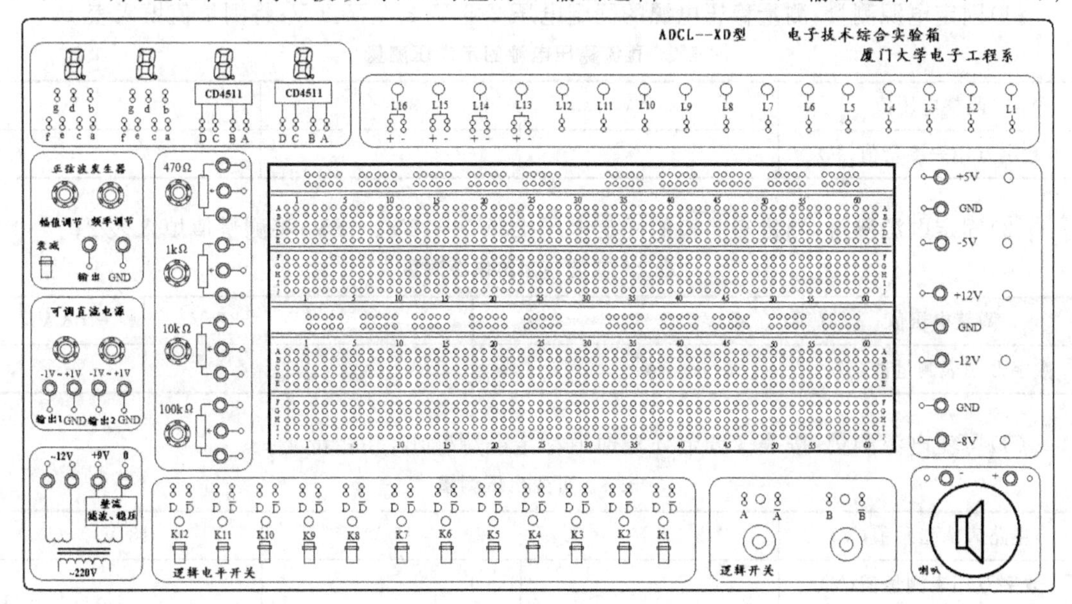

图 4　电子技术综合实验箱

7. 两路单脉冲信号(A、B)输出，常态 $\overline{A}$ 输出逻辑“1”，A 输出逻辑“0”；当按下 A 按键，$\overline{A}$ 输出一个降沿(↓)，A 输出一个上升沿(↑)，松开后恢复常态；

8. 具有两位带 8421 译码器的数码显示器和两位共阴七段数码管显示器；

9. 12 个逻辑电平指示灯(带驱动的发光二极管)和 4 个发光二极管(不带驱动)；

10. 两块多孔实验插座板(俗称面包板)，每块由两排 64 列弹性接触簧片组成；每列簧片有 5 个插孔，这 5 个插孔在电气上是互连的，插孔之间及簧片之间均为双列直插式集成电路的标准间距；因此，适合于插入各种双列直插式标准集成电路，亦可插入引脚直径为 φ0.5～0.6 mm 的任何元器件；当集成电路插入两行簧片之间时，空余的插孔可供集成电路各引脚的输入输出或互联，上下各两排并行的插孔主要是供接入电源线及地线用的，每半排插孔 25 个孔之间相互连通，这对需要多电源供电的线路实验提供了很大的方便。本实验箱有两块 128 线多孔实验插座板。每块插座板可插入 8 块 14 脚或 16 脚双列直插式组件。

三、实验仪器

1. 直流稳压电源　　1 台
2. 数字函数信号发生器　　1 台
3. 数字万用表　　1 台
4. 电子技术综合实验箱　　1 台

四、实验内容

1. 直流电压测量

采用数字万用表测量直流电压。

测量方法：确定测量仪器设置在直流电压测量状态；将测量仪器(COM)与被测电源(COM)端相连，则：测量笔接触被测点即可测量该点的电压。若已知被测电压时，应根据被测电压大小，选择合适量程，使测量数据达到最高精度；若未知被测电压时，应将测量仪器量程置于最大，逐渐减小量程，让测量数据有效数字最多。

(1)固定电源测量：测量稳压电源的固定电压 2.5 V、3.3 V、5 V；将测量值填入表 1；

表 1　直流稳压电源固定电压测量

调整电压值	2.5 V	3.3 V	5 V
数字万用表测量值(V)			

(2)固定电源测量：测量实验箱的固定电压±5V、±12V、−8V；将测量值填入表 2；

表 2　实验箱固定电源测量

调整电压值	5 V	−5 V	12 V	−12 V	−8 V
数字万用表测量值(V)					

(3)可变电源测量：按表 3 调节任意通道稳定电源输出，并测量之。

表 3　可变电压测量

主路表头指示值(V)	6 V	12 V	18 V
数字万用表测量值(V)			

(4)正、负对称电源测量：GPD-3303 型直流稳压电源工作在串联组合模式，调整 CH1 电压时，CH2 路跟踪变化；这样，即可将两路独立电源构成一个正、负对称电源。将数字万用表的黑表笔(COM)接正、负对称电源的公共端(主路－和从路＋)，红表笔分别测量 CH1 正极和 CH2 负极，如图 5 所示，按表 4 调节稳压电源输出并测量之。

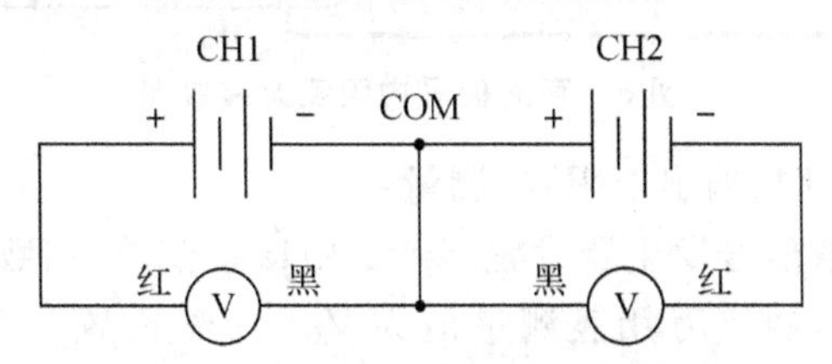

图 5　正、负对称电源测量示意图

表 4　正、负对称电源测量

CH1 路表头调整值(V)	6 V	12 V	18 V
数字万用表测量值(V)			
CH2 路表头指示值(V)			
数字万用表测量值(V)			

2. 正弦电压(有效值)的测量

(1)函数信号发生器输出正弦波，信号频率 $fs=1$ kHz，输出幅度按下表调节，用数字万用表按表 5 进行测量。

测量方法：确定测量仪器设置在交流电压测量状态；其余同直流电压测量方法。

注意：一般测量仪器只能测量正弦信号，且测量值为有效值(RMS)；示波器测量的峰峰值(Vp-p)和有效值之间存在如下关系：$V_{RMS}=V\text{p-p}/2\sqrt{2}$

表 5　正弦电压测量

fs	输出幅度(Vp-p)	20 V	2 V	200 mV
	数字万用表测量值(V)			

(2)将信号发生器频率改为 $fs=100$ kHz，重复上述测量，记入表 5。

表 6　正弦电压测量

fs	输出幅度(Vp-p)	20 V	2 V	200 mV
	数字万用表测量值(V)			

注意：上表中，由于 100 kHz 已经超出了数字万用表的频率范围，当使用数字万用表测量时，会出现各种类型的错误值，只需记下其中一组错误值即可。

3. 实验箱可调直流信号内阻测量

按图 6 搭接电路，可调直流信号调整为＋1 V，用数字电压表按表 7 测量并计算出 Ro 值；图中当 K 置“1”时，数字万用表测量值为 $V_O\infty$；当 K 置“2”时，数字万用表测量值为 V_{OL}；

表 7　直流信号内阻测量

$V_{O\infty}$(V)	V_{OL}(V)	R_L(Ω)	$Ro=(\frac{V_{O\infty}}{V_{OL}}-1)\cdot RL$(Ω)

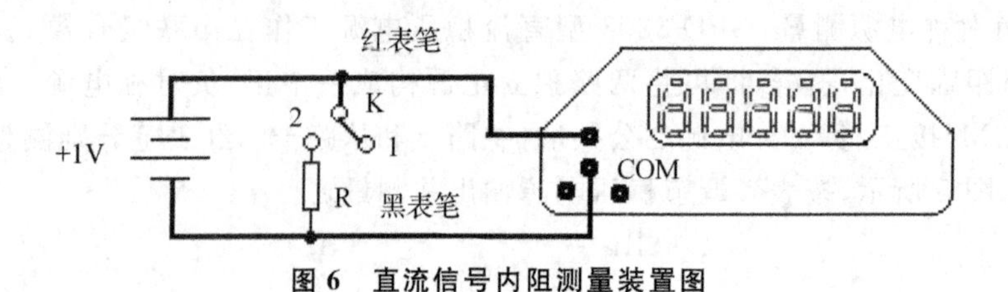

图 6　直流信号内阻测量装置图

4. 函数信号发生器内阻(输出电阻)的测量：

按图 7 搭接电路，函数信号发生器设置 $fs=1$ kHz 正弦波，用数字电压表按表 8 测量并计算出 Ro 值；当 K 置“1”时，数字万用表测量值为 $V_O\infty$；当 K 置“2”时，数字万用表测量值为 V_{OL}；

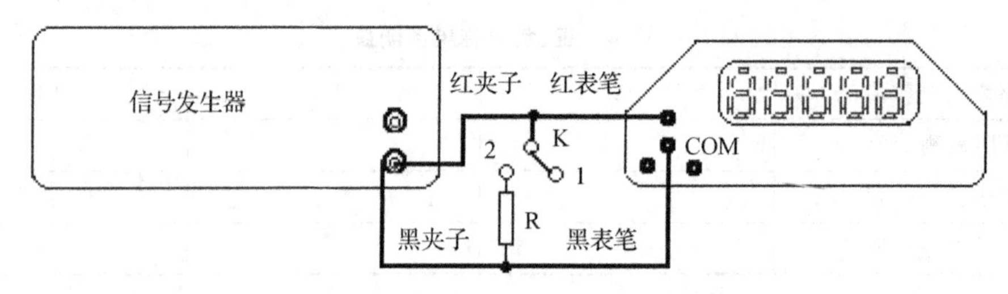

图 7　信号发生器内阻测量装置图

表 8　信号源内阻测量

$V_{O\infty}$(V)	V_{OL}(V)	R_L(Ω)	$R=(\frac{V_{O\infty}}{V_{OL}}-1)\cdot RL$(Ω)

五、预习要求

1. 仔细阅读实验讲义内容，了解各仪器技术性能和使用方法；
2. 注意各种测量仪器的使用范围及精度。

六、实验报告要求

1. 按实验报告格式，填写实验目的和简要原理；
2. 简单说明仪器原理和使用方法(上课内容)；
3. 列出测量结果并进行误差分析；
4. 完成课后思考题。

七、思考题

1. 用数字万用表测量正弦波，表头显示的是正弦电压的什么值？应选用何种电压测量方式？

2. 可否用数字万用表测量三角波，斜波，锯齿波？为什么？

实验二　电路元器件的认识和测量

一、实验目的

1. 认识电路元、器件的性能和规格，学会正确选用元、器件；
2. 掌握电路元、器件的测量方法，了解它们的特性和参数；
3. 了解晶体管特性图示仪基本原理和使用方法。

二、实验原理

在电子线路中，电阻、电位器、电容、电感和变压器等称为电路元件；二极管、稳压管、三极管、场效应管、可控硅以及集成电路等称为电路器件。本实验仅对实验室常用的电阻、电容、电感、晶体管等电子元器件作简要介绍。

(一)电阻器

1. 电阻器、电位器的型号命名方法(见表1)：

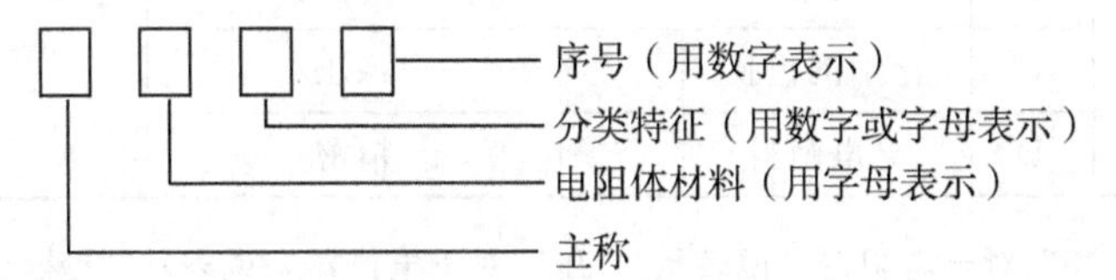

2. 电阻器的分类：

(1)通用电阻器：功率：0.1～1 W，阻值1 Ω～510 MΩ，工作电压<1 kV。

(2)精密电阻器：阻值：1 Ω～1 MΩ，精度2%～0.1%，最高达0.005%。

(3)高阻电阻器：阻值：10^7～10^{13} Ω。

(4)高压电阻器：工作电压为10～100 kV。

(5)高频电阻器：工作频率高达10 MHz。

3. 电阻器、电位器的主要特性指标：

(1)标称阻值：

电阻器表面所标注的阻值为标称阻值。不同精度等级的电阻器，其阻值系列不同。标称阻值是按国家规定的电阻器标称阻值系列选定，通用电阻器、电位器的标称阻值系列见表2。

(2)容许误差：

电阻器、电位器的容许误差指电阻器、电位器的实际阻值对于标称阻值的允许最大误差范围，它标志着电阻器、电位器的阻值精度。表3为精度等级与容许误差关系。

(3)额定功率：

电阻器、电位器通电工作时，本身要发热，若温度过高，则电阻器、电位器将会烧毁。在规定的环境温度中允许电阻器、电位器承受的最大功率，即在此功率限度以下，电阻器可以长期稳定地工作，不会显著改变其性能，不会损坏的最大功率限度称为额定功率。

表 1　电阻器、电位器的型号命名方法

第一部分		第二部分		第三部分		第四部分
用字母表示主称		用字母表示材料		用数字或字母表示分类		用数字表示序号
符号	意义	符号	意义	符号	意义	
R W	电阻器 电位器	T	碳膜	1	普通	用数字 1、2…表示，对主称、材料、特征相同，仅尺寸、性能指标稍有差异，但又不影响互换的产品，标同一序号；但若尺寸、性能指标的差别影响互换时，要标不同序号加以区别。
		P	硼碳膜	2	普通	
		U	硅碳膜	3	超高频	
		H	合成膜	4	高阻	
		I	玻璃釉膜	5	高温	
		J	金属膜(箔)	6	高温	
		Y	金属氧化膜	7	精密	
		S	有机实芯	8	高压或特殊函数 *	
		N	无机实芯	9	特殊	
		X	线绕	G	高功率	
		R	热敏	T	可调	
		G	光敏	X	小型	
		M	压敏	L	测量用	
		C	化学沉积膜	W	稳压	
		D	导电塑料	J	精密	

注：第三部分数字“8”，对于电阻器来说表示“高压”，对于电位器来说表示“特殊函数”。

表 2　电阻器、电位器的标称阻值系列

标称阻值系列	容许误差	精度等级	电阻器的标称值											
E24	±5%	Ⅰ	1.0	1.1	1.2	1.3	1.5	1.6	1.8	2.0	2.2	2.4	2.7	3.0
			3.3	3.6	3.9	4.3	4.7	5.1	5.6	6.2	6.8	7.5	8.2	9.1
E12	±10%	Ⅱ	1.0	1.2	1.5	1.8	2.2	2.7	3.3	3.9	4.7	5.6	6.8	8.2
E6	±20%	Ⅲ	1.0		1.5		2.2		3.3		4.7		6.8	

注：使用时将表中标称值乘以 10^n，其中 n 为整数。常用单位(Ω)、(KΩ)、(MΩ)、(GΩ)、(TΩ)。精密电阻器、电位器的标称阻值请查阅有关手册。

表 3　电阻器、电位器精度等级容许误差关系

精度等级	005	01 或 00	02	Ⅰ	Ⅱ	Ⅲ
容许误差	±0.05%	±1%	±2%	±5%	±10%	±20%

注：表中 005、02、01 等级仅供精密电阻器采用，它们的标称阻值系列属于 E48、E96、E192，通用电阻的阻值容许误差一般为±5%、±10%，±20%较少采用。

根据部颁标准,不同类型的电阻器具有不同系列的额定功率。电阻器的额定功率系列如表 4 所示。

表 4　电阻器功率系列

类　型	额定功率系列(W)
非线绕电阻	1/20、1/8、1/4、1/2、1、2、5、10、25、50、100
线绕电阻	1/20、1/8、1/4、1/2、1、2、3、4、5、6、6.5、7.5、8、10、16、25、40、50、75、100、150、250、500

4. 电阻器的规格标注方法:

由于电阻器表面积的限制,通常电阻器表面只标注电阻器的类别、标称阻值、精度等级和额定功率,对于额定功率小于 0.5 W 的电阻器,一般只标注标称阻值和精度等级,材料类型和功率常从其外观尺寸判断。电阻器的规格标注通常采用文字符号直标法和色标法两种,对于额定功率小于 0.5 W 电阻器,目前均采用色标法,色标所代表的意义如表 5。

表 5　色标所代表的数字

颜色	A 第一位数字	B 第二位数字	C 倍乘数	D 容许误差	工作电压(V)
黑	0	0	$\times1$		
棕	1	1	$\times10$	±1%	
红	2	2	$\times10^2$	±2%	4
橙	3	3	$\times10^3$		6.3
黄	4	4	$\times10^4$		10
绿	5	5	$\times10^5$	±5%	16
兰	6	6	$\times10^6$	±0.2%	25
紫	7	7	$\times10^7$	±0.1%	32
灰	8	8			40
白	9	9		+5　−20	50
金			$\times0.1$	±5%	63
银			$\times0.01$	±10%	
无色				±20%	

注:此表也适用于电容器,其中工作电压的颜色只适用于电解电容。

色环电阻器一般为四环(普通电阻)、五环(精密电阻)两种标法(图 1)。

四环色标电阻器:A、B 两环为有效数字,C 环为 10^n,D 环为精度等级。

五环色标电阻器:A、B、C 三环为有效数字,D 环为 10^n,E 环为精度等级。

例如:

A　　B　　C　　D

红　　红　　棕　　金　　220 Ω±5%

A　　B　　C　　D　　E

棕　　黑　　绿　　棕　　棕　表示 1.05 KΩ±1%

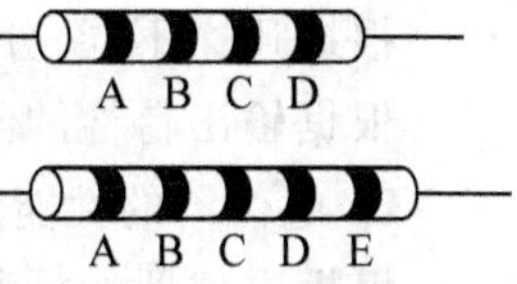

A B C D

A B C D E

图 1　色环电阻示意图

5. 电阻器的性能测量:

电阻器的主要参数值一般都标注在电阻器上,电阻器的阻值,在保证测试的精度条件下,可用多种仪器进行测量,也可采用电流表、电压表或比较法。仪器的测量误差应比被测电阻器允许偏差至少小两个等级。对通用电阻器,一般可采用万用表进行测量。若采用机械表测量,应根据阻值大小选择不同量程,并进行调零,使指针尽可能指示在表盘中间;测量时,不能双手接触电阻引线,防止人体电阻与被测电阻并联。若采用数字式万用表,则测量精度要高于机械万用表。

6. 使用常识:

电阻器在使用前应采用测量仪器检查其阻值是否与标称值相符。实际使用时,在阻值和额定功率不能满足要求时,可采用电阻串、并联方法解决。但应注意,除了计算总阻值是否符合要求外,还要注意每个电阻所承受的功率是否合适,即额定功率要比承受功率大1倍以上。使用电阻器时,除了不能超过额定功率,防止受热损坏外,还应注意不超过最高工作电压,否则电阻内部会产生火花引起噪声。

电阻器种类繁多,性能各有不同,应用范围也有很大差别。应根据电路不同用途和不同要求选择不同种类的电阻器。在耐热性、稳定性、可靠性要求较高的电路中,应选用金属膜或金属氧化膜电阻;在要求功率大、耐热性好、工作频率不高的电路中,可选用线绕电阻;对无特殊要求的一般电路,可使用碳膜电阻,以降低成本。电阻器在替换时,大功率的电阻可替换小功率的电阻器,金属膜电阻器可代换碳膜电阻器,固定电阻器与半可调电阻器可相互替换。

(二)电位器:

1. 电位器的类型:

(1)非接触式电位器:通过无磨损的非机械接触产生输出电压,如光电、磁敏电位器。

(2)接触式电位器:通过电刷与电阻体直接接触获得电压输出。

①合金型(线绕)电位器 WX:100 Ω~100 KΩ,用于高精度、大功率电路。

②合成型电位器:

A. 合成实芯电位器 WS:100 Ω~10 MΩ,用于耐磨、耐热等较高级电路。

B. 合成碳膜电位器 WH:470 Ω~4.7 MΩ,一般电路适用。

C. 金属玻璃釉电位器 WI:47 Ω~4.7 MΩ,适用高阻、高压及射频电路。

③薄膜性电位器:

A. 金属膜电位器 WJ:10 Ω~100 KΩ,用于 100 MHz 以下电路。

B. 金属氧化膜电位器 WY:10 Ω~100 KΩ,用于大功率电路。

根据结构不同,可分单圈(旋转角度小于 360°)、多圈电位器,单联、双联、多联电位器,带开关和不带开关电位器,紧锁和非紧锁电位器,抽头电位器。

根据调节方式不同,分为旋转式电位器和直滑式电位器。

根据用途不同,分为普通、精密、微调、功率及专用电位器。

根据输出特性的函数关系,分为线性(X式)、指数(Z式)、对数(D式)电位器。

2. 电位器的性能测量:

根据电位器的标称阻值大小适当选择万用表测量电位器两固定端的电阻值是否与标称值相符。测量滑动端与任一固定端之间阻值变化情况:慢慢移动滑动端,若数字变动平稳,没有跳动和跌落现象，表明电位器电阻体良好，滑动端接触可靠。测量滑动端与固定端之间阻值变化时，开始时的最小电阻越小越好，即零位电阻要小。旋转转轴或移动滑动端时，应感觉平滑且无过紧过松的感觉。电位器的引出端和电阻体应接触牢靠。

3. 使用常识：

(1)电位器的选用：电位器的规格种类很多，选用时，不仅要根据电路的要求选择适合的阻值和额定功率，还要考虑安装调节方便及成本，电性能应根据不同的要求参照电位器类型和用途选择。

(2)安装、使用电位器：电位器安装应牢靠，避免松动和电路中的其他元器件短路；焊接时间不能太长，防止引出端周围的外壳受热变形；电位器三个引出端连线时应注意电位器旋转方向是否符合要求。

(三)电容器

1. 电容器的型号命名方法：

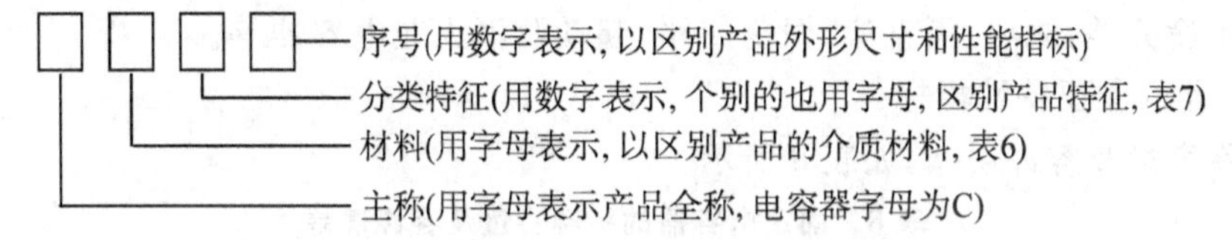

表 6　电容器的主称、材料部分的符号及意义

主称		材料		主称		材料	
符号	意义	符号	意义	符号	意义	符号	意义
C	电容器	A	钽电解	C	电容器	L	涤纶等极性有机薄膜
		B	聚苯乙烯				
		BF*	聚四氟乙烯			LS**	聚碳酸酯
		BB*	聚丙烯			N	铌电解
		C	高频瓷			O	玻璃膜
		D	铝电解			Q	漆膜
		E	其他材料电解			S、T	低频瓷
		G	合金电解			V、X	云母纸
		H	纸薄膜复合等			Y	云母
		I	玻璃釉			Z	纸介
		J	金属化纸介				

注：* 表示除聚苯乙烯外的其他非极性有机薄膜介质材料时，应在“B”后再加一字母，以区分具体材料。区分具体材料的这一字母由型号管理部门确定。

** 除涤纶薄膜介质材料仅用“L”表示外，其他极性有机薄膜材料应在“L”后面再加一字母表示，以区分具体材料，区分具体材料的这一字母由型号管理部门确定。

表 7　电容分类表示方法

数字 类别 电容名称	1	2	3	4	5	6	7	8	9
瓷介电容器	圆片	管形	叠片	独石	穿心	支柱等		高压	
云母电容器	非密封	非密封	密封	密封				高压	
有机电容器	非密封	非密封	密封	密封	穿心			高压	特殊
电解电容器	箔式	箔式	烧结粉 液体	烧结粉 固体			无极性		特殊

2. 电容器的分类：

(1)按介质分类：气体介质、无机固体介质(云母、玻璃釉、陶瓷)、有机固体介质(有机薄膜、聚乙烯、聚四氟乙烯、聚酰亚胺薄膜、纸介及金属化纸介等)、电解介质(铝电解及钽电解等)。

(2)按结构分类：固体、可变及微调电容器三类。

(3)按用途分类：滤波、隔直流、振荡回路、起动及消火花电容器等。

3. 电容器的主要特性指标：

(1)标称容量及容许误差，如表 8 所示。

表 8　固定电容器的标称容量及容许误差

标称容量系列	容许误差	精度等级	电容器的标称值											
E24	±5%	Ⅰ	1.0	1.1	1.2	1.3	1.5	1.6	1.8	2.0	2.2	2.4	2.7	3.0
			3.3	3.6	3.9	4.3	4.7	5.1	5.6	6.2	6.8	7.5	8.2	9.1
E12	±10%	Ⅱ	1.0	1.2	1.5	1.8	2.2	2.7	3.3	3.9	4.7	5.6	6.8	8.2
E6	±20%	Ⅲ	1.0		1.5		2.2		3.3		4.7		6.8	
E3	>±20%		1.0				2.2				4.7			

注：使用时将表中标称值乘以 10^n，其中 n 为整数。常用单位法拉(F)、毫法(mF)、微法(μF)、纳法(nF)、微微法(pF)。它们与基本单位法拉(F)的关系为：

$1\ \text{F}=10^3\ \text{mF}=10^6\ \mu\text{F}$　　　$1\ \mu\text{F}=10^3\ \text{nF}=10^6\ \text{pF}$

$1\ \text{nF}=10^3\ \text{pF}=10^{-3}\ \mu\text{F}$　　　$1\ \text{pF}=10^{-3}\ \text{nF}=10^{-6}\ \mu\text{F}$

国际电工委员会推荐的电容量误差表示法采用字母：

$D=\pm 0.5\%$　　$F=\pm 1\%$　　$G=\pm 2\%$　　$J=\pm 5\%$

$K=\pm 10\%$　$M=\pm 20\%$　$N=\pm 30\%$　$P=\begin{matrix}+100\\-10\end{matrix}\%$　$S=\begin{matrix}+50\\-20\end{matrix}\%$　$Z=\begin{matrix}+80\\-20\end{matrix}\%$

(2)额定工作电压：

额定工作电压指电容器长期连续可靠工作时，极间电压不允许超过的规定电压值，否则电容器就会被击穿损坏。额定工作电压数值一般以直流电压在电容器上标出。

电容器的额定电压系列：

1.6、4、6.3、10、16、25、32*、40、50*、63、100、125*、160、250、300*、400、450*、500、630、1000、1600、2000、2500、3000、4000、5000、6300、8000、10000、15000、20000、25000、30000、35000、40000、45000、50000、60000、80000、100000。

注：* 号仅限于电解电容。而数值下划“__”的系列为优先采用。

(3)绝缘电阻：

电容器的绝缘电阻为电容器两端极间的电阻，或称漏电电阻。电容器中的介质并不是绝对的绝缘体，多少有些漏电。除电解电容外，一般电容的漏电流很小。当漏电流较大时电容器发热，发热严重时将导致电容器损坏。

(4)频率特性：

电容器的频率特性为电容量与频率变化的关系。为了保证电容器工作的稳定性，应将电容器的极限工作频率选择在自身固有谐振频率的 1/3 至 1/2 左右。部分常用电容器的最高工作频率为：如小、中型云母电容为：150～250 MHz、75～100 MHz；小、中型圆片形瓷介电容为 2 000～3 000 MHz、200～300 MHz；小、中型圆管形瓷介电容为 150～200 MHz、50～70 MHz；圆盘形瓷介电容为 2 000～3 000 MHz；小、中、大纸介电容器为 50～80 MHz、5～8 MHz、1～1.5 MHz。

4. 电容器的规格标注方法：

(1)直标法：

将主要参数和技术指标直接标注在电容器表面上，容许误差用百分比表示。如 1p2 表示 1.2p，33n 表示 0.033 μF。

(2)数码标法：

不标单位，直接用数码表示容量，如：4 700 表示 4 700 pF；0.068 表示 0.068 μF。用三位数码表示容量大小，单位为 pF，前两位为容量的有效数字，后一位为乘 10^n。如 103 表示 10 000 pF；若第三位为 9，则成 10^{-1}，如：339 表示 $33\times10^{-1}=3.3$ pF。

(3)色标法：

色标法与电阻的色标法相似。色标通常由三环颜色变识，沿引线方向，前两环表示有效数字，第三环色标表示乘 10^n，单位为 pF。有时一、二色标同色，就标为一道宽的色标，如橙橙红，两个橙色就标为一道宽的色标，表示 3 300 pF。

5. 电容器的性能测量：

电容器在使用前应对其性能进行测量，检查其有否短路、断路、漏电、失效等。

(1)容量测量：可通过数字万用表(采用伏安法测量)、万用电桥(采用比较法测量，精度较高)、Q 表(应用谐振法测量，同时可测 Q 值、精度较高)，若用机械万用表测量，则可利用电容的充放电判断容量的大小。

(2)漏电测量：利用万用表的欧姆档测量电容器时除空气电容外，阻值应为∞左右，其阻值为电容器的绝缘电阻，阻值越大，表明漏电越小。

6. 使用常识：

电容器的种类很多，正确选择和使用电容器对产品设计非常重要。

(1)选用适当的型号：

根据电路要求，一般用于低频耦合、旁路去耦等电气要求不高的场合，可使用纸介电容器、电解电容器等，极间耦合选用 1～22 μF 的电解电容；射极旁路采用 10～220 μF 的电解电容；在中频电路中，可选用 0.01 μF～0.1 μF 的纸介、金属化纸介、有机薄膜电容等；在高频电路中，则应选云母和瓷介电容器。

在电源滤波和退耦电路中，可选用电解电容，一般只要容量、耐压、体积和成本满足要求即可。

对于可变电容器，应根据统调的级数，确定采用单联或多联可变电容器。如不需要经常调整，可选用微调电容器。

(2)合理选用标称容量及容许误差：

在很多情况下，对容量要求不严格，容量偏差可以很大。如在旁路、退耦电路及低频耦合电路中，选用时可根据设计值，选用相近容量或容量大些的电容器。

但在振荡电路、延时电路、音调控制电路中，电容量应尽量与设计值一致，容许误差等级要求高些。在各种滤波器和各种网络中，电容量的容许误差等级有更高的要求。

(3)额定工作电压的选择：

若电容器的额定工作电压低于电路中的实际电压，电容器会发生击穿损坏。一般应高于实际电压1～2倍，使其留有足够的余量。对于电解电容，实际电压应是电解电容额定工作电压的50%～70%。若实际电压低于额定工作电压一半以下，反而会使电解电容器的损耗增大。

(4)选用绝缘电阻高的电容器：

在高温、高压条件下更要选择绝缘电阻高的电容器。

(5)在装配中，应使电容器的标志易于观察到，以便核对。同时应注意不可将电解电容等极性接错，否则会损坏甚至会有爆炸的危险。

(四)晶体二极管

1. 国产半导体器件型号命名方法：

国产半导体器件的型号由五部分组成，其符号与意义如表9所示。

表9　国产半导体器件型号命名方法

第一部分		第二部分		第三部分				第四部分	第五部分
用数字表示器件的电极数目		用汉语拼音字母表示器件的材料和极性		用汉语拼音字表示器件的类别				用数字表示器件序号	用汉语拼音字母表示规格号
符号	意义	符号	意义	符号	意义	符号	意义		
2	二极管	A	N型锗材料	P	普通管	V	微波管		
		B	P型锗材料	W	稳压管	C	参量管		
		C	N型硅材料	Z	整流管	L	整流堆		
		D	P型硅材料	S	隧道管	N	阻尼管		
3	三极管	A	PNP型锗	U	光电器件	K	开关管		
		B	NPN型锗	X	低频小功率管(f_a>3 MHz P_c≤1 W)	A	高频大功率管(f_a≥3 MHz P_c≥1 W)		
		C	PNP型硅						
		D	NPN型硅						
		E	化合物材料	D	低频大功率管(f_a>3 MHz P_c≤1 W)	G	高频小功率管(f_a<3 MHz P_c<1 W)		
				B	雪崩管	J	阶跃恢复管		
				JG	激光器件	T	可控硅整流器		
				CS	场效应器件	Y	体效应器件		
				FH	复合管	BT	半导体特殊器件		
				PIN	PIN型管				

示例说明如下：

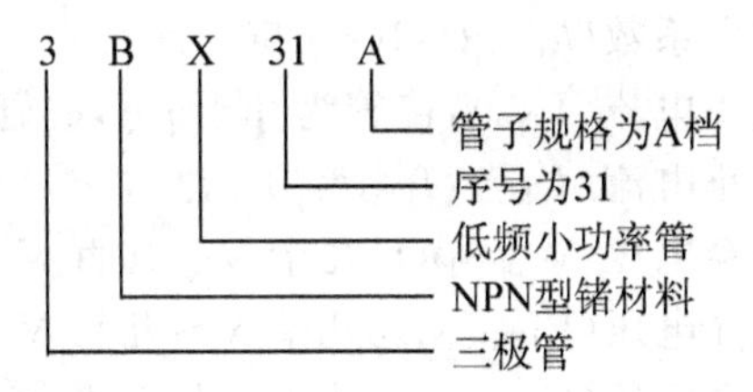

它是锗 NPN 型低频小功率管

2. 晶体二极管的分类：

(1)整流二极管：用于整流电路，把交流电变换为脉动的直流电，要求正向电流大，对结电容无特殊要求，一般频率低于 3 kHz，其结构多为面接触型。

(2)检波二极管：用于把高频信号中的低频信号检出。要求结电容小，一般最高频率可达 400MHz，其结构为点接触型，一般采用锗材料制成。

(3)稳压二极管：用于直流稳压，利用反向击穿电压低的特性稳压，反向击穿为可逆。

(4)开关二极管：用于开关电路、限幅、钳位或检波电路。

(5)变容二极管：用于调谐、振荡、放大自动频率跟踪、稳频、倍频及锁相等电路。

(6)阻尼二极管：特殊高频、高压整流二极管，用于电视机行扫描中做阻尼和升压整流。

(7)发光二极管：将电能转换为光能的半导体器件，用于显示等电路。

3. 二极管的主要特性指标：

(1)最大整流电流：在长期工作时，允许通过的最大正向电流。

(2)最高反向工作电压：防止二极管击穿，使用时反向电压极限值。

4. 二极管性能测量：

二极管极性及性能好坏的判别可用万用表测量。当万用表旋至"—▶|—"挡时，两支表笔之间有 2.8 V 的开路电压(红表笔正、黑表笔负)。当 PN 结正偏时，约有 1 mA 电流通过 PN 结，此时表头显示为 PN 结的正向压降(硅管约为 700 mV 左右，锗管约为 300 mV 左右)。当 PN 结反偏时，反向电流极小，PN 结上反向电压仍为 2.8 V，表头显示"1"(表示溢出)。通过上述两次判断，可得出 PN 结正偏时红表笔接的管脚为正极。若测量值不在上述范围，说明二极管损坏。

二极管的特性参数可用晶体管图示仪测量，详见图示仪介绍。

5. 使用常识：

二极管在使用时硅管与锗管不能相互代替，同类型管可代替。对于检波二极管，只要工作频率不低于原来的管子即可。对整流管，只要反向耐压和正向电流不低于原来的管子就可替换，其余管子应根据手册参数替换。

(五)晶体三极管

1. 三极管的分类：

(1)按半导体材料分：锗三极管和硅三极管；一般锗为 PNP 管，硅为 NPN 管。

(2)按制作工艺分：扩散管、合金管等。

(3)按功率不同分：小功率、中功率、大功率管。

(4)按工作频率分：低频管、高频管和超高频管。

(5)按用途分：放大管和开关管。

2. 三极管主要参数：

(1)共基极小信号电流放大系数(α)：0.9～0.995。

(2)共射极小信号交流放大系数(h_{fe}):10～250。

(3)共射极小信号直流放大系数(h_{FE}、β):10～250。

(4)集电极—基极反向截止电流(I_{CBO}):锗管为几十 μA,硅管为几 μA。

(5)集电极—射极反向截止电流(I_{CEO}):$I_{CEO}=\beta I_{CBO}$。

(6)集电极—基极反向击穿电压($V_{(BR)CBO}$):几十 V～几百 V。

(7)集电极—射极反向击穿电压($V_{(BR)CEO}$):几十 V～几百 V。

(8)发射极—基极反向击穿电压($V_{(BR)EBO}$):几 V～几十 V。

(9)集电极最大允许电流(I_{CM}):低频小功率锗、硅管:10～500 mA、小于 100 mA;
低频大功率锗、硅管:大于 1.5 A、大于 300 mA。

(10)集电极最大允许耗散功率(P_{CM}):小功率管小于 1 W,大功率管大于 1 W。

(11)电流放大系数截止频率(f_{hfb}、f_{hfe}):低频管 $f_{hfb}<3$ MHz,高频管 $f_{hfe}>3$ MHz。

(12)特征频率(f_T):$\beta=1$ 时的频率;高频管大于 10 MHz,高的达几千 MHz。

3. 三极管性能测试:

(1)类型判别:即 NPN 或 PNP 类型判别。若采用机械表,则利用 Ω 档测量正、反向电阻判别。采用数字表,则用万用表的两个表笔对三极管的三个管脚两两相测;若红表笔任意接三极管一个管脚,而黑表笔依次接触另两个管脚,若表头均显示正向压降(硅管约为 700 mV 左右,锗管约为 300 mV 左右),而黑表笔接该管脚,红表笔依次接触另两个管脚,表头显示超量程“1”,则该管脚为 b 极,且该管为 NPN;反之,若测量显示与上述相反,则该管为 PNP,该管脚同样为 b 极。

(2)电极判别:即 e、b、c 管脚判别。若采用机械表,则利用 Ω 档测量 β 法判别。采用数字表,将万用表旋至 h_{FE}档,根据上述判断的类型和 b 极,假设另两极之一为 c 极,将被测三极管插于对应类型的 e、b、c 插孔;反之,假设其为 e 极,重新插于对应类型的 e、b、c 插孔,比较两次测量的 h_{FE}数值,显示数值大的一次,其假设的管脚为正确。

(3)三极管的特性参数可用晶体管图示仪测量,详见图示仪介绍。

4. 使用常识:

在实际工作中,根据电路性能、要求不同,合理选择晶体管是重要的,选择时应考虑的主要参数为 $f_T\geqslant 3\times$工作频率、$P_{CM}\geqslant$输出功率、β 取 40～100、I_{CEO}选择小的、$V_{(BR)CEO}\geqslant 2\times$电源电压。替换时应根据手册参数选择相近或超出。

(六)集成电路

集成电路是用半导体工艺或薄、厚膜工艺(或这些工艺的结合),将晶体二极管、三极管、场效应管、电阻、电容等元器件按照设计电路要求连接起来,共同制作在一块硅或绝缘体基片上,然后封装而成为具有特定功能的完整电路。由于将元器件集成于半导体芯片上,代替了分立元件,集成电路具有体积小、重量轻、功耗低、性能好、可靠性高、电路性能稳定、成本低等优点。

1. 集成电路分类:

(1)按制作工艺:

①薄膜集成电路:在绝缘基片上,采用薄膜工艺形成有源元件和互连线而构成的电路。

②厚膜集成电路:在陶瓷等绝缘基片上,用厚膜工艺制作厚膜无源网络,而后装接二极管、三极管或半导体集成电路芯片,构成具有特定功能的电路。

③半导体集成电路:用平面工艺在半导体晶片上制成的电路。根据采用的晶体管不同分为双极型集成电路和 MOS 集成电路,双极型集成电路又称为 TTL 电路,其中的晶体管与常用的二极管、三极管性能一样。MOS 集成电路,采用 MOS 场效应管等它分为 N 沟道 MOS 电

路，简称 NMOS 集成电路，P 沟道 MOS 电路，简称 PMOS 集成电路。由 N 沟道、P 沟道 MOS 晶体管互补构成的互补 MOS 电路，简称 CMOS 集成电路。半导体集成电路工艺简单，集成度高，应用广泛、品种多，发展迅速。

④混合集成电路：采用半导体工艺和薄膜、厚膜工艺混合制作的集成电路。

(2)按集成规模(芯片上的集成度)分：

①小规模集成电路：10 个门电路或 10～100 个元件。

②中规模集成电路：10～100 个门电路或 100～1 000 个元件。

③大规模集成电路：100～1 000 个门电路或 1 000 个以上元件。

④超大规模集成电路：10 000 个以上门电路或十万个以上元件。

(3)按功能分：

①数字集成电路：能够传输“0”和“1”两种状态信息并能进行逻辑、算术运算和存储及转换的电路。常用的 TTL 电路有 54××、74××、74LS××等系列，CMOS 电路有 4 000、4 500、74HC××系列；

②模拟集成电路：除了数字集成电路以外的集成电路：

A. 线性集成电路：输出、输入信号呈线性关系的电路，如各类运算放大器；

B. 非线性集成电路：输出信号不随输入信号而变化的电路，如对数放大器、检波器、变频器、稳压电路以及家用电器中的专用集成电路。

2. 半导体集成电路型号命名方法：

我国半导体集成电路型号的型号由五部分组成，其符号及意义如表 10 所示；

表 10　半导体集成电路命名方法

第 0 部分		第一部分		第二部分	第三部分		第四部分	
用字母表示器件符合国家标准		用字母表示器件型号		用阿拉伯数字表示器件系列和品种代号	用字母表示器件的工作温度		用字母表示器件的封装	
符号	意义	符号	意义		符号	意义	符号	意义
		T	TTL		C	0～70 ℃	W	陶瓷扁平
		H	HTL		E	−40～85 ℃	B	塑料扁平
		C	CMOS		R	−55～55 ℃	F	全密封扁平
		F	线性放大器		M	−55～125 ℃	D	陶瓷直插
		D	音响、电视电路				P	塑料直插
C	中国制造	W	稳压器				J	黑陶瓷直插
		J	接口电路				K	金属菱形
		B	非线性电路				T	金属圆形
		M	存储器					
		μ	微型机电路					

(七)晶体管特性图示仪

1. 晶体管图示仪的主要技术指标：

(1)Y 轴偏转因数：

集电极电流范围(I_C)：10 μA/div～0.5 A/div 分十五档；

二极管反向漏电流(I_R):0.2 μA/div~5 μA/div 分五档;
基极电流或基极源电压:0.05 V/div;
外接输入:0.05 V/div;
偏转倍率:×0.1。
(2)X 轴偏转因数:
集电极电压范围:0.05 V/div~50 V/div 分十档;
基极电压范围:0.05 V/div~1 V/div 分五档;
基极电流或基极源电压:0.05 V/div;
外接输入:0.05 V/div。
(3)阶梯信号:
阶梯电流范围:0.2 μA/级~50 mA/级分十七档;
阶梯电压范围:0.05 V/级~1 V/级分五档;
串联电阻:0、10 KΩ、1 M 级分三档;
每簇级数:1~10 连续可调;
每秒级数:200;
极性:正、负分两档。
(4)集电极扫描信号:
峰值电压与峰值电流容量:0~10 V(5 A)、0~50 V(1 A)、0~100 V(0.5 A)、0~500 V(0.1 A)分四档,且各档级电压连续可调;
(5)功耗限制电阻:0~0.5 MΩ 分十一档。
2. 晶体管特性图示仪面板图如图 2 所示:

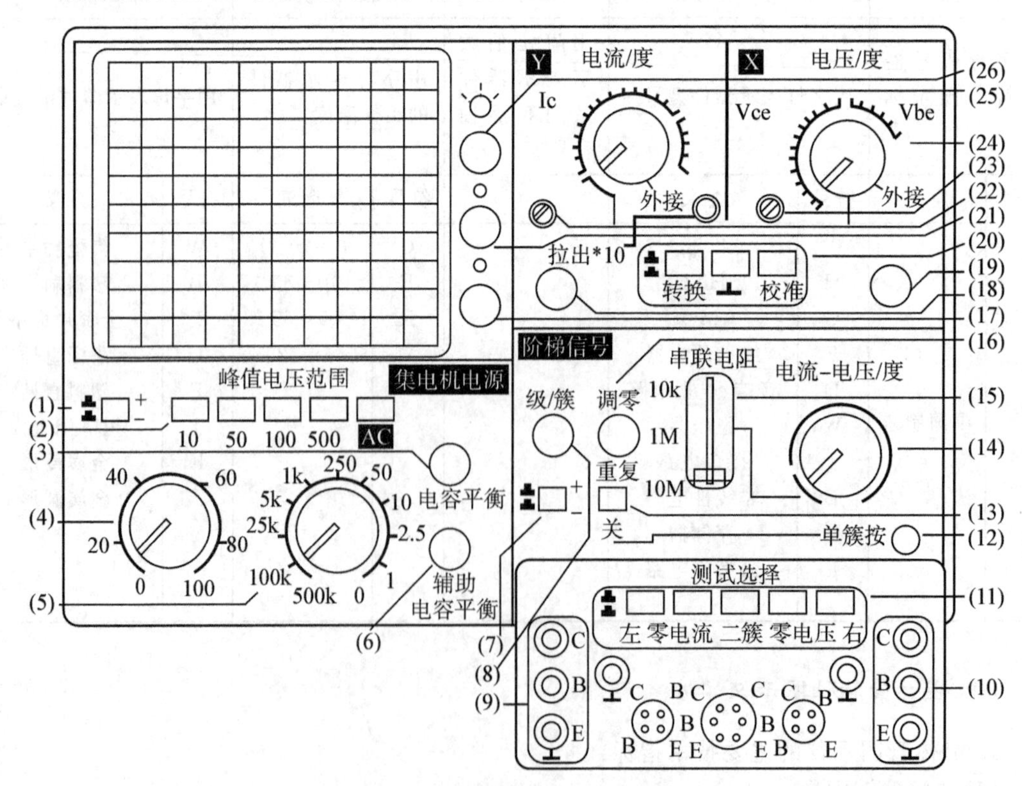

图 2 晶体管特性图示仪面板图

3. 功能及旋钮作用：

晶体管图示仪由示波管及控制电路、集电极电源、X 轴作用、Y 轴作用、阶梯信号、测试台六部分组成，其旋钮、开关功能如下：

(17)电源开关、亮度旋钮：拉出接通电源；顺时针增加亮度。

(21)聚焦旋钮；调整图像清晰。

(26)辅助聚焦旋钮；配合聚焦旋钮，调整图像清晰。

(1)集电极电源极性开关：测量 NPN 时，应选择“＋”；测量 PNP 时，应选择“－”。

(2)峰值电压范围选择：分 0～10 V、0～50 V、0～100 V、0～500 V 和 AC 五档。

(4)峰值电压％：在峰值电压选择范围下，调整电压范围。

(5)功耗限制电阻：串接于被测三极管集电极电路上限制超过功耗。

(3)电容平衡：减少各种杂散电容形成的电容性电流的影响。

(6)辅助电容平衡：针对集电极变压器次级绕组对地电容不对称进行电容平衡调整。

(25)Y 轴选择开关：具有 22 档、四种偏转作用的开关。

①集电极电流 I_C：10 μA/div～0.5 mA/div 共 15 档，被测管的集电极作为 Y 轴参量。

②二极管漏电流 I_R：0.2 μA/div～0.5 μA/div 共 5 档，被测二极管的漏电流作为 Y 轴参量。

③基极电流或基极源电压：1 档，当基极电流或基极基极源电压作为 Y 轴参量；其数值由“阶梯选择”开关刻度读测。

④电流衰减旋钮：中间旋钮拉出为：电流/度×0.1 倍率开关。

(22)Y 轴增益电位器：调整 Y 增益，以便校准刻度。

(18)Y 轴位移旋钮：调整光迹上下移动。

(24)X 轴选择开关：具有 17 档、三种偏转作用的开关。

①集电极电压 V_{CE}：0.05 V/div～50 V/div 共 10 档，被测管的集电极电压作为 X 轴参量。

②基极电压 V_{BE}：0.05 V/div～1 V/div 共 5 档，被测管的基极电压作为 X 轴参量。

③基极电流或基极源电压：1 档，当基极电流或基极基极源电压作为 X 轴参量；其数值由“阶梯选择”开关刻度读测。

(23)X 轴增益电位器：调整 X 增益。

(19)X 轴位移旋钮：调整光迹上下移动。

(20)显示切换按键：

①转换：图像在Ⅰ、Ⅱ象限内相互转换，便于 NPN 管转测 PNP 管时简化测试操作。

②⊥：放大器输入接地，表示输入为零的基准点，通过 X、Y 位移旋钮定光标原点。

③校准：由仪器提供的 X、Y 校准信号，以达到 10 度校正目的。

(7)阶梯信号极性开关：测量 NPN 时，应选择“＋”；测量 PNP 时，应选择“－”。

(8)“级/簇”旋钮：0～10 连续可调，调整阶梯波的梯级数目，即每簇曲线所包含曲线数。

(13)“重复、关”开关：

①重复：使阶梯信号重复出现，作正常测试。

②关：阶梯信号处于待触发状态。

(12)“单簇按”按键：在梯信号处于待触发状态时，每按一次按键，就产生一次阶梯信号，这种测试方法用于测量晶体管的极限参数，以免被测管长时间处于过载状态。

(14)阶梯信号选择旋钮：具有 22 档、两种偏转作用的开关。

①基极阶梯电流 I_B:0.2 μA/级～50 mA/级共 17 档。

②基极阶梯电压 V_B:0.05 V/级～1V/级共 5 档。

(15)串联电阻:10 K、1 M、10 M 三档,当阶梯信号选择开关置阶梯电压时,串联电阻将串联在被测管的输入电路中,保护被测管的基极。

(16)"调零"旋钮:调整阶梯信号起始级到零电位的位置。

(11)测试选择开关:分"左、零电压、二簇、零电流、右"五档。

(9)左测试管插座:被测管按 E、B、C 管脚插入测试。

(10)右测试管插座:被测管按 E、B、C 管脚插入测试。

4. 使用方法:

(1)打开电源开关,预热 5 分钟。

(2)示波管显示部分调整:亮度、聚焦、辅助聚焦;通过 X、Y 位移将光点调到合适位置。

(3)集电极电源:将集电极电源的开关、旋钮根据被测管及测量要求调到合适位置,其中"峰值电压"应置于最小位置,测量时慢慢增大。

(4)Y 轴作用:将 Y 轴选择开关按测量要求调到合适位置。

(5)X 轴作用:将 X 轴选择开关按测量要求调到合适位置。

(6)基极阶梯信号:将阶梯信号的开关、旋钮根据被测管及测量要求调到合适位置。

(7)测试台:将测试选择开关全弹出,然后将被测管按对应的管脚插入管座,在将测试选择开关键入测试一方,即可进行有关测试。

(8)关机:仪器使用后关闭电源,将"峰值电压范围"置 10 V,"峰值电压"旋钮置 0,"功耗限制电阻"置 1 KΩ 左右,"Y 轴作用"置 1 mA/度,"X 轴作用"置 1V/度,"阶梯信号"置 0.01 mA/级;"重复、关":开关置关位置,以防下次使用仪器时,不致损坏管子。

(9)测量时,确定判明被测管的管脚(E、B、C)和极性,选择集电极电源和阶梯信号的"极性"。

(10)在测试中应特别注意"阶梯信号"选择旋钮、"功耗电阻"、"峰值电压范围"的位置。加于被测管的电压和电流,务必从小到大慢慢增加。

(11)测试台上"测试选择"按键平常应处于不测试状态。

5. 使用范例:

晶体管种类很多,测试原理与方法基本相同。下面以硅稳压管和 NPN 高频小功率硅三极管为例,其主要参数的测试方法如表 11:

表 11

图示仪旋钮设置	稳压管	三极管输入特性	三极管输出特性
晶体管接法	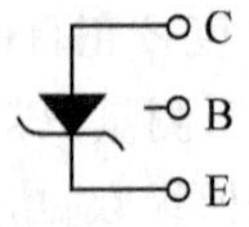 C B E	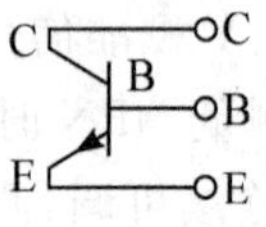 C —C B —B E —E	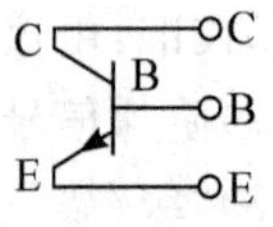 C —C B —B E —E
峰值电压范围	AC 0～10 V	0～10 V	0～10 V
集电极电源极性	～	+	+
功耗限制电阻	5 KΩ	1 KΩ	1 KΩ
X 轴集电极电压	1 V/度	0.1 V/度	1 V/度
Y 轴集电极电流	1 mA/度	0.5 mA/度	0.5 mA/度

续表

图示仪旋钮设置	稳压管	三极管输入特性	三极管输出特性
阶梯信号重复/关	重复	重复	重复
阶梯极性		+	+
阶梯信号选择		0.01 mA/级	0.01 mA/级
图示仪显示曲线	0 0	0	0

三、实验仪器

1. 数字万用表(四位半)1 台
2. 晶体管特性图示仪 1 台
3. 多功能实验箱 1 台

四、实验内容

1. 辨认一组电阻器：

辨认所给色标电阻的标称阻值及容许误差，判断其额定功率，并用数字表测量进行比较，将所测电阻按从小到大填入表 12(测量时，被测电阻不能带电，不能和手并联，以免测量不准确，同时应选择好量程，以提高测量精度)。

表 12　电阻器辨认、测量表(至少画出 10 行)

型号	名称	色环	额定功率	标称阻值	容许误差	测量值

2. 辨认一组电容器：

辨认所给电容的材料、标称容量及容许误差，将所读电容按从小到大填入表 13(测量时，被测电容应放电完毕，以免损坏数字表，同时应选择好量程，以提高测量精度)。

表 13　电容器辨认、测量表(至少画出 10 行)

型号	名称	直流工作电压	标称容量	容许误差

3. 测量一组半导体器件(二极管、三极管)：

用数字表测量晶体管参数，填入表 14，并判别晶体管类型、管脚及好坏。

表 14　晶体管参数测试(根据测量三极管数按表扩充)

型号 / 测量值 / 参数	IN4004	IN4148	9011(9013)		9012	
			BE 结	BC 结	BE 结	BC 结
正向压降						
反向压降						
β	/					
$\beta_{反}$	/					
管子类型						

4. 测量晶体管电流放大倍数 β:

(1)按图 3 在多功能实验箱上搭接电路,经检查无误后接通电源;

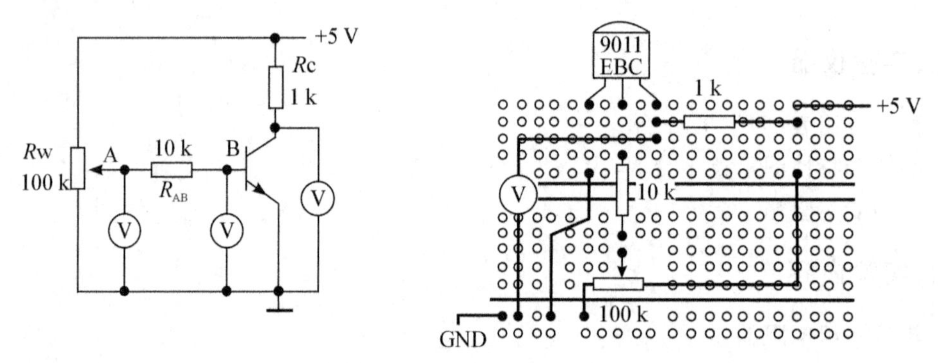

图 3　β 测量电路

(2)按表 15 调节电位器 R_w,使集电极对公共端(COM)电压达到规定值,用电压表测量 V_A、V_B、电压值;计算 I_B、I_c 并求出 β。

表 15　晶体管电流放大倍数 β 测量

		4V	3V	2V	1V
	V_C	4V	3V	2V	1V
测量	V_A				
	V_B				
	$I_B=(V_A-V_B)/R_{AB}$				
计算	$I_c=(5V-V_c)/R_c$				
	β				

5*. 测量晶体管特性曲线,并计算其参数值:

(1)测量所给稳压管的特性曲线,求出 $I_R=5$ mA 时的稳压值 V_Z;

(2)测量所给三极管的输入输出特性曲线,求出 $V_{BEQ}=0.6$ V,$V_{CEQ}=6$ V,$I_{CQ}=2$ mA 时的 h_{ie}、h_{fe}、h_{oe} 值,并用方格纸画出所观察的特性曲线。

五、预习要求

1. 阅读实验原理,了解各元件的性能和规格;

2. 阅读实验原理，了解晶体管特性图示仪的基本工作原理和使用方法。

六、实验报告要求

1. 将辨认的一组电阻按表 2 格式填写；
2. 将辨认的一组电容按表 3 格式填写；
3. 将给定的晶体管测量结果填入表 4。

七、思考题

1. 能否用双手碰触万用表笔头测量电阻？
2. 总结判断晶体管极性、管脚的方法。
3. 总结判断晶体管好坏的方法。

实验三 示波器的应用

一、实验目的

1. 了解示波器的基本工作原理和主要技术指标；
2. 掌握示波器的使用方法；
3. 应用示波器测量各种信号的波形参数。

二、实验原理

1. 数字示波器显示波形原理

示波器是将输入的周期性电信号以图像形式展现在显示器上，以便对电信号进行观察和测量的仪器；示波器如何将被测电信号随时间的变化规律，展现成波形图呢？

示波器显示器是一种电压控制器件，根据电压有无控制屏幕亮灭，并根据电压大小控制光点在屏幕上的位置。

示波器根据输入被测信号的电压大小，经处理控制显示器光点在屏幕上进行垂直方向的位置，若示波器仅由被测连续电信号控制，则示波器仅显示出一条垂直光线，而不能显示该信号的形状；为了显示被测信号随时间变化的规律，控制显示器在屏幕上进行水平方向的扫描，示波器显示屏必须加有幅度随时间线性增长的周期性锯齿波电压，才能让显示屏的光点反复自左端移向右端，屏幕上就出现一条水平光线，称为扫描线或时间基线，线性的锯齿波作为水平轴的时间坐标，故称它为时基信号（或扫描信号）；这样，当显示屏同时加上被测信号和时基信号时，显示屏将显示出被测信号的波形，其过程如图1所示。

为了在显示屏上观察到稳定的波形，必须使锯齿波的周期 $T\mathrm{x}$ 和被测信号的周期 $T\mathrm{y}$ 相等或成整数倍关系，即：$T\mathrm{x}=nT\mathrm{y}$（n 为正整数）。否则，所显示波形将出现向左或向右移动现象，即显示的波形不能同步。

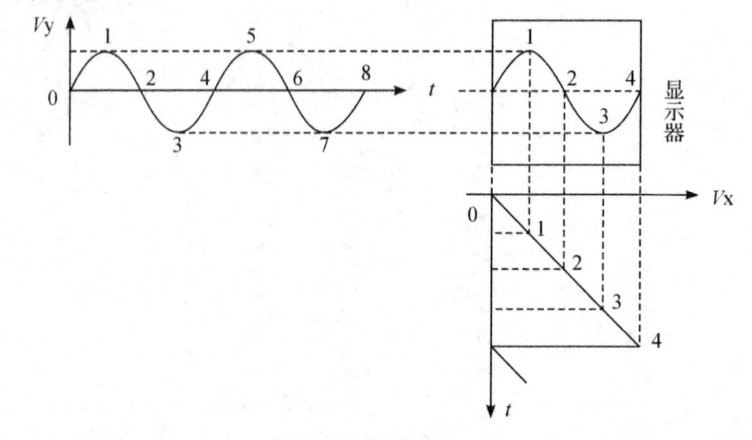

图1 数字示波器的基本工作原理

2. 数字存储示波器的原理

数字存储示波器主要由信号调理部分、采集存储部分、触发部分、软件处理部分和其他部分组成；其原理图如图 2 所示。

(1)信号调理部分：由测试笔、通道开关、耦合电路、衰减器、前置放大器组成；其主要是对被测输入信号进行预处理，对被测信号接地、直通、隔直(示波器耦合选择)，对大幅度信号进行衰减、小幅度信号进行放大(示波器垂直灵敏度旋钮)，达到较理想的信号幅度让 ADC 进行模数转换；使信号波形在显示器达到 2/3 以上幅度；

(2)采集、存储部分：由数/模转换、内存控制器、存储器组成；主要将预处理后的被测信号各点经采集转换为对应数字信号，通过内存控制器将各点数字信号存储在存储器，当存储器存满了，再把样点信号传递到微处理器进行处理；

(3)触发部分：由触发选择、触发放大器、触发脉冲形成器、扫描发生器组成；主要通过触发选择器选择输入信号(CH1、CH2)或同系统电路中边沿最小的信号(外触发)作为触发信号，并将该信号经触发放大器放大达到合适的幅度，经触发脉冲形成器形成适当的脉冲信号，控制扫描发生器形成锯齿信号，通过内存控制器将各点数字信号存储在存储器，当存储器存满了，再把样点信号传递到微处理器进行处理；

(4)软件部分：主要由微处理器和相应软件组成；采集的数据传递到微处理器后，先要进行 Sin(x)/x 正弦内插，或线性内插进行波形的重建，重建后的波形可以进行各种各样的参数测量、信号运算和分析等。最终的结果或原始的样点都可以直接显示到屏幕上。

(5)其他部分：各种电路所需电源、标准信号发生器等。

3. 双通道数字存储示波器结构框图

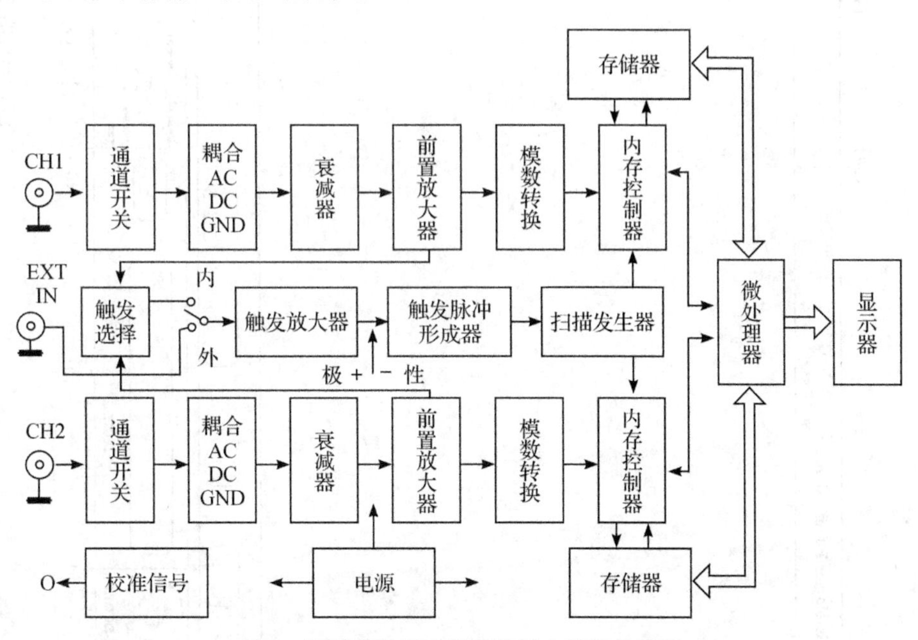

图 2　双通道数字存储示波器内部结构框图

4. 示波器的主要技术特性

(1)模拟带宽：由前置放大器的带宽决定；

(2)采样速率：由模数转换电路决定；

(3)存储深度：由存储器决定；

(4)触发能力:由触发电路类型决定。

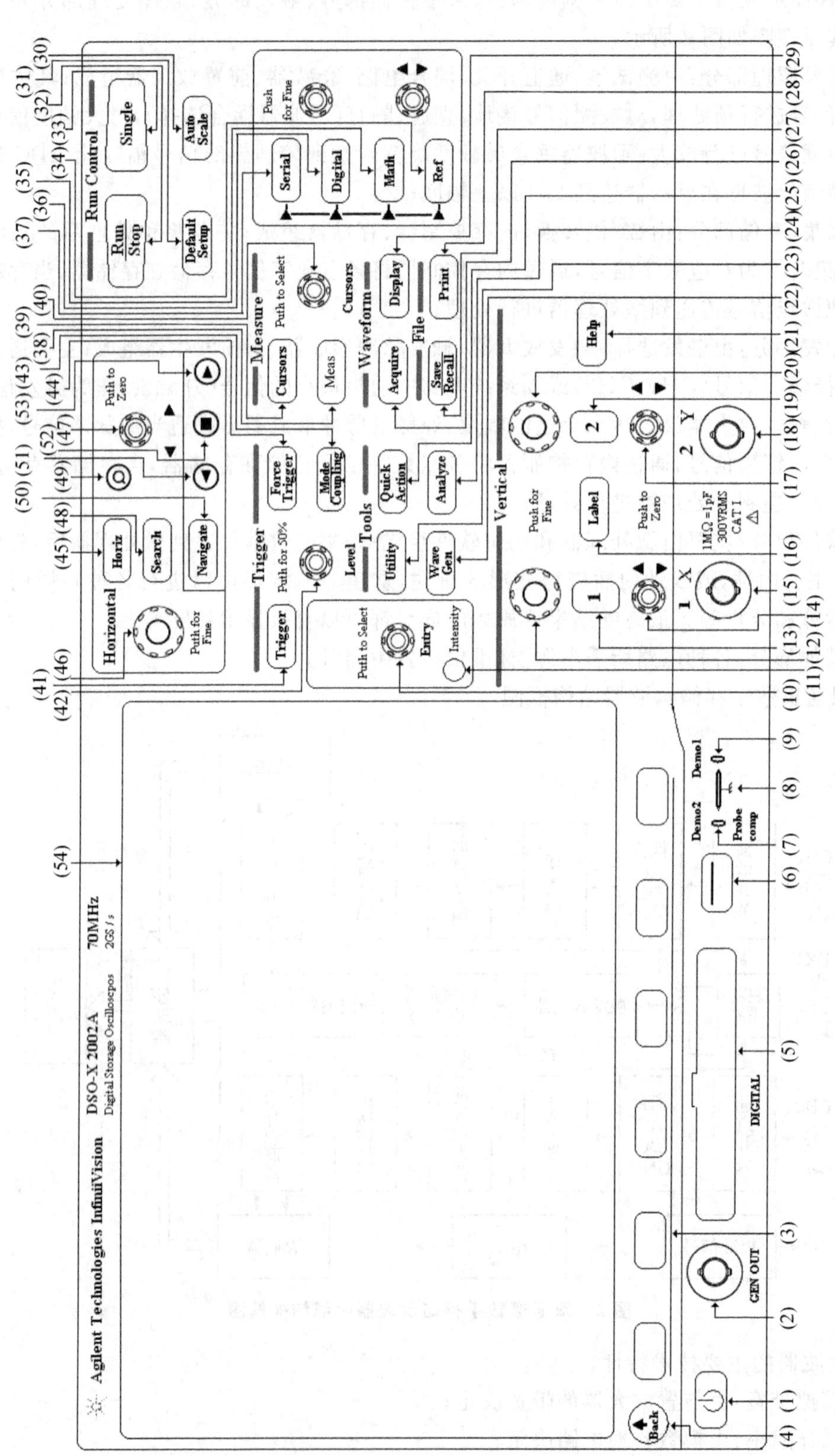

图3 示波器面板图

5. 功能键及旋钮作用说明

本仪器具有本机帮助功能，当对某键的功能尚未了解时，可通过长按该键，则示波器显示屏将显示该功能键的使用说明。

(1)电源开关：键入电源开关，接通电源；

(2)GEN OUT：信号发生器输出插孔；

(3)菜单键：根据选择功能，按照 LCD 上显示的菜单，按对应功能进行设置；

(4)Back(返回)键：在菜单层次结构中键入该键，则返回上一层菜单；在菜单顶层，键入时，关闭菜单，并显示示波器信息；

(5)DIGITAL：8 位逻辑分析仪数字信号输入插座，本仪器不具备该功能；

(6)USB 端口：用于存储波形信息到 USB 设备或从 USB 设备调用信号到示波器显示；

(7)DEMO1：演示端口输出，用于该示波器简单操作演示(通过键入 Help 并由菜单选择培训，再选择输出，则可通过培训信号(f=1 kHz；Vp-p=2.5 V)选择各类信号观察；

(8)接地端口：接仪器地线；

(9)DEMO2：输出标准信号(方波：f=1 kHz；Vp-p=2.5 V)，当将示波器接该信号时，用于调节探头的输入电容与所连接的示波器通道匹配；

(10)Entry 旋钮：当对应 Entry 旋钮灯亮，用于从菜单中选择菜单项或更改参数值；

(11)Intensity(亮度)键：默认 50%，键入时(键灯亮)，可通过 Entry 调节波形的亮度；

(12)CH1 垂直灵敏度旋钮：改变垂直方向的灵敏度(电压值/格)，并显示在显示屏的左上方，键入时进行粗、细调切换；

(13)CH1 通道开关：键入时(键灯亮)，表示 CH1 通道工作；进入 CH1 通道设置菜单，可对 CH1 通道的耦合方式、带宽限制、微调、倒置和探头等功能，根据需要进行设置；

(14)CH1 通道位移旋钮，用于调节波形在显示器的上下位置，键入时将 CH1 通道零电平位置显示在屏幕正中间；

(15)CH1 通道输入端口，通过探头接被测信号；

(16)Label(标签)：键入时，用于通过菜单输入标签以标识示波器显示屏上的每条轨迹；

(17)CH2 通道位移旋钮，用于调节波形在显示器的上下位置，键入时将 CH2 通道零电平位置显示在屏幕正中间；

(18)CH2 通道输入端口，通过探头接被测信号；

(19)CH2 通道开关：键入时(键灯亮)，表示 CH2 通道工作；进入 CH2 通道设置菜单，可对 CH2 通道的耦合方式、带宽限制、微调、倒置和探头等功能，根据需要进行设置；

(20)CH2 垂直灵敏度旋钮：改变垂直方向的灵敏度(电压值/格)，并显示在显示屏的左上方，键入时进行粗、细调切换；

(21)Help(帮助)键：键入时，进入帮助菜单，可选择开始使用、示波器信息、语言、培训信号选项；

(22)Wave Gen(信号发生器)：键入时(键灯亮)信号发生器工作，进入信号发生器菜单，可选择波形类型、频率、幅度、偏移，并将信号从 Gen Out 插孔输出；

(23)Utility(系统应用菜单)：键入时，进入系统应用菜单，可选择 I/O、文件浏览器、选项、服务、定义快捷键、注释等功能的设置；

(24)Analysis(分析)：键入时，进入分析菜单，可进行选择触发电平、测量阈值、视频等功能的设置；

(25)Quick Action(快捷键):定义该键为某功能的快捷方式;

(26)Acquire(采集):键入时,进入采集菜单,可进行选择采集信号模式正常、峰值检测、平均或高分辨率采集模式等功能的设置;

(27)Save/Recall:键入时进入保存、回调菜单,可进行保存、回调、缺省/擦除选择;

(28)Print:键入时进入打印菜单,可选择打印机和网络设置等操作;

(29)Display:键入时进入显示菜单,可设置余辉、捕获波形、清除余辉、清除显示、网格亮度及波形亮度的调整;

(30)Auto Scale(自动扫描):键入时,自动显示被测波形;

(31)Default Setup(默认设置):键入时,恢复示波器默认设置;

(32)Single(单次扫描):只显示一个扫描周期的波形;

(33)Run Stop(运行停止):绿灯亮时连续采集并显示信号,键入时(红灯亮),停止采集;

(34)Ref:参考波形菜单;

(35)Math(数学函数):可通过菜单选择 CH1 与 CH2 输入信号的数学运算;

(36)Digital(数字信号):逻辑分析仪,该仪器无此功能;

(37)Serial(串行数字信号):串行总线解码,该仪器无此功能;

(38)Meas(测量):键入时,进入测量菜单,可选择测量源、测量类型、添加测量、设置、清除测量值等操作;

(39)Cursors 键:键入时,进入光标菜单,可选择光标模式、测量源、选择光标、单位等,根据需要进行设置;

(40)Cursors 旋钮:光标线调整旋钮,键入时选择光标线;

(41)Trigger(触发):设置示波器何时采集数据和显示波形,键入时,可通过菜单选择触发类型、触发源、触发斜率等,根据需要进行设置,并显示在显示器右上方,确保显示波形稳定;

(42)Level(触发电平):用于调节模拟通道边沿检测的垂直电平(让波形稳定),触发电平值显示在显示屏右上方,只需将显示屏左侧的 T 触发线调整在所测波形之间即可稳定波形,键入时,自动将触发电平设置在最佳值;

(43)Mode Coupling(触发模式和耦合菜单)键入时,可通过菜单选择触发模式、耦合方式、噪声抑制、高频抑制、释抑功能,并根据需要进行设置;

(44)Force Trigger(强制触发):在未触发时采集和显示波形;

(45)Horizontal(水平控制):键入时,进入水平控制菜单,可选择时基模式(标准、XY)、缩放、细调、时基参考点等,根据需要进行设置;

(46)时基旋钮:调整时间的灵敏度(时间/格),并显示在显示屏的上方中间,键入时可以进行粗、细调切换;

(47)水平位移旋钮:用于调节波形在显示器的左右位置;

(48)Search(搜索):查找模拟通道的变化,本仪器不具备该功能;

(49)◎(缩放):键入时,可进行缩放功能的切换,在缩放功能下,示波器显示屏分成上下两个区域,上半部分显示正常波形,下半部分为选中波形区域的放大,放大部分可通过水平位移旋钮调节选择,放大区域可通过调整水平灵敏度旋钮选择,用于观察波形的细节;

(50)Navigate(导航):键入时,进入导航菜单,通过导航菜单可选择时间和导航模式;

(51)▶(向前播放):在导航且停止采集时有效,该键控制捕获的信号向前播放,多次键入

该键可加快回放速度(分三级);

(52)◄:(向后播放):在导航且停止采集时有效,该键控制捕获的信号向后播放,多次键入该键可加快回放速度(分三级);

(53)■(暂停播放)在导航且停止采集时有效,该键控制捕获的信号暂停播放;

(54)显示屏:显示测量信号的波形及示波器当前的设置信息。

6. 示波器的使用方法

(1)打开电源开关(POWER)30 秒后,屏幕上应有光迹,否则检查有关控制旋钮的位置。

(2)将示波器探头接到被测信号,确定触发源选择(Trigger)在所接通道位置;

(3)键入相应的通道开关,启动该通道工作;

(3)将垂直和水平灵敏度旋钮调到合适的位置,Vp-p/8≤选择 Y 轴灵敏度;T/10≤选择 X 轴灵敏度;

(4)屏幕上应有被测信号波形;

(5)若需测量信号各点电平,耦合方式应选 DC 耦合,若只需观测信号幅度,则选 AC 耦合;

(6)调节 Y 和 X 位移旋钮将波形调到便于测量的位置。

三、实验仪器

1. 双踪示波器　1 台
2. 函数信号发生器　1 台
3. “四位半”数字万用表　1 台

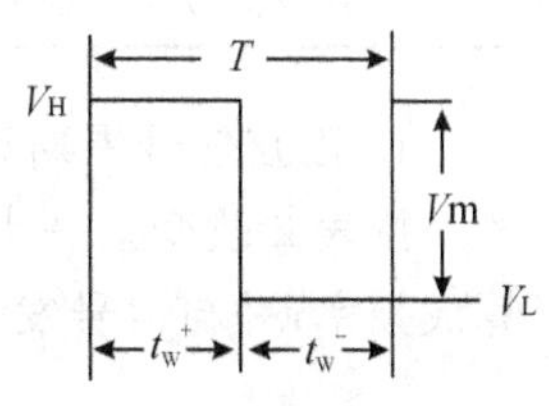

图 4　方波信号参数

四、实验内容

1. 校验示波器的灵敏度

对于首次接触的示波器,必须对其灵敏度进行校验。方法为:

在示波器正常显示状态下,将探头接示波器本身提供的校准方波信号源(demo2 端子);采用自动或者手动方法观察校准信号,若测量得到的波形幅度、频率与校准信号(f=1 kHz,Vp-p=2.5 V)相同,说明示波器准确,若不同,应记下其误差。

2. 调整、测量含有直流电平的信号

若要求信号发生器输出方波信号(f=1 kHz、占空比 50%,Vp-p=4 V、V_H=3 V、V_L=−1 V),则调整、测量方法为:

(1)令信号发生器输出方波,调整信号频率为 1 kHz;

(2)调整信号幅度为 4 V,偏移量为 1 V;或者通过设置高、低电平的方法设置 V_H=3 V,V_L=−1 V。

(3)连接示波器和信号发生器,令两仪器“COM”端相接,并将示波器探头接信号发生器信号输出端。

(4)示波器置直流耦合(DC),手动或者自动观测信号发生器的输出信号。分别改变波形输出类型,此时示波器上分别显示图 5 所示波形。

3. 正弦电压的测量

信号发生器输出正弦信号(f=1 kHz、占空比 50%,Vp-p=4 V、V_H=3 V、V_L=−1 V),

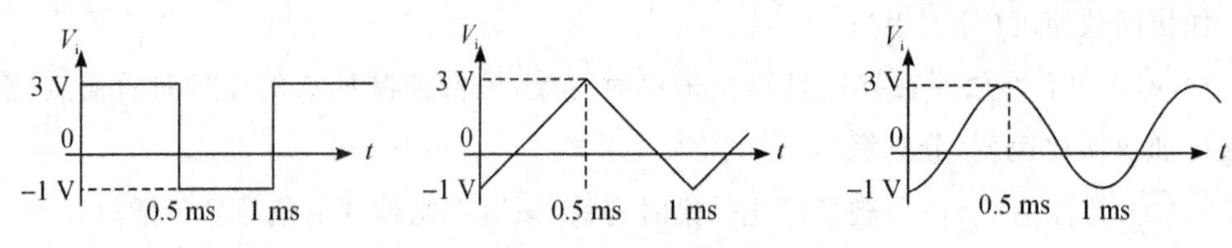

图 5 调整、测试含有直流电平的信号

用数字万用表和示波器按表 1 测量，然后计算相应的电压均方根值，并与数字表测量值相比较。

表 1 信号幅度的测量

输出值	Vp-p＝4 V、V_L＝－1 V	Vp-p＝1 V、V_L＝－0.25 V
数字表测量值(DC)		
数字表测量值(AC)		
数字表测量均方根值		
示波器测量直流电平		
示波器测量 $V_{P\text{-}P}$ 值		
示波器测量均方根值		
计算该信号均方根值		

4. 正弦信号周期和频率的测量

按表 2 改变上一步骤所用的信号发生器的频率，并保持其他参数不变，测量其周期，并换算成频率，并与信号发生器的频率显示值相比较。

表 2 信号周期的测量

频率显示值(Hz)	100 Hz	1 kHz	10 kHz	50 kHz
测量周期				
计算频率(Hz)				

5. 示波器的双踪显示

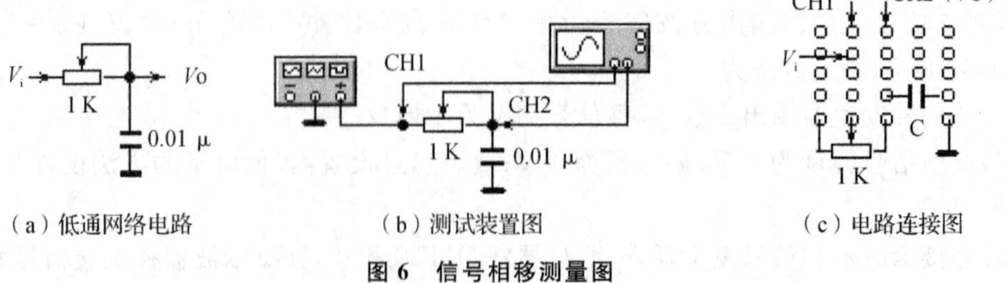

(a) 低通网络电路 (b) 测试装置图 (c) 电路连接图

图 6 信号相移测量图

(1)按图 6(a)搭接电路，图 6(c)为参考连接图，测试装置按图 6(b)连接；

(2)将上一步骤所用信号改为 f_i＝50 kHz，示波器采用双通道工作，分别调节 CH1 和 CH2 的 Y 灵敏度和上下位移，使显示波形高度和位置适中，调节 X 灵敏度，使波形显示 1～2 个周期，如图 7 所示，用光标法测出 t_Φ，

则 V_0滞后于 V_i的相位差 $\Phi=360° * t_\Phi/T$。

调整电位器，测出 t_Φ最大值，并计算出 Φ 值；

6. 示波器的“外扫描”(X-Y)工作模式

在“外扫描”(X-Y)工作模式(按下“Horizontal”按键，选择X-Y 模式)，则 CH1 的输入信号代替示波器内部的锯齿波作 X 轴扫描信号，此时，水平(X)轴变为 CH1 的电压轴，X 轴上各点的电压值，用 CH1 的 Y 灵敏度来测量，垂直(Y)轴仍为 CH2 的电压轴，Y 轴上各点电压值，仍用 CH2 的 Y 灵敏度来测量。用(X-Y)功能，可以观察到图 6 电路关于 Vi、Vo 波形的李萨如图形。

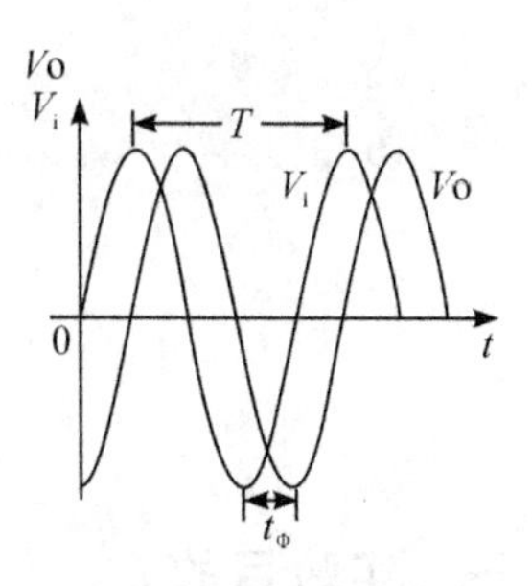

图 7　两同频率信号相位差测量

五、实验报告要求

1. 总结出示波器的通用使用方法；
2. 总结 Agilent DSO-X 2002A 型数字示波器的使用方法；
3. 记录相关实验内容；
4. 总结示波器使用过程中碰到的问题和解决办法。

六、思考题

用示波器观察正弦信号时，若荧光屏上出现下列情况时，应如何调节？

(1)屏幕上什么都没有；

(2)屏幕上只有一点；

(3)屏幕上只有一条水平线；

(4)屏幕上只有一条竖线；

(5)如何让波形同步；

(6)观察已知信号频率时，应注意示波器时间量程是否与输入信号的周期同数量级。

实验四　单级放大电路

一、实验目的

1. 学会在面包板上搭接电路的方法；
2. 学习放大电路的调试方法；
3. 掌握放大电路的静态工作点、电压放大倍数、输入电阻、输出电阻和通频带测量方法；
4. 研究负反馈对放大器性能的影响；了解射级输出器的基本性能；
5. 了解静态工作点对输出波形的影响和负载对放大倍数的影响。

二、实验原理

(一)单级低频放大器的模型和性能

1. 单级低频放大器的模型：

单级低频放大器能将频率从几十 Hz～几百 kHz 的低频信号进行不失真地放大，是放大器中最基本的放大器，单级低频放大器根据性能不同可分为基本放大器和负反馈放大器。

从放大器的输出端取出信号电压(或电流)经过反馈网络得到反馈信号电压(或电流)，送回放大器的输入端称为反馈，反馈放大器的原理框图如图 1 所示。若反馈信号的极性与原输入信号的极性相反，则为负反馈。

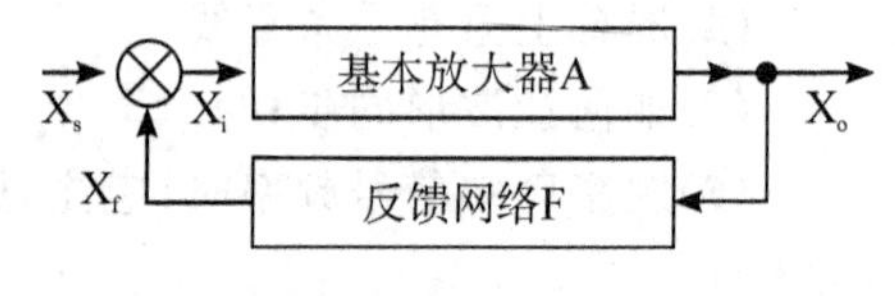

图 1　反馈放大器框图

根据输出端的取样信号(电压或电流)与送回输入端的连接方式(串联或并联)的不同，一般可分为四种反馈类型——电压串联反馈、电流串联反馈、电压并联反馈和电流并联反馈。负反馈是改变放大器及其他电子系统特性的一种重要手段。负反馈使放大器的净输入信号减小，因此放大器的增益下降；同时改善了放大器的其他性能：提高了增益稳定性，展宽了通频带，减小了非线性失真，以及改变了放大器的输入阻抗和输出阻抗。负反馈对输入阻抗和输出阻抗的影响跟反馈类型有关。由于串联负反馈是在基本放大器的输入回路中串接了一个反馈电压，因而提高了输入阻抗，而并联负反馈是在输入回路上并联了一个反馈电流，从而降低了输入阻抗。凡是电压负反馈都有保持输出电压稳定的趋势，与此恒压相关的是输出阻抗减小；凡是电流负反馈都有保持输出电流稳定的趋势，与此恒流相关的是输出阻抗增大。

2. 单级电流串联负反馈放大器与基本放大器的性能比较：

电路图 2 是分压式偏置的共射基本放大电路，它未引入交流负反馈。

电路图 3 是在图 2 的基础上，去掉射极旁路电容 C_e，这样就引入了电流串联负反馈，它们的主要性能如表 1 所示。

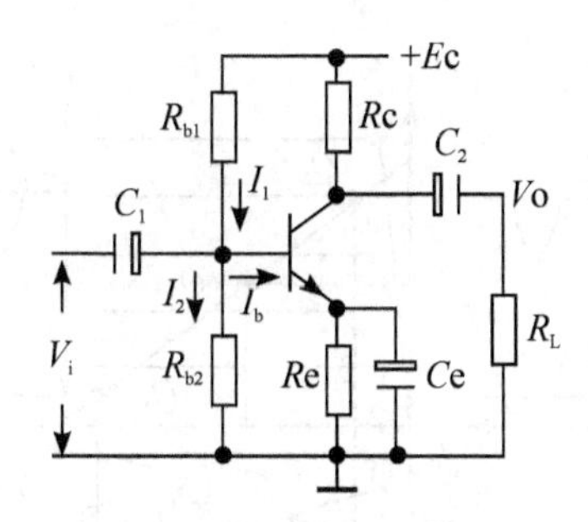

图 2　单级阻容耦合放大器

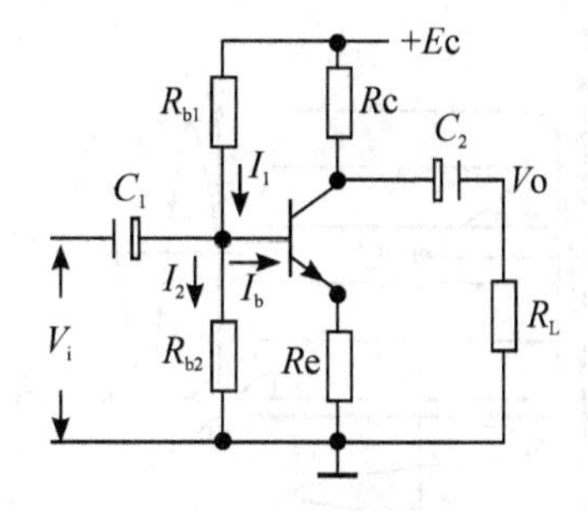

图 3　单级电流串联负反馈放大器

表 1　基本放大器和电流串联负反馈放大电路主要性能表

主要性能	基本放大电路	电流串联负反馈放大电路
电压增益	$Av=-\frac{\beta R_L'}{r_{be}}$	$A_{vf}=-\frac{\beta R_L'}{r_{be}+(1+\beta)R_E}$　（注 1）
输入电阻	$R_i=R_{b1}//R_{b2}//r_{be}$	$R_{if}=R_{b1}//R_{b2}//[r_{be}+(1+\beta)R_e]$（注 2）
输出电阻	$R_O=r_{ce}//R_C\approx R_C$	$R_{of}\approx R_C$　（注 3）
增益稳定性	较差	提高
通频带	较窄	展宽
非线性失真	较大	减小

注 1：$r_{be}=r_{bb}+(1+\beta)\frac{26(\text{mV})}{I_{EQ}(\text{mA})}$

注 2：当$(1+\beta)R_e>>r_{be}$时，$r_{be}+(1+\beta)R_e\approx\beta R_e$则 $A_{vf}=-R_L'/R_e$。

注 3：电流负反馈的输出电阻为 Rc 与从晶体管集电极看进去的等效电阻相并联。电流负反馈的效果仅使后者增大，但与 Rc 并联后，总输出电阻仍然没有多大变化。

3．射极输出器的性能：

电路图 4 是射极输出器，它是单级电压串联负反馈电路，由于它的交流输出电压 V_Q全部反馈回输入端，故其电压增益：

$$A_{vf}=\frac{(1+\beta)R_L'}{r_{be}+(1+\beta)R_L'}\leqslant 1$$

输入电阻：$R_{if}=R_b//[r_{be}+(1+\beta)R_L']$　式中 $R_L'=Rc//R_L$

输出电阻：$R_{of}=R_e//[(R_b//R_s)+r_{be}]/(1+\beta)$

当信号源内阻 $R_s=0$，$R_e>100\ \Omega$ 时，$R_{of}\approx\frac{r_{be}}{1+\beta}$

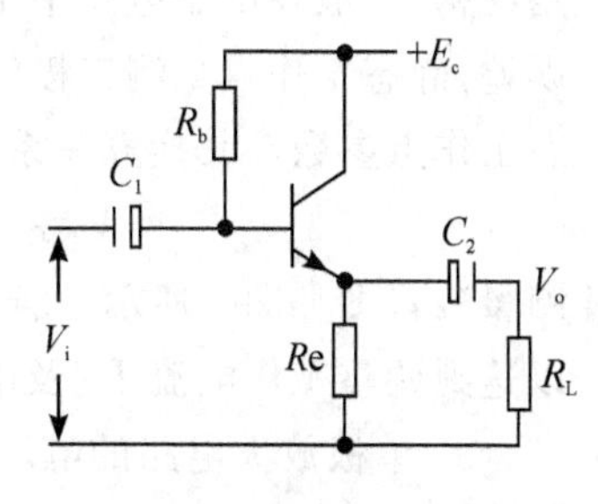

图 4　射极跟随器

射极输出器由于 $A_{vf}\approx1$，故它具有电压跟随特性，且输入电阻高，输出电阻低的特点，在多级放大电路中常作为隔离器，起阻抗变换作用。

（二）放大器参数及测量方法

1．静态工作点的选择：

放大器要不失真地放大信号，必须设置合适的静态工作点 Q。为获得最大不失真输出电压，静态工作点应选在输出特性曲线上交流负载线中点，如图 5 所示，若工作点选得太高，如图 5 中的 Q_2，就容易产生饱和失真；若工作点选得太低，如图 5 中的 Q_1，就容易产生截止失真。

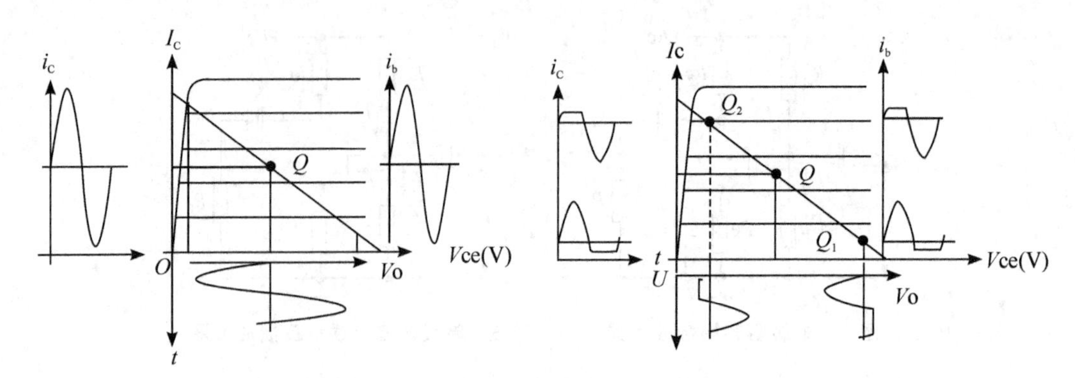

图 5 放大器静态工作点对输出波形的影响

若放大器对小信号放大,由于输出交流幅度很小,非线性失真不是主要问题,故 Q 点不一定要选在交流负载线的中点,一般前置放大器的工作点都选得低一些,这有利于降低功耗,减少噪声,并提高输入阻抗。

采用简单偏置的放大电路,其静态工作点将随着环境温度的变化而变化,若采用电流负反馈分压式偏置电路,如图 2 所示,它具有自动稳定工作点的能力,因而获得广泛应用。

在图 6 基本放大电路中,当电源电压 Ec 和元件参数选定后,其静态工作点只靠 R_w 来调节,R_w 增大,I_{BQ} 减小,Q 点降低;反之,I_{BQ} 增大,Q 点升高,具有以下关系:

$$I_{CQ}=\beta I_{BQ}$$

$$V_{CEQ}=Ec-I_{CQ}(Rc+Re)$$

2. 静态工作点测量与调试:

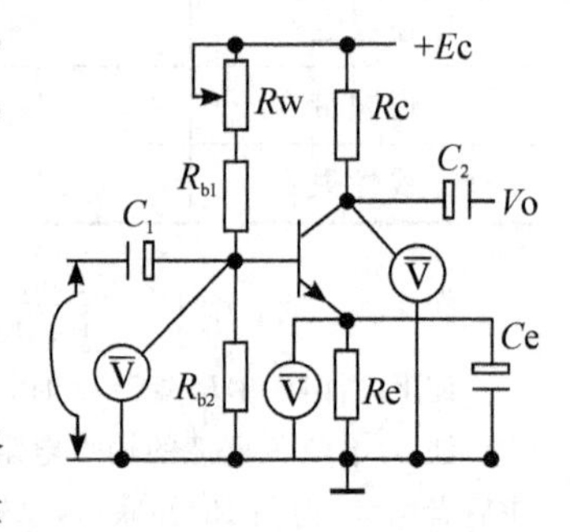

图 6 静态工作点测量装置

根据定义,静态工作点是指放大器不输入信号且输入端短路(输入端接电路 COM)时,三极管 I_{CQ}、V_{BEQ}、V_{CEQ} 值称为静态工作点。由于在电路中,电流测量需将电流表串接于所测支路,破坏电路结构,一般在电子电路中不测量电流,故改为测量电压换算电流;同时,为了测量方便及减少误差,静态工作点只测三极管三极对电路 COM 的直流电压(V_{BQ}、V_{EQ}、V_{CQ}),通过换算得出静态工作点参数。其换算关系为:

$$V_{BEQ}=V_{BQ}-V_{EQ};V_{CEQ}=V_{CQ}-V_{EQ};I_{CQ}=V_{EQ}/R_E$$

测量装置图如图 6 所示。若测量计算的工作电流 I_{CQ} 不符合要求,调节 R_w 的大小,改变 I_{BQ} 值,以达到调整工作电流 I_{CQ} 及电压 V_{CEQ} 的目的。

3. 单极放大电路的电压放大倍数 Av:

电压放大倍数是反映放大器对信号的放大能力的一个参数。根据定义,低频放大器的电压放大倍数是指在输出不失真条件下,输出电压有效值(峰值、峰-峰值)与输入电压有效值(峰值、峰-峰值)之比:$A_v=\dfrac{V_o}{V_i}$。根据理论分析:$Av=-\dfrac{\beta R_L'}{r_{be}}$

式中:$R_L'=R_c//R_L$ $r_{be}=r_{bb}+(1+\beta)\dfrac{26(mv)}{I_{EQ}(mA)}$ “$-$”号表示 V_o 和 V_i 是倒相关系。

4. 放大倍数测量:

放大倍数按定义式进行测量,即:输出交流电压与输入交流电压的比值。通常采用示波器比较测量方法(适用于非正弦电压)和交流电压表测量(适用于正弦电压)。

测量装置如图 7 所示，在测量时，为避免不必要的感应和干扰，必须将所有测量仪器公共端与放大器公共端连接在一起。

在测量过程中，应适当选择输入信号（幅度、频率），通过示波器观察输出波形，在不失真条件下，应尽量加大输入信号幅度，以避免输入信号太小易受干扰。

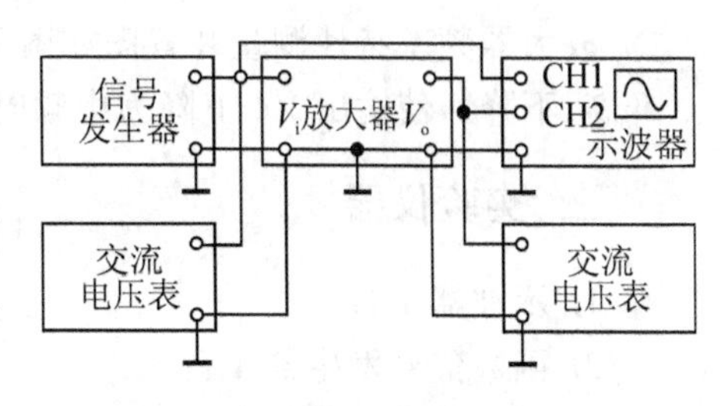

图 7　放大倍数、频率特性测试图

5. 输入阻抗测量：

放大器输入阻抗为从输入端向放大器看进去的等效电阻，即：$R_i=V_i/I_i$；该电阻为动态电阻，不能用万用表测量。输入阻抗 R_i 测量装置图如图 8 所示：

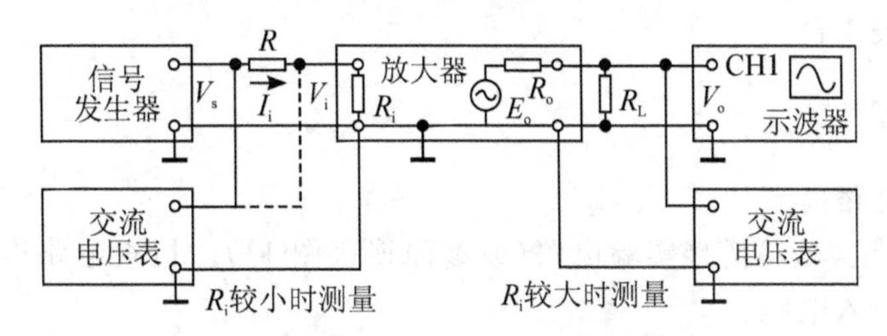

图 8　输入、输出阻抗测量装置图

测量图中，R 为测量 R_i 所串接在输入回路的已知电阻（该电阻可根据理论计算 R_i 选择，为减少测量误差，一般选择与 R_i 同数量级），其目的是避免测量输入电路中电流，而改由测量电压进行换算，即：

$$I_i=\frac{V_R}{R}=\frac{V_s-V_i}{R}\text{，则：}R_i=\frac{V_i}{I_i}=\frac{V_i}{V_s-V_i}R$$

上述测量方法仅适用于放大器输入阻抗远远小于测量仪器输入阻抗条件下。

6. 输出阻抗测量：

放大器输出阻抗为从输出端向放大器看进去的等效电阻，即：$R_o=V_o/I_o$；该电阻为动态电阻，不能用万用表测量。输出阻抗测量装置如图 8 所示。

若输出回路不并接负载 R_L，则输出测量值为：$V_{O\infty}$；若输出回路并接负载 R_L，则输出测量值为：V_{OL}；则可按下式求 R_o。

$$R_o=\frac{V_{O\infty}-V_{OL}}{I_O}=\frac{V_{O\infty}-V_{OL}}{V_{OL}/R_L}=\left(\frac{V_{O\infty}}{V_{OL}}-1\right)R_L$$

在上述输入阻抗、输出阻抗测量时，应保证输出波形不失真。

7. 放大器幅频特性：

放大器的幅频特性是指放大器的电压放大倍数与频率的关系曲线，如图 9 所示。

在中频段，耦合电容和射极电容所呈现的阻抗很小，可以视为短路，同时晶体管的 β 值受频率变化的影响以及频率对晶体管结电容与分布电容的影响均可忽略，此时电压放大倍数为最大值 $Av=Av_m$。

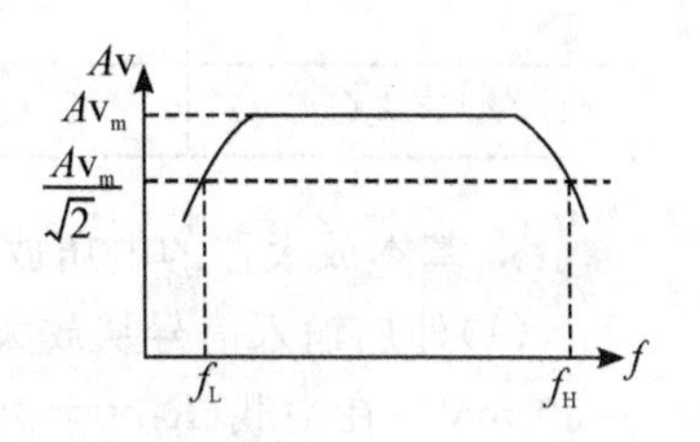

图 9　放大器幅频特性

在低频段和高频段，由于上述各种因素的影响不可忽略，使电压放大倍数下降。通常将电压放大倍数下降到中频段 Av_m 的 0.707 倍时所对应的频率，称为放大器的上限频率 f_H 和下限频率 f_L，f_H 与 f_L 之差称为放大器的通频带，即 $\Delta f_{0.7}=f_H-f_L$。

放大器频率特性测量装置图如图 7 所示，在保证输入 V_i 不变情况下，改变输入信号频率(升高、下降)，使输出 Vo 下降为中频时的 0.707 倍，则对应的频率即为 f_H、f_L。

三、实验仪器

1. 示波器 1 台
2. 函数信号发生器 1 台
3. 直流稳压电源 1 台
4. 数字万用表 1 台
5. 多功能电路实验箱 1 台
6. 交流毫伏表 1 台

四、实验内容

1. 搭接实验电路：

按电路图 10 在实验箱搭接实验电路(或参照连接图 11)。检查电路连接无误后，方可将 +12 V 直流电源接入电路。

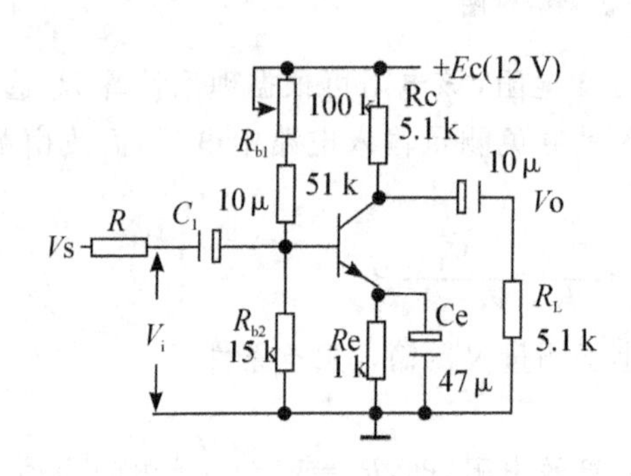

图 10 共射基本放大器

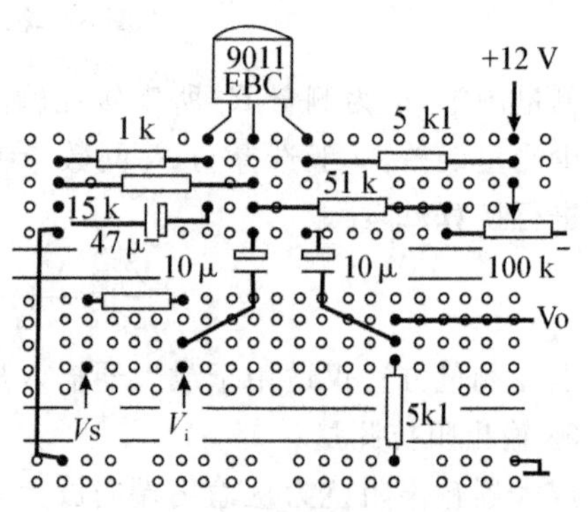

图 11 放大器连接参考图

2. 静态工作点的测量与调试：

按静态工作点测试方法进行测量与调试，要求 $I_{CQ}\approx1.3$ mA，测量值填入表 2。

表 2 静态工作点测量

静态工作点测量值	V_{EQ}(V)	V_{BQ}(V)	V_{CQ}(V)	测量计算		
				I_{CQ}(mA)	V_{BEQ}(V)	V_{CEQ}(V)
41/2 数字表(DCV)	1.3					

3. 基本放大器的电压放大倍数、输入电阻、输出电阻的测量：

(1)外加输入信号从放大器 Vs 端输入信号：频率 $f=2$ kHz 的正弦信号，$R=1$ K，使 $V_{ip-p}=30$ mV。在空载($R_L=\infty$)情况下，用示波器同时观察输入和输出波形(V_i 和 V_o)，若输出波形失真，应适当减小输入信号。

(2)测量 V_s、V_i、V_o、V_{OL}(用毫伏表、“四位半”数字万用表 AC 档测量)，填入表 3 并计算 A_v、R_i、R_o。

表 3　电压放大倍数、输入电阻、输出电阻测量

测量(41/2 数字表 ACV)				计算			
V_s(mv)	V_i(mv)	V_o	V_{OL}	Av	A_{VL}	R_i	R_o

4. 放大器上、下限频率的测量：

保持输入信号 $V_{p-p}=30$ mV 不变，当 $f=2$ kHz 时，用示波器观察并测量输出电压 V_{oL}。当频率从 2 kHz 向高端增大时，使输出电压下降到 0.707 V_{oL}时，记下此时信号发生器的频率，即为上限频率 f_H；同理，当频率向低端减小时，使输出电压下降到 0.707 V_{oL}时，记下此时信号发生器的频率，即为下限频率 f_L。填入表 4，测量过程均应保持 V_i 不变和波形不失真。

表 4　放大器上、下限频率的测量

f_H	f_L	$B=f_H-f_L$

5. 电流串联负反馈放大器参数测量：

在图 10 电路基础上，将 Ce 去掉(即为电流串联负反馈放大器)，并将 R 改为 10 K，使 $V_{ip-p}=300$ mV，重复实验 3 步骤测量并计算填入表 5。

表 5　负反馈放大器参数测量

测量(41/2 数字表 ACV)				计算			
V_s(mv)	V_i(mv)	V_o	V_{OL}	Av	A_{VL}	R_i	R_o

6*. 观察静态工作点对波形失真的影响：

改变 R_w，观察示波器上出现截止和饱和失真波形时，测量相应静态工作电压(用数字表的 DC 档测量)，记入表 6，并画出失真波形。

表 6　静态工作点对放大器工作状态的影响

输出波形	Rw	V_{EQ}(V)	V_{BQ}(V)	V_{CQ}(V)	波形图
良好正弦波					
截止失真					
饱和失真					

五、预习要求

1. 复习理论课有关的内容，掌握静态工作点、电压放大倍数的概念和理论计算，了解静态工作点对输出波形的影响和负载对放大倍数的影响。

2. 根据实验电路图 2 所给参数，计算 Av。设：晶体管 $\beta=100$，$r_{be}=1.6$ kΩ。

3. 示波器的 AC/DC 耦合方式，应用场合有何不同。

六、实验报告要求

1. 画出实验电路，标明元件参数；

2. 将实验数据和结果列成表格，并与预习时的理论计算进行比较，分析讨论实验结果。

七、思考题

1. 如何根据静态工作点判别电路是否工作在放大状态？

2. 按实验电路10，若输入信号增大到100 mV，输出电压＝？是否满足 $V_o = A_v \times V_i$，试说明原因？

实验五　场效应管放大器

一、实验目的

1. 学习场效应管放大电路设计和调试方法；
2. 掌握场效应管基本放大电路的设计及调整、测试方法。

二、实验原理

1. 场效应管的主要特点：

场效应管是一种电压控制器件，由于它的输入阻抗极高（一般可达上百兆、甚至几千兆），动态范围大，热稳定性好，抗辐射能力强，制造工艺简单，便于大规模集成。因此，场效应管的使用越来越广泛。

场效应管按结构可分为 MOS 型和结型，按沟道分为 N 沟道和 P 沟道器件，按零栅压源、漏通断状态分为增强型和耗尽型器件，可根据需要选用。那么，场效应管由于结构上的特点源漏极可以互换，为了防止栅极感应电压击穿，要求一切测试仪器，都要有良好接地。

2. 结型场效应管的特性：

(1)转移特性（控制特性）：反映了管子工作在饱和区时栅极电压 V_{GS} 对漏极电流 I_D 的控制作用。当满足 $|V_{DS}|>|V_{GS}|-|V_P|$ 时，I_D 对于 V_{GS} 的关系曲线即为转移特性曲线。如图 1 所示。由图可知，当 $V_{GS}=0$ 时的漏极电流即为漏极饱和和电流 I_{DSS}，也称为零栅漏电流。使 $I_D=0$ 时所对应的栅源电压，称为夹断电压 $V_{GS}=V_{GS(TH)}$。

(2)转移特性可用如下近似公式表示：

$$I_D=I_{DSS}\left(1-\frac{V_{GS}}{V_{GS(TH)}}\right)^2（当\ 0\geqslant V_{GS}\geqslant V_p） \tag{1}$$

这样，只要 I_{DSS} 和 $V_{GS(TH)}$ 确定，就可以把转移特性上的其他点估算出来。转移特性的斜率为：

$$g_m=\frac{\Delta I_D}{\Delta V_{GS}}\bigg|_{V_{DS}=常数} \tag{2}$$

它反映了 V_{GS} 对 I_D 的控制能力，是表征场效应管放大作用的重要参数，称为跨导。一般为 0.1～5 mS(mA/V)。它可以由式 1 求得：

$$g_m=-\frac{2I_{DSS}}{V_{GS(TH)}}\cdot\left(1-\frac{V_{GS}}{V_{GS(TH)}}\right) \tag{3}$$

(3)输出特性（漏极特性）反映了漏源电压 V_{DS} 对漏极电流 I_D 的控制作用。图 2 为 N 沟道场效应管的典型漏极特性曲线。

由图可见，曲线分为三个区域，即Ⅰ区（可变电阻区）、Ⅱ区（饱和区）、Ⅲ区（截止区）。饱和区的特点是 V_{DS} 增加时 I_D 不变（恒流），而 V_{GS} 变化时，I_D 随之变化（受控），管子相当于一个受控恒流源。在实际曲线中，对于确定的 V_{GS} 值，随着 V_{DS} 的增加，I_D 有很小的增加。I_D 对 V_{DS} 的依赖程度，可以用动态电阻 r_{DS} 表示为：

$$r_{DS}=\frac{\Delta V_{DS}}{\Delta I_D}\mid V_{GS}=\text{常数} \tag{4}$$

在一般情况下，r_{DS} 在几千欧到几百千欧之间。

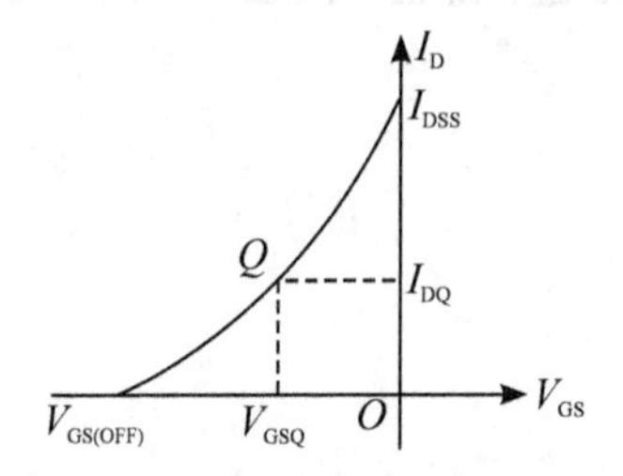

图 1　N 沟道场效应管转移特性　　图 2　N 沟道场效应管输出特性

(3)图示仪测试场效应管特性曲线的方法：

①连接方法：将场效应管 G、D、S 分别插入图示仪测试台的 B、C、E。

②输出特性测试：集电极电源为 +10 V，功耗限制电阻为 1 KΩ；X 轴置集电极电压 1 V/度，Y 轴置集电极电流 0.5 mA/度；与双极型晶体管测试不同为阶梯信号，由于场效应管为电压控制器件，故阶梯信号应选择阶梯电压，即：阶梯信号：重复、极性：－、阶梯选择 0.2 V/度，则可测出场效应管的输出特性，并从特性曲线求出其参数。

③转移特性测试：在上述测试基础上，将 X 轴置基极电压 0.2 V/度，则可测出场效应管的转移特性，并从特性曲线求出其参数。

(4)场效应管主要参数测试电路设计：

①根据转移特性可知，当 $V_{GS}=0$ 时，$I_D=I_{DSS}$，故其测试电路如图 3 所示。

②根据转移特性可知，当 $I_D=0$ 时，$V_{GS}=V_{GS(TH)}$，故其测试电路如图 4 所示。

3. 自给偏置场效应管放大器：

自给偏置 N 沟道场效应管共源基本放大器如图 5 所示，该电路与普通双极型晶体管放大器的偏置不同它利用漏极电流 I_D 在源极电阻 Rs 上的电压降 I_DRs 产生栅极偏压，即：

$$V_{GSQ}=-I_DRs。$$

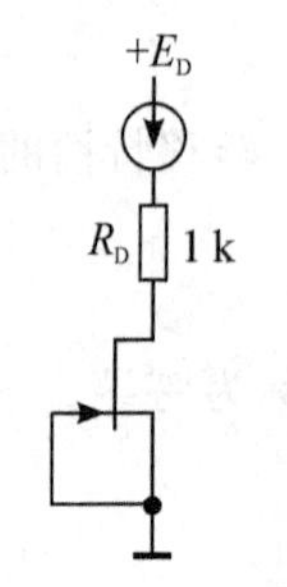

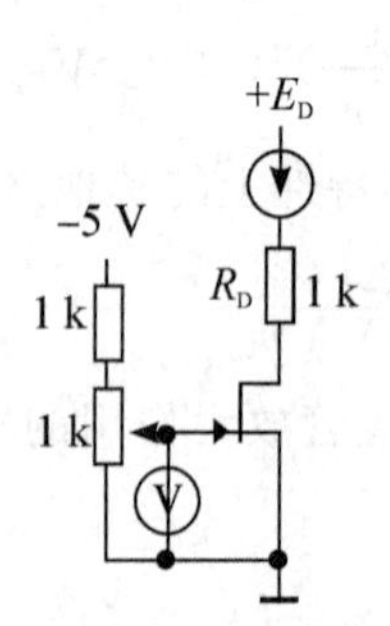

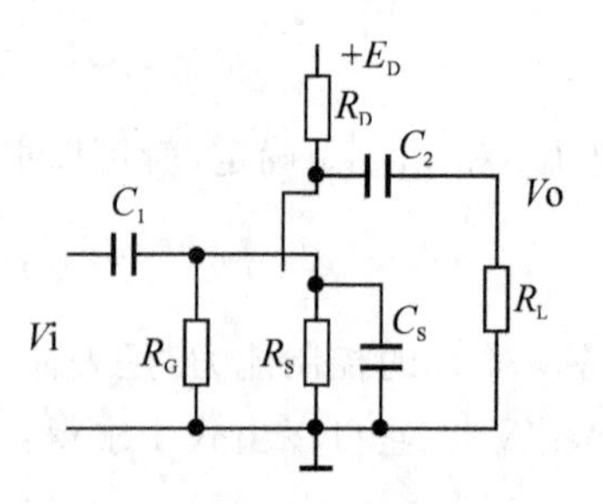

图 3　I_{DSS} 测试电路　图 4　$V_{GS(TH)}$ 测试电路　图 5　自给偏置场效应管放大器

由于 N 沟道场效应管工作在负压，故此称为自给偏置，同时 Rs 具有稳定工作点的作用。该电路主要参数为：

电压放大倍数：$A_v=V_o/V_i=-g_mR'_L$

式中：$R'_L=R_D \parallel R_L \parallel r_{DS}$

输入电阻：$R_i \approx R_G$

输出电阻：$Ro = R_D \parallel r_{DS}$

4. 恒流源负载的场效应管放大器：

由于场效应管的 g_m 较小，与双极型晶体管相比，场效应管放大器的电压放大倍数较小。提高其放大倍数的一种方法是：采用恒流源负载，即在图 5 中将 R_D 用一个恒流源代替，如图 6 所示。它利用场效应管工作在饱和区时，静态电阻小、动态电阻较大的特性，在不提高电源电压的情况下可获得较大的放大倍数。

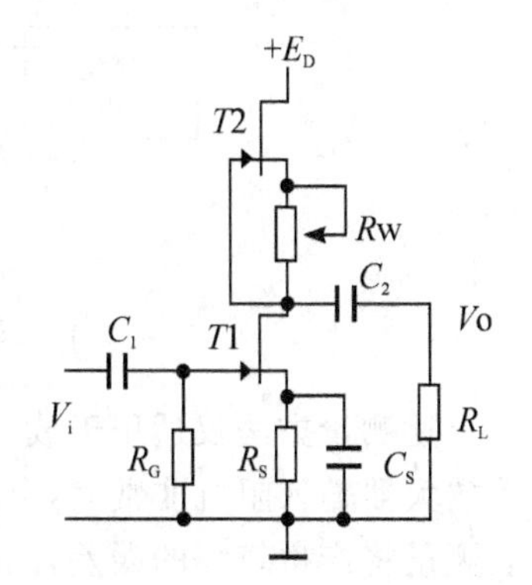

图 6　恒流源负载的场效应管放大器

5. 设计举例：

试设计一个场效应管放大器，场效应管选用 K30A；管脚排列为：要求电源电压为：+12 V；负载为 R_L 为 10 k；Av ≥5、R_i≥500 k、Ro≤10 k、f_L≤50 Hz；若要求电压放大倍数提高为 50，电路如何改变？

K30A
S　G　D

(1)电路模型选择：自给偏置场效应管放大器；

(2)场效应管特性参数测试：按上述方法测试（工作点为：$V_{DSQ}=5$ V、$I_{DQ}=1$ mA）；

(3)确定 R_D、R_S 和 R_G；

$$R_D=\frac{E_D-(V_{DSQ}+|V_{GSQ}|)}{I_{DQ}}=\frac{12-(5+0.5)}{1}=\frac{12-5.5}{1}=6.5(\text{k}\Omega)$$

按 E24 标称系列取 $R_D=6.8$ kΩ

$R_S=\dfrac{|V_{GSQ}|}{I_{DQ}}=\dfrac{0.5}{1}=0.5(\text{k}\Omega)$按 E24 标称系列取 $R_S=510$ Ω

按 E24 标称系列取 $R_G=620$ kΩ，确保 $R_i>500$ kΩ

(4)确定 C_1、C_2、C_S

$$C_1\geqslant(3\sim10)\frac{1}{2\pi f_L R_G},C_2\geqslant(3\sim5)\frac{1}{2\pi f_L(R_D+R_L)},C_S\geqslant(1\sim3)\frac{1+g_m R_S}{2\pi f_L R_S}$$

一般取：$C_1=0.01\ \mu\text{F}$，$C_2=1\ \mu\text{F}$，$C_S=47\ \mu\text{F}$；

(5)设计参数验算：

$A_v=-g_m R_L'=1.8\times6.8/\!/10\approx7.3$；$R_i\approx R_G=620$ k；$R_o\approx R_L=10$ k；

(6)根据上述设计，符合设计要求。

若电压放大倍数要提高为 50 倍，电路可采用恒流负载。

6. 场效应管放大器参数测试方法：

(1)静态工作点调试：同单极放大器调试方法；

(2)电压放大倍数测量：同单极放大器调试方法；

(3)放大器频率特性测量：同单极放大器调试方法；

(4)输入阻抗测量：放大器输入阻抗为从输入端向放大器看进去的等效电阻，即：$R_i=V_i/I_i$ 该电阻为动态电阻，不能用万用表测量。输入阻抗 R_i 测量装置图如图 7 所示。

测量图中，R 为测量 R_i 所串接在输入回路的已知电阻（该电阻可根据理论计算 R_i 选择，为减少测量误差，一般选择与 R_i 同数量级），其目的是避免测量输入电路中电流，而改由测量电压进行换算，即：

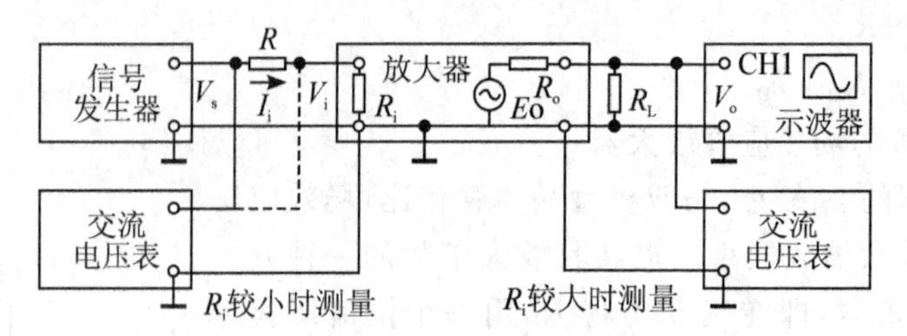

图 7　输入阻抗测量装置图

$$I_i=\frac{V_R}{R}=\frac{V_S-V_i}{R}, \text{则}: R_i=\frac{V_i}{I_i}=\frac{V_i}{V_S-V_i}R$$

上述测量方法仅适用于放大器输入阻抗远远小于测量仪器输入阻抗条件下。然而，场效应管放大器输入阻抗非常大，上述设计放大器要求：$R_i>500\ k\Omega$，而毫伏表 R_i 约 1 MΩ，故，毫伏表测量将产生较大的误差，同时将引入干扰。故不能用毫伏表测量 V_i。同时，由于放大器输出阻抗较小，毫伏表可直接测量。因而采用测量输出电压换算求 R_i。

当电路不串入 R 时，$V_{i1}=V_s$，输出测量值为：

$V_{O1}=Av*V_{i1}=Av*V_s$；

当电路串入 R 时，$V_{i2}=\frac{R_i}{R_i+R}V_S$，输出测量值为：

$$V_{O2}=Av*V_{i2}=Av*\frac{R_i}{R_i+R}V_S$$

由于同一放大电路，其放大倍数相同，令上述两式相除并进行整理可得：

$$R_i=\frac{V_{O2}}{V_{O1}-V_{O2}}R$$

(5)输出阻抗测量：

输出阻抗测量装置如图 5 所示，在输入回路不串接 R 情况下：

若输出回路不并接负载 R_L，则输出测量值为：$V_{O\infty}$；

若输出回路并接负载 R_L，则输出测量值为：V_{OL}；则可按下式求 Ro。

$$R_O=\frac{V_{O\infty}-V_{OL}}{I_O}=\frac{V_{O\infty}-V_{OL}}{V_{OL}/R}=\left(\frac{V_{O\infty}}{V_{OL}}-1\right)R_L$$

在上述输入阻抗、输出阻抗测量时，应保证输出波形不失真。

三、实验仪器

1. 示波器 1 台
2. 函数信号发生器 1 台
3. 直流稳压电源 1 台
4. 数字万用表 1 台
5. 多功能电路实验箱 1 台
6. 交流毫伏表 1 台

四、实验内容

1. 场效应管参数测试：

用晶体管图示仪测量所给场效应管 K30A 的转移特性曲线及输出特性曲线，并从特性曲线上求出该场效应管的主要参数，同时应从特性曲线上确定静态工作点 V_{GSQ}、I_{DQ} 以使放大器能得到最大动态范围，测量数据填入表 1。

表 1　场效应管主要参数测量

I_{DSS}(mA)	$V_{GS(TH)}$(V)	V_{GSQ}(V)	I_{DQ}(mA)	r_{DS}(K)	g_m(mA/V)

2. 场效应管参数测试设计：

根据场效应管参数定义，设计测试参数：I_{DSS}、$V_{GS(TH)}$、g_m 电路，将测量值填入表 2。

表 2　设计电路参数测试

I_{DSS}(mA)	$V_{GS(TH)}$(V)	g_m(mA/V)

3. 重新设计场效应管放大电路：

根据场效应管参数，重新设计、修改电路参数。

4. 电路搭接：

根据重新设计电路，在实验箱上搭接实验电路，检查电路连接无误后，方可将＋12 V 直流电源接入电路。其中 Rs 采用实验箱上的 1 KΩ 电位器。

5. 静态工作点的调试测量：

根据设计理论值，通过调整电位器 Rs，使静态工作点基本符合设计参数并填入表 3。

表 3　静态工作点设计、测量

测　量				计　算		
静态工作点	V_{DQ}(V)	V_{GQ}(V)	V_{SQ}(V)	I_{DQ}(mA)	V_{DS}(V)	V_{GS}(V)
实际测量值						
理论设计值	6 V					

6. 场效应管放大器参数测试：

(1)参照单极放大器参数测试方法，选择合适的输入信号，自拟实验步骤测量放大倍数。

(2)参照输入阻抗测试方法，选择合适的串接电阻 R，自拟实验步骤测量输入阻抗。

(3)参照输出阻抗测试方法，选择合适的负载 R_L，自拟实验步骤测量输出阻抗。

表 4　放大倍数、输入电阻、输出电阻测量

$R=0$				$R=620$ K	
$V_i=V_s$	$V_{O\infty}$	V_{OL}	V_{01}	$V_i=\frac{R_i}{R_i+R}V_s$	V_{02}

7. 采用恒流源负载的场效应管放大器：

在上述电路基础上，按图 7 更改电路，其中 Rs 改为 510 Ω 电阻，Rw 采用实验箱上 1 KΩ 电位器，通过调整 Rw，使静态工作点与上述电路基本想符合，以便进行比较。自拟实验步骤，测量放大器放大倍数和输出阻抗，并与上述电路参数进行比较，说明恒流源负载的作用。

五、预习要求

1. 查找有关参考书，按要求进行电路设计；
2. 设计电路参数测量电路。

六、实验报告

1. 写出设计思路，画出实验电路图；
2. 设计表格填写有关测量参数。

实验六　两级负反馈放大器

一、实验目的

1. 研究负反馈对放大器性能的影响；

2. 进一步掌握电压增益、输入电阻和输出电阻的测量方法。

二、实验原理

1. 负反馈对放大器性能的影响：

从放大器的输出端取出信号电压(或电流)，经过反馈网络得到反馈信号电压(或电流)，送回到放大器的输入端，这个过程称为反馈，若反馈信号的极性与原输入信号的极性相反，则是负反馈。

根据输出端的取样信号(电压或电流)与送回输入端的连接方式(串联或并联)的不同，可以分为四种反馈类型：电压串联反馈、电流串联反馈、电压并联反馈和电流并联反馈。

负反馈是改变放大器及其他电子系统特性的一种重要手段。负反馈使放大器的净输入信号减小，因此放大器的增益下降；同时改善了放大器的其他性能，如提高了增益稳定性，展宽了通频带，减小了非线性失真，以及改变了放大器的输入阻抗和输出阻抗。

负反馈对输入阻抗和输出阻抗的影响跟反馈类型有关。由于串联负反馈是在基本放大器的输入回路中串接了一个反馈电压，因而提高了输入阻抗，而并联负反馈是在输入回路上并联了一个反馈电流，从而降低了输入阻抗。凡是电压负反馈都有保持输出电压稳定的趋势，与此恒压相关的是输出阻抗减小；凡是电流负反馈都有保持输出电流稳定的趋势，与此恒流相关的是输出阻抗增大。

2. 电压串联负反馈放大器的基本性能：

(1)负反馈使电压增益下降：$A_{v_F}=\dfrac{A_v}{1+A_v \cdot F_v}$

式中 Av 为无反馈时的电压增益，$F_v=\dfrac{V_F}{V_o}$ 为反馈系数，可见负反馈使放大器增益下降$(1+AvF_v)$倍。

当 $1+AvF_v \gg 1$，则 $Av_F=\dfrac{1}{F_v}$ 即深度负反馈时放大器增益仅由反馈系数 Fv 决定，而跟三极管参数无关。

(2)负反馈提高了电压增益的稳定性：$\dfrac{dA_{v_F}}{A_{v_F}}=\dfrac{dA_v}{A_v} \cdot \dfrac{1}{1+A_v \cdot F_v}$

我们用电压增益的相对变化量来衡量稳定性，上式表明，负反馈使增益的稳定性提高了$(1+AvFv)$倍。

(3)负反馈展宽了通频带

上限频率：$f_{Hf}=(1+A_vF_v)f_H$

下限频率：$f_{Lf}=\frac{f_L}{1+A_v\cdot F_v}$

通频带：$B=f_{Hf}-f_{Lf}\approx(1+A_vF_v)f_H$，故通频带展宽了$(1+A_vF_v)$倍。

(4)负反馈使输入阻抗增加，使输出阻抗减小：

$R_{iF}=R_i(1+A_vF_v)$

式中 R_i 和 R_{iF} 均未考虑偏置电路的影响。

$$Ro_F=\frac{R_o}{1+A_voF_v}$$

式中 A_{vo} 是基本放大器不接外加负载 R_L 时电压增益。

(5)负反馈减小非线性失真。

3. 两级电压串联负反馈放大器的计算方法：

图 1 是两级电压串联负反馈的原理电路。为了便于计算，图 2 画出了该电路在无级间反馈时的基本放大器简化的交流等效电路。

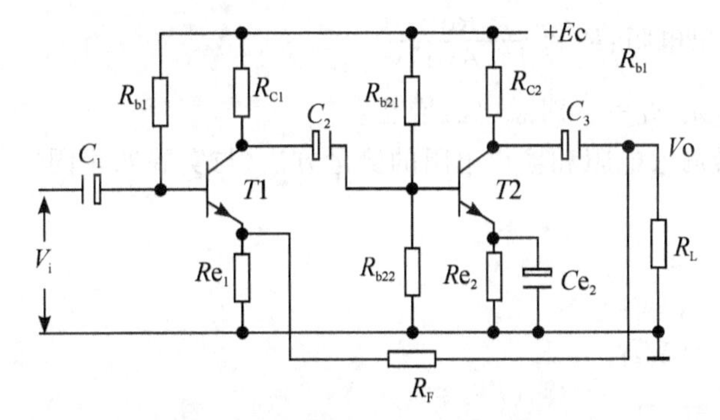

图 1　两级电压串联负反馈放大器

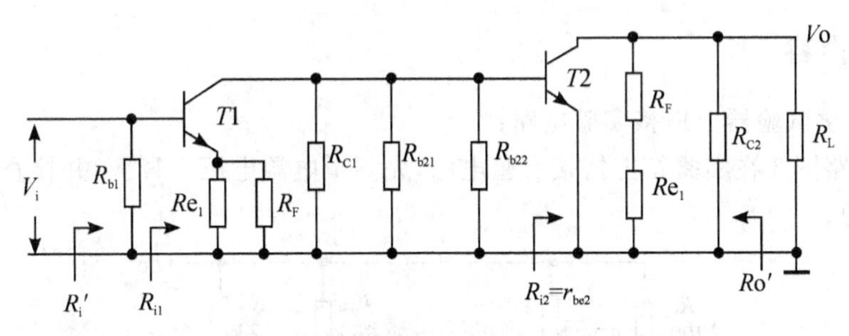

图 2　两级电压串联负反馈放大器交流等效电路

根据简化的交流等效电路可求得：

第一级电压放大倍数：$A_{v1}=-\frac{\beta_1 R_{L1}}{r_{be}+(1+\beta_1)\cdot(R_{e1}//R_F)}$

式中：$R_{L1}=R_{C1}//R_{b21}//R_{b22}//r_{be2}$

第二级电压放大倍数：$Av_2=-\frac{\beta_2 R_{L2}}{r_{be2}}$

式中：$R_{L2}=R_{C2}//(R_F+R_{e1})//R_L$

两级总电压放大倍数：$A_v=A_{v1}A_{v2}$

反馈系数：$F_v=\frac{V_F}{V_O}=\frac{R_{e1}}{R_{e1}+R_F}$

则加入级间电压串联负反馈时：$A_{v2}'=-\frac{\beta_2 R_{L2}'}{r_{be2}}$

当不接外加负载($R_L=\infty$)时，第二级电压放大倍数：$Av_2'=-\frac{\beta_2 R_{L2}'}{r_{be2}}$

式中：$R_{L2}'=R_{C2}//(R_F+R_{e1})$

两级总电压增益：$Avo=Av_1Av_2'$

输入电阻：

无反馈时，基本放大器的输入电阻：$R_i=R_{i1}=r_{be1}+(1+\beta_1)(Re_1//R_F)$

有负反馈时的输入电阻：$R_{if}=R_i(1+A_vF_v)$

再考虑偏置电路 Rb_1 影响时：$R_{if}'=R_{b1}//R_{if}$

输出电阻：

无反馈时基本放大器的输出电阻：$R_o\approx R_{c2}//(R_F+R_{e1})$

有负反馈时的输出电阻：$R_{of}=\frac{Ro}{1+AvoFv}$

(注意：式中 Avo 是 $R_L=\infty$ 时总电压增益)

4. 负反馈放大器输入电阻和输出电阻的测量方法(与实验四相同)。

三、实验仪器

1. 示波器 1 台
2. 低频信号发生器 1 台
3. 数字万用表 1 台
4. 电子学试验器 1 台

四、实验内容

1. 在电子学试验器上搭接实验电路：

按实验电路图 3 在实验箱上搭接实验电路，先测量电源电压 +12 V，并检查电路搭接无误后，再接上电源；

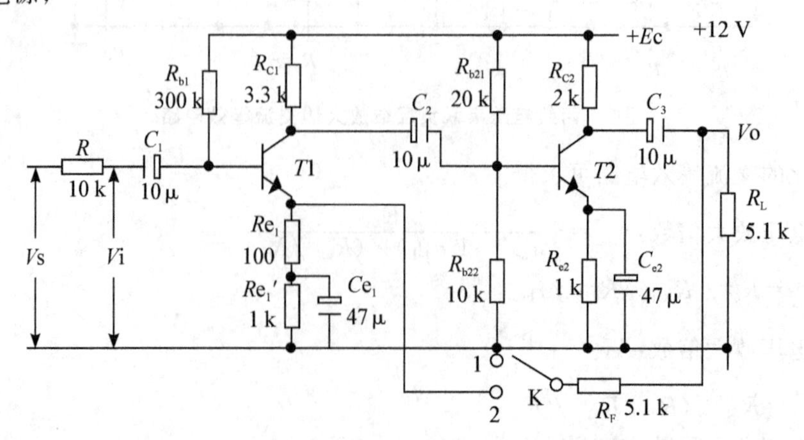

图 3　两级电压串联负反馈放大器实验电路

2. 静态工作点的测试：

用数字万用表 DCV 档测量晶体管各极对地的电压，记入表 1，并根据测量计算的结果，判断晶体管工作状态是否正常；

表 1　静态工作点测量

工作点 / 三极管	测量			计算		
	V_{EQ}(V)	V_{BQ}(V)	V_{CQ}(V)	V_{CEQ}(V)	V_{EQB}(V)	I_{EQ}(mA)
T_1						
T_2						

3. 两级基本放大器的 A_v、R_i、R_o 的测量：

将实验电路中的开关 K 置"1"，即 R_F 接地，电路无级间负反馈。外加信号频率为 2 kHz，从 A 点对地输入，调节信号幅度，在 B 点对地用毫伏表测量，要求 $V_{ip-p}=15$ mV，用示波器监视输出波形不产生失真，然后分别测量 V_s、V_i、V_o、V_{OL}，记入表 2；

表 2　电压放大倍数、输入电阻、输出电阻测量

V_S(mV)	V_i(mV)	$R_L=\infty$，V_O(V)	$R_L=5.1$ k，V_{OL}(V)

并将测量计算值和理论计算值列入表 3 进行比较。

表 3　电压放大倍数、输入电阻、输出电阻理论值

	空载 Avo	带载 Av	R_i(kΩ)	Ro(kΩ)
测量值				
理论值				

4. 两级电压串联负反馈放大器的 A_{vf}、R_{if} 和 R_{ef} 的测量：

将实验电路中开关 K 置"2"，即通过 R_F 构成级间电压串联负反馈。外加信号从 A 点对地输入 $f=2$ kHz，要求 $V_{ip-p}=100$ mV，并用示波器监视输出波形不产生失真，用毫伏表测量 V_s、V_i、V_o、V_{oL} 及 V_F，记入表并将测量计算值和理论计算值列入表 4 进行比较。

表 4　两级电压放大倍数、输入电阻、输出电阻测量

测　量	V_s(mV)	V_i(mV)	V_o(V)	V_{oL}(V)	V_F(V)
计　算	带载 A_{VF}	R_{if}(kΩ)	R_{of}(kΩ)	$Fv=V_F/Vo_L$	$1+AvFv$
测量值					
理论值					

五、预习要求

1. 根据电子学理论，计算图 3 实验电路，设 $\beta_1=40$，$\beta_2=45$，$r_{be}=1.3$ k，$r_{be2}=0.7$ k，求无反馈时基本放大器的 A_{VO}(空载)、A_V(带载)、R_i 和 R_o，两级电压串联负反馈时，A_{Vf}、R_{if}、R_{of}、F_v 及反馈深度 $1+A_vF_v$；

2. 熟悉实验内容和步骤，拟定实验测量装置图。

六、实验报告要求

1. 画出实验电路图，标明元件参数；

2. 将测量计算值和理论计算值列表比较，并将计算过程（包括计算公式、数据和结果）写在表格下方，以供查对；

3. 根据实验结果，分析讨论负反馈对放大器性能的影响。

实验七　差动放大器

一、实验目的

1. 了解差动放大器的电路特点和工作原理；
2. 掌握差动放大器直流工作状态调整测试方法；
3. 掌握差动放大器主要特性参数的测试和计算方法；
4. 了解减小零点漂移提高共模抑制比的原理和方法。

二、实验原理

差动放大器可用来放大交流信号，但主要是为了放大直流信号和变化非常缓慢的非周期信号。它有以下特点：

1. 电路对称抑制零点漂移：

当环境温度或电源电压等工作条件发生变化时，直接耦合放大器的静态工作点将要随之变化，而且逐级放大，即便输入信号为零时，输出电压也会出现缓慢而不规则的变化，这种现象称为直接耦合放大器的“零点漂移”。

为了克服直接耦合放大器的零点漂移，除了尽可能保持晶体管静态工作点稳定或采用温度补偿外，目前所采取的主要方法是采用差动放大器，利用电路对称的特点将漂移电压相互抵消。

图1是一种典型差动放大器电路。电路对称即两个晶体管型号相同、特性相同、各对应的电阻阻值相等。Re为两管公用的发射极电阻。1、2为输入端，两管集电极3、4为输出端。

静态时 $\Delta V_i=0$，两管静态电流相等（$I_{CQ1}=I_{CQ2}$），它们在 R_C 上产生的压降也相等，因而输出电压 $\Delta V_O=I_{CQ1}R_C-I_{CQ2}R_C=0$。

2. 对差模信号有放大作用：

如图2所示，T1、T2的输入信号大小相等、极性相反，即 $V_{i1}=-V_{i2}$，称为“差模输入信号”。差模输入时，T1和T2的输出电压 $\Delta V_O=V_{C1}-V_{C2}$，即为两管集电极电压之差。由于两管集电极电流变化量相反，即 $\Delta I_{C1}=-\Delta I_{C2}$，Re上的压降并不改变，即 $\Delta V_e=0$，Re不起负反馈作用，对差模信号而言，Re相当于短路。因此，这时差动放大器的差模放大倍数为：

$$A_{dv}=\frac{\Delta V_o}{\Delta V_i}=\frac{V_{c1}-V_{c2}}{V_{i1}-V_{i2}}=-\frac{\beta\cdot R_c}{R_b+r_{be}}$$

式中 V_{C1}、V_{C2} 分别为两管集电极对地的电压，V_{i1}、V_{i2} 分别为两输入端对地的电压（以下各式相同），r_{be} 为晶体管输入电阻。

3. 对共模信号有抑制作用：

当二输入端对地之间的信号大小相等，而极性相同时，$V_{i1}=V_{i2}$ 称为“共模信号”。这种输入方式为“共模输入”，如图2所示。

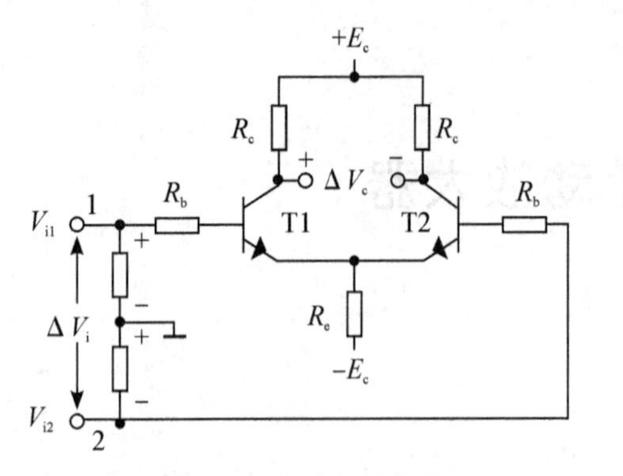

图 1　差动放大器电路图

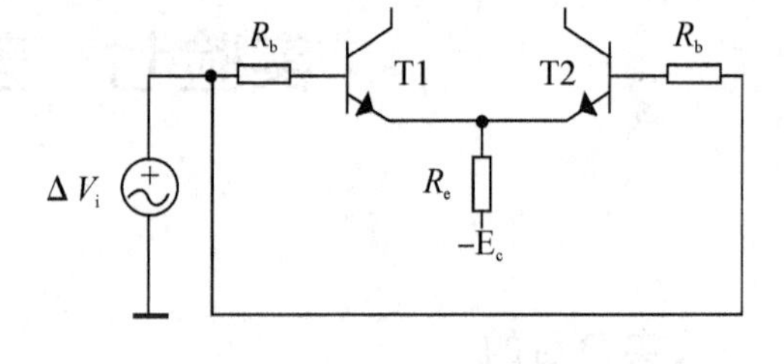

图 2　共模输入形式

电路理想对称时 $V_{C1}=V_{C2}$，则 $\Delta V_O=V_{C1}-V_{C2}=0$，即共模放大倍数等于零，即：

$$A\text{cv}=\frac{\Delta V_O}{\Delta V_i}=\frac{V_{c1}-V_{c2}}{\Delta V_i}=0$$

事实上，电路不可能完全对称，因此，共模输入时放大器的 ΔV_O不等于 0，因而 A_{CV}也不等于 0，只不过共模放大倍数很小而已。

共模输入时，两管电流同时增大或减小，Re 上的电压降也随之增大或减小，Re 起着负反馈作用。由此可见，Re 对共模信号起抑制作用，Re 越大，抑制作用越强。

晶体管因温度、电源电压等变化所引起的工作点变化，在差动放大器中相当于共模信号，因此，差动放大器大大抑制了温度、电源电压等变化对工作点的影响。

4. 共模抑制比(CMRR)：

对于差动放大器，希望有较大的差模放大倍数和尽可能小的共模放大倍数。为了全面衡量差动放大器的质量，引入了共模抑制比(CMRR)：

$$CMRR=20\lg\frac{A_{dv}}{A_{cv}}$$

对于理想的双端输出差动放大器(图 1)，$A_{cv}=0$，$CMRR=\infty$。$CMRR$ 越大，表示电路对称性能好，对信号放大能力越强，抑制零点漂移能力越强。

5. 提高共模抑制比的措施：

图 1 中 Re 对共模信号起负反馈作用，Re 越大，负反馈越深，对零点漂移的抑制作用越强。但 Re 太大，其上的直流电压降也增大，会影响晶体管的正常工作。在实用中，常用一个晶体管恒流源取代 Re。因为工作于线形放大区的晶体管的 Ic 基本上不随 Vce 变化(恒流特性)，所以交流电阻$=\Delta V\text{ce}/\Delta Ic$ 很大，从而解决了 Re 不能取得很大的矛盾，大大提高了共模抑制比。

6. 差动放大器的其他形式：

上面介绍的差动放大器电路，其输入信号分别加至两管基极，输出信号从两管集电极引出，这叫做“双端输入一双端输出”接法，其特点是输入、输出端均不接地。实用中，输入、输出信号常常需要一端接地，这就是单端输入或单端输出方式：

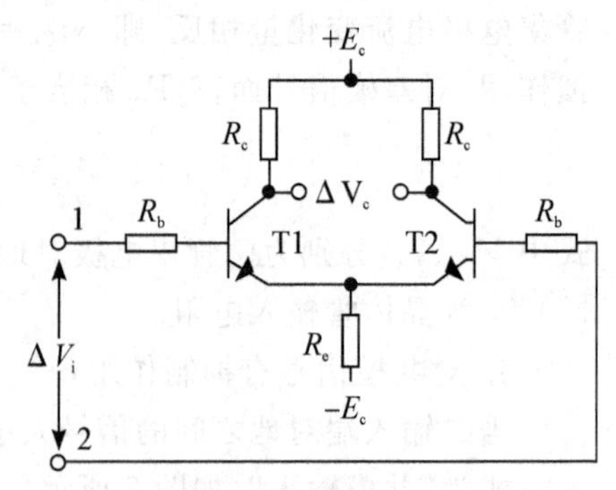

图 3　单端输入式差动放大器

(1)单端输入一双端输出差动放大器。电路如图 3 所示。这种形式与双端输入情况近似相同，通过 Re 的耦合作用，ΔVi 仍以差模输入的形式加到两管基极，因此 Adv、Acv、CMRR 的计算公式与前相同；

(2)单端输入一单端输出差动放大器。在图 3 中，若输出信号是某一管集电极对地的电压(V_{c1} 或 V_{c2})，则是单端输入一单端输出差动放大器。这种接法与前相比，由于输出信号减小一半，所以差模放大倍数为：$A_{dv1}=\frac{1}{2}A_{dv}=\left|\frac{1}{2}\cdot\frac{\beta\cdot Rc}{R_b+r_{be}}\right|$

这时的共模放大倍数为：$Acv_1=\frac{\beta\cdot R_c}{R_b+r_{be}+2\cdot(\beta+1)\cdot R_e}$

这时的共模抑制比为：$CMRR_1=20\lg\frac{A_{dv1}}{A_{cv1}}\approx 20\lg\frac{\beta\cdot R_e}{R_b+r_{be}}$

实验电路介绍两种，如图 4 和图 5 所示。图中 T1、T2 可用一个双三极管 BT51，或用两个特性相近的管子，其他电路参数如图所示：

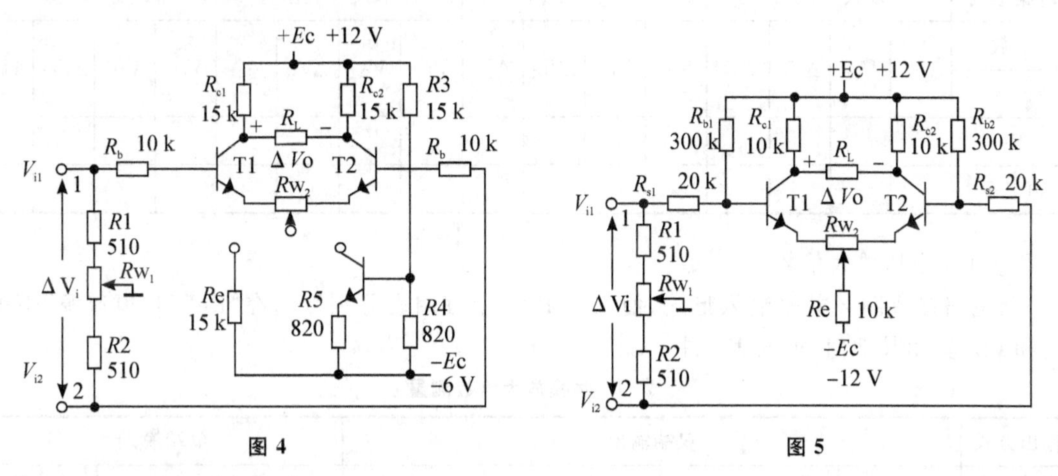

图 4　　　　图 5

三、实验仪器

1. 示波器 1 台
2. 函数信号发生器 1 台
3. 直流稳压电源 1 台
4. 数字万用表 1 台
5. 多功能电路实验箱 1 台
6. 交流毫伏表 1 台

四、实验内容

1. 调零及测量静态工作点：

差动放大器的调零分两种情况，一种是输入短路调零，另一种是输入开路调零。调节的步骤是接通 Ec 和 Ee 后，先将两输入端对地短路，在图 4 和图 5 中调 W2 使 $\Delta Vo=0$(用万用表直流电压档测量)；然后将两输入端开路，调 W1 使 $\Delta Vo=0$。对上述调节反复几次即达到调零的目的。

差动放大器静态工作点的测量方法与其他放大器相同，但是必须注意，由于差动放大器一般电流都很小，为了减小测量仪器对直流工作状态的影响，要求使用输入电阻高的电压表，以获得较准确的测量，将测量结果填入表 1 中。

表 1　静态工作点测量

被测参数	V_{C1}	V_{C2}	V_{E1}	V_{E2}	V_{B1}	V_{B2}	I_{C1}	I_{C21}	I_E	V_E
接 Re										
接恒流源										

2. 测量差模电压放大倍数：

将电路接成图 1 差模输入形式，调输入电位器使 $V_i=0.1$ V，用万用表分别测出在“Re”和“恒流源”下的 V_{c1} 和 V_{c2}，算出其他值，填入表 2 中；

表 2　差模电压放大倍数测量

电路形式	双入～双出				双入～单出				单入～双出				单入～单出			
参数 / 连接	V_{C1}	V_{C2}	ΔV_O	A_{dv}	V_{C1}	V_{C2}	ΔV_{O1}	A_{dv1}	V_{C1}	V_{C2}	ΔV_O	A_{dv}	V_{C1}	V_{C2}	ΔV_{O1}	A_{dv1}
Re																
恒流源																

3. 测量共模电压放大倍数：

将电路接成图 2 共模输入形式，使 $V_i=1$ V，用万用表分别测出在“Re”和“恒流源”下的 V_{c1} 和 V_{c2}，算出其他值，填入表 3 中；

表 3　共模放大倍数测量

输出方式	双端输出					单端输入		
连接\参数	V_{C1}	V_{C2}	ΔV_{OC}	A_{CV}	$CMRR$	ΔV_{OC1}	A_{CV1}	$CMRR_1$
Re								
恒流源								

4. 测量频率特性：

将电路接成单端输入—单端输出形式，只测接“Re”的情况。输入电压 V_i 用低频信号发生器代替，使 $V_i=10$ mV 不变，在不同频率下用晶体管毫伏表测出 V_{c1}，算出 A_{dv1}，填入表 4 中，作出频率响应曲线 $A_{dv1}\sim f$。

表 4　频率特性测量

参数\\f(Hz)	10	20	50	100	200	300	500	1K	2K	5K	……
V_{C1}											
A_{dv1}											

5. 研究差动放大器滞后校正对频率特性的影响：

在差动放大器两集电极之间接一只 510 pF 的电容器，重复“4”的步骤填入表 5，测得结果与“4”步骤的结果比较分析。

表 5　差动放大器滞后校正对频率特性的影响

参数 \ f(Hz)	10	20	50	100	200	300	500	1 K	2 K	5 K	……
V_{C1}											
A_{dv1}											

五、预习要求

1. 复习有关差动放大器的有关内容及性能指标的意义和测量方法；
2. 计算实验中发射极为电阻和恒流源时的差模及共模放大倍数。

六、实验报告要求

1. 整理实验数据，并与理论值进行比较；
2. 总结差动放大器发射极接电阻及恒流源两种情况下的优缺点。

七、思考题

1. 差动放大器为什么要调零？调零电位器(图 4 中的 Rw2)的大小对放大器性能有何影响？
2. 为什么采用"恒流源"比采用"Re"更能改善差动放大器的性能？试用实验结果说明。
3. 为什么差动放大器单端输入和双端输入两种方式的测量结果近似相等？

实验八　集成运算放大器的运用——运算器

一、实验目的

1. 熟悉集成运算放大器的性能和使用方法；
2. 掌握集成运放构成基本的模拟信号运算电路。

二、实验原理

集成运算放大器是一种高增益、高输入阻抗、低输出阻抗的直流放大器。若外加反馈网络，便可实现各种不同的电路功能。例如，施加线性负反馈网络，可以实现放大功能，以及加、减、微分、积分等模拟运算功能；施加非线性负反馈网络，可以实现乘、除、对数等模拟运算功能以及其他非线性变换功能。本实验采用 TL082 型集成运算放大器，其管脚排列如图 1 所示。TL082 型为双集成运算放大器、TL084 为四集成运算放大器。注意：在使用过程中，正、负电源不能接反，输出端不能碰电源，接错将会烧坏集成运算放大器。

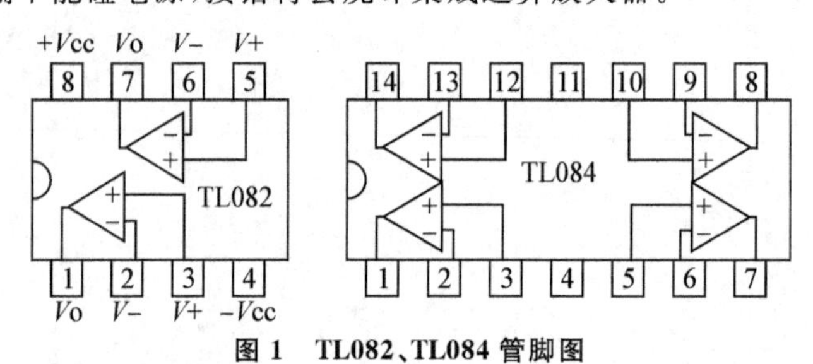

图 1　TL082、TL084 管脚图

集成运算放大器的应用非常广泛。本实验仅对集成运算放大器外加线性负反馈后的若干种电路功能进行实验研究。

1. 反相放大器：

电路如图 2 所示，信号由反相端输入。在理想的条件下，反相放大器的闭环电压增益为：

$$A_{VF}=\frac{V_O}{V_i}=-\frac{R_F}{R_1}$$

由上式可知、闭环电压增益的大小、完全取决于电阻的比值 R_F/R_1、电阻值的误差，将是测量误差的主要来源。

当取 $R_F=R_1$，则放大器的输出电压等于输入电压的负值，即：$V_O=-\frac{R_F}{R_1}V_i=-V_i$ 此时反相放大器起反相跟随器作用。

2. 同相放大器：

电路如图 3 所示，信号由同相端输入；在理想的条件下，同相放大器的闭环电压增益为：

$$A_{VF}=\frac{V_O}{V_i}=1+\frac{R_F}{R_1}$$

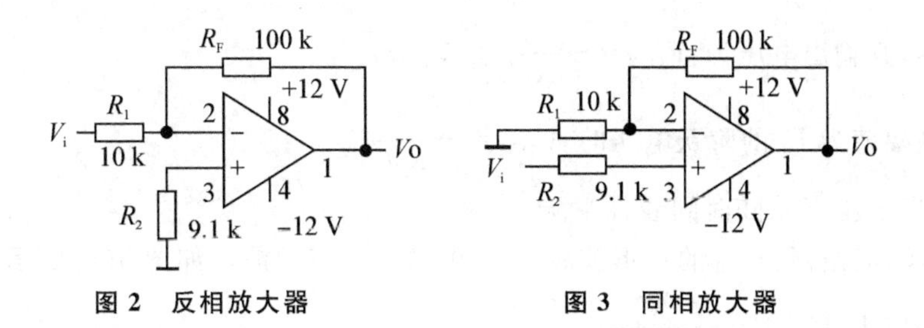

图 2　反相放大器　　图 3　同相放大器

3. 电压跟随器：

电路如图 4 所示，它是在同相放大器的基础上，当 $R_1\to\infty$ 时，$A_{VF}\to 1$，同相放大器就转变为电压跟随器。它是百分之百电压串联负反馈电路，具有输入阻抗高、输出阻抗低、电压增益接近 1 的特点。

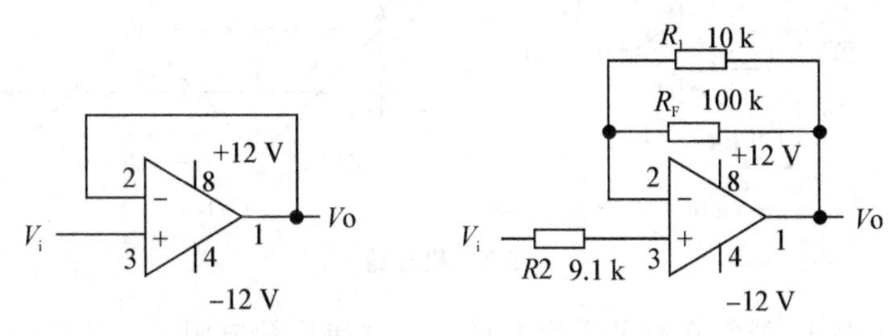

图 4　同相跟随器原理图　　图 5　同相跟随器实验电路

图 4 中，由于反相端与输出端直接相连，当输入电压超过共模输入电压允许值时，则会发生严重的堵塞现象。为了避免发生这种现象，通常采用图 5 所示的电压跟随器改进电路。并令 $R_2=R_1\parallel R_F=9.1\ \text{K}\Omega$。

4. 反相加法器：

电路如图 6 所示。当反相端同时加入信号 V_{i1} 和 V_{i2}，在理想的条件下，输出电压为：

$V_O=-\left(\frac{R_F}{R_1}V_{i1}+\frac{R_F}{R_2}V_{i2}\right)$，当 $R_1=R_2$ 时，上式简化为：$V_O=-\frac{R_F}{R_1}(V_{i1}+V_{i2})$

5. 减法器：

电路如图 7 所示，当反相和同相输入端分别加入 V_{i1} 和 V_{i2} 时，在理想条件下，若 $R_1=R_2$，$R_F=R_3$ 时，输出电压为：$V_O=\frac{R_F}{R_1}(V_{i2}-V_{i1})$

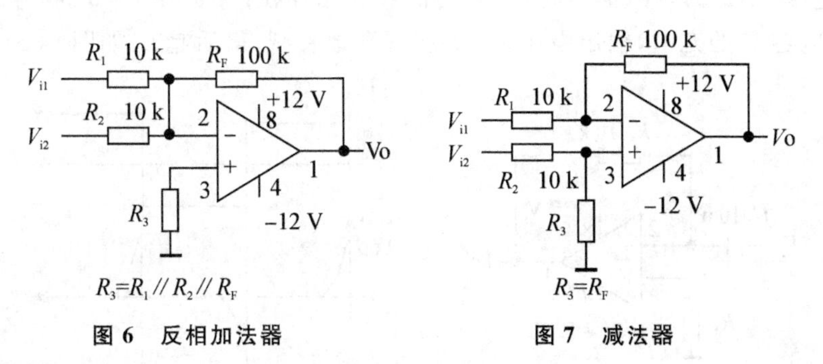

图 6　反相加法器　　图 7　减法器

若 $R_F=R_1$，则 $V_o=V_{i2}-V_{i1}$，故此电路又称模拟减法器。

6. 积分器：

电路如图 8(a)所示，输入(待积分)信号加到反相输入端，在理想条件下，如果电容两端的初始电压为零,则输出电压为:$V_{O(t)}=-\frac{1}{R_1C}\int_O^{\frac{T}{2}}V_{i(t)}\,\mathrm{d}t$

当 $V_{i(t)}$ 是幅值为 E_i 的阶跃电压时:$V_{O(t)}=-\frac{1}{R_1C}E_it$

此时,输出电压 $V_{o(t)}$ 随时间线性下降。

当 $V_{i(t)}$ 是峰值振幅为 V_{iP} 的矩形波时,$V_{o(t)}$ 的波形为三角波。如图 8(b)所示,根据上式,输出电压的峰峰值为:$V_{OP-P}=-\frac{V_{ip}}{R_1\cdot C}\cdot\frac{T}{2}$

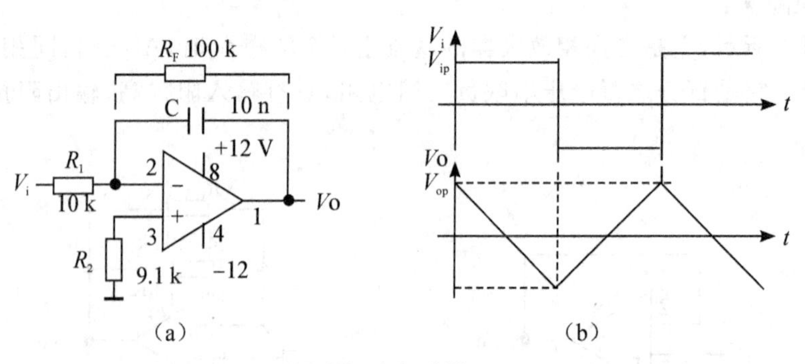

图 8 积分器

在实际实验电路中,通常在积分电容 C 的两端并接反馈电阻 R_F,其作用是引入直流负反馈,目的是减小运放输出直流漂移。但是 R_F 的存在对积分器的线性关系有影响,因此,R_F 不宜取太小,一般取 100 KΩ 为宜。

7. 微分器:

微分器电路如图 9(a)所示,输入(待微分)信号加到反相输入端,在理想条件下,如果电容两端的初始电压为零,则

$$i_i(\mathrm{t})=C\frac{\mathrm{d}V_i(t)}{\mathrm{d}t}$$

而

$$i_i(t)=i_F(t)$$

故

$$V_o(t)=-R_Fi_F(t)=-R_FC\frac{\mathrm{d}V_i(t)}{\mathrm{d}t}$$

上式表明,输出电压正比于输入电压对时间的微分。

当输入电压 $V_i(t)$ 为阶跃信号时,考虑到信号源总存在内阻,在 $t=0$ 时,输出电压仍为一有限值,随着电容 C 的充电,输出电压 $Vo(t)$ 将逐渐地衰减,最后趋 0,如图 9(b)。

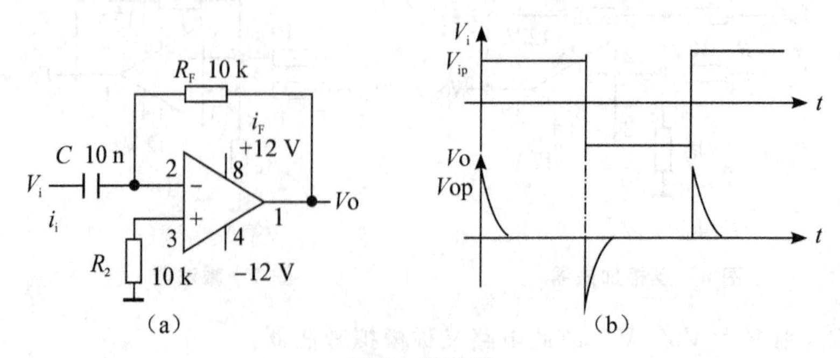

图 9 微分器

三、实验仪器

1. 示波器1台
2. 函数发生器1台
3. 数字万用表1台
4. 电子学实验箱1台
5. 交流毫伏表1台

四、实验内容

1. 反相放大器：

(1)按图2搭实验电路，先测量 $R_F=$______，$R_1=$______，计算 $A_{VF}=\frac{V_O}{V_i}=-\frac{R_F}{R_1}$。

(2)输入直流信号电压 V_{i1}(实验箱)，用数字电压表DCV档分别测量 V_i 和 V_o 记入表1，并计算电压放大倍数 A_{VF}。

(3)将输入信号改为频率1 kHz的正弦波，当 $V_{ip-p}=1.5$ V时，用双踪示波器同时定量观察 V_i 和 V_o，在同一时间坐标上画出输入、输出波形。在测量过程中，输出端不应有削波失真或自激干扰现象，并计算 A_{VF} 值。

表1　反相放大器、同相放大器测量表

	直流			交流			波形
	V_i	V_o	A_v	V_{ip-p}	V_{op-p}	Av	
反相放大器							
同相放大器							

2. 同相放大器：

(1)按图3搭接实验电路，测量 $R_F=$______，$R_1=$______，计算 $A_{VF}=\frac{V_O}{V_i}=1+\frac{R_F}{R_1}$。

(2)输入直流信号电压 V_{i1}(实验箱)，用数字电压表DCV档分别测量 V_i 和 V_o 记入表2，并计算电压放大倍数 A_{VF}。

(3)将输入信号改为频率1 kHz的正弦波，当 $V_{ip-p}=1.5$ V时，用双踪示波器同时定量观察 V_i 和 V_o，在同一时间坐标上画出输入、输出波形。输出端不应有削波失真或自激干扰现象。并计算 A_{VF} 值。

3. 加法器：

(1)根据图6电路，求出 R_3；并测量 $R_1=$______、$R_2=$______、$R_3=$______。

(2)按图搭接电路；V_{i1} 输入直流电压0.2 V、V_{i2} 输入交流电压 $V_{i2p-p}=400$ mV($f=1$ kHz)。

(3)用数字表DCV、ACV分别测量 Vo，并用双踪示波器观察并定量画出输出波形 V_o。

表2　反相加法器、减法器测量表

	V_{i1}	V_{i2p-p}	Vo		波形
			DCV	ACV	
反相加法器	0.2 V	0.4 V			
减法器					

4. 减法器

(1)根据图 6 电路，求出 R_3；并测量 $R_1=$______、$R_2=$______、$R_3=$______。

(2)按图搭接电路；V_{i1} 输入直流电压 0.2 V、V_{i2} 输入交流电压 $V_{i2p-p}=400$ mV($f=1$ kHz)。

(3)用数字表 DCV、ACV 分别测量 Vo，并用双踪示波器观察并定量画出输出波形 V_o。

5. 积分器：

(1)按图 8 搭接实验电路；

(2)从信号发生器输出方波信号作 V_i，频率 $f=1$ kHz，用双线示波器同时观察 V_i 和 V_o 的波形。要求 $V_{ip-p}=1$ V，占空比 1/2。在同一时间坐标上画出输入、输出波形，并定量记下 V_i、V_o 和周期 T，并与理论计算 V_{op-p} 进行比较。

6*. 设计电路：

(1)设计电路：要求能在输入信号：$f=1$ kHz，$V_{ip-p}=2$ V；输出信号为：$V_{op-p}=4$ V，同时叠加 2 V 的直流电平；如图 10 所示；

(2)* 设计加法电路：要求 $V_o=V_{i1}+2V_{i2}$，并通过实验得以验证。而且对 V_{i1} 和 V_{i2} 来说，加法电路的输入电阻分别为 20 kΩ 和 10 kΩ。

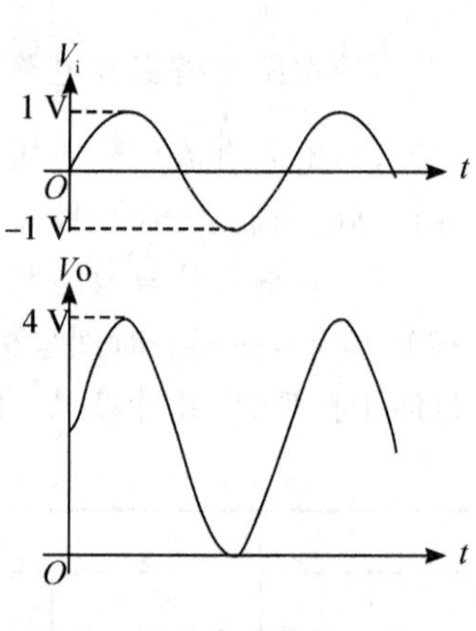

图 10 设计电路信号要求

五、预习要求

1. 复习集成运放应用的有关内容，分析本实验各种应用电路的工作原理；

2. 根据电路参数，计算反相放大器，同相放大器的电压增益 A_{vp}；

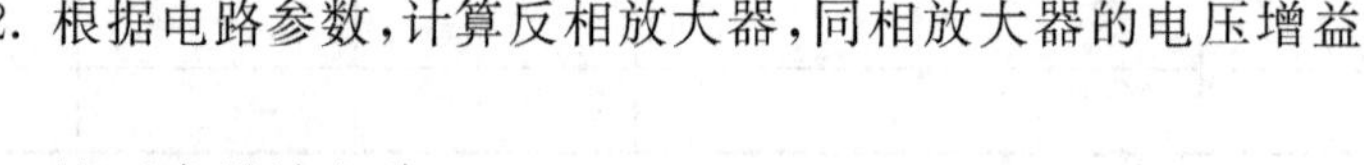

3. 按要求设计电路；

4. 熟悉实验内容和步骤，画好实验数据记录表格。

六、实验报告要求

1. 画出各种实验电路，列表整理实验数据；

2. 计算实验结果，与理论值比较，分析产生误差的主要来源；

3*. 画出设计电路，通过实验说明设计的正确性。

实验九　集成运算放大器组成的 RC 文氏电桥振荡器

一、实验目的

1. 掌握产生自激振荡的振幅平衡条件和相位平衡条件；
2. 了解文氏电桥振荡器的工作原理及起振条件和稳幅原理。

二、实验原理

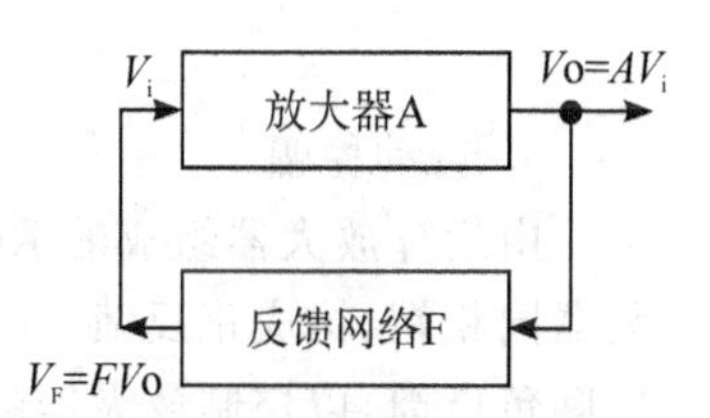

图 1　自激振荡器框图

1. 产生自激振荡的条件：

所谓振荡器是指在接通电源后，能自动产生所需信号的电路，如多谐振荡器、正弦波振荡器等。

当放大器引入正反馈时，电路可能产生自激振荡，因此，一般振荡器都由放大器和正反馈网络组成。其框图如图 1 所示。振荡器产生自激振荡必须满足两个基本条件：

(1)振幅平衡条件：反馈信号的振幅应该等于输入信号的幅度，即：

$$V_F = V_i \text{ 或 } |AF| = 1$$

(2)相位平衡条件：反馈信号与输入信号应同相位，其相位差应为：

$$\varphi = \varphi_A + \varphi_F = \pm 2n\pi \quad (n = 0、1、2\cdots)$$

为了振荡器容易起振，要求电源接通时，|AF|>1，即：反馈信号应大于输入信号，电路才能振荡，而当振荡器起振后，电路应能自动调节使反馈信号的幅度等于输入信号的幅度，这种自动调节功能称为稳幅功能。电路振荡产生的信号为矩形波信号，这种信号包含着多种谐波分量，故也称为多谐振荡器。为了获得单一频率的正弦信号，要求正反馈网络具有选频特性，以便从多谐信号中选取所需的正弦信号。本实验采用 RC 串一并联网络作为正反馈的选频网络，其与负反馈的稳幅电路构成一个四臂电桥，如图 3 所示，故又称为文氏电桥振荡器。

2. RC 串一并联网络的选频特性：

RC 串一并联网络如图 2(a)所示，其电压传输系数为：

$$F_{(+)} = \frac{V_{F_{(+)}}}{V_o} = \frac{\dfrac{R_2}{1 + j\omega R_2 C_2}}{R_1 + \dfrac{1}{j\omega C_1} + \dfrac{R_2}{1 + j\omega R_2 C_2}} = \frac{1}{\left(1 + \dfrac{R_1}{R_2} + \dfrac{C_2}{C_1}\right) + j\left(\omega C_2 R_1 - \dfrac{1}{\omega C_1 R_2}\right)}$$

当 $R_1 = R_2 = R, C_1 = C_2 = C$ 时，则上式为：

$$F_{(+)} = \frac{1}{3 + j\left(\omega RC - \dfrac{1}{\omega RC}\right)}$$

若令上式虚部为零，即得到谐振频率 f_o 为：$f_o = \dfrac{1}{2\pi RC}$

当 $f=f_o$ 时，传输系数最大，且相移为 0，即：$F_{max}=1/3$，$\varphi_F=0$

传输系数 F 的幅频特性和相频特性如图 2(b)(c)所示。由此可见，RC 串一并联网络具有选频特性。对频率 f_o 而言，为了满足振幅平衡条件 $|AF|=1$，要求放大器 $|A|=3$。为满足相位平衡条件：$\varphi_A+\varphi_F=2n\pi$，要求放大器为同相放大。

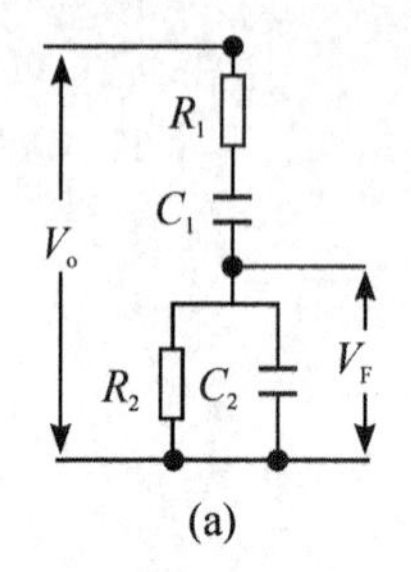

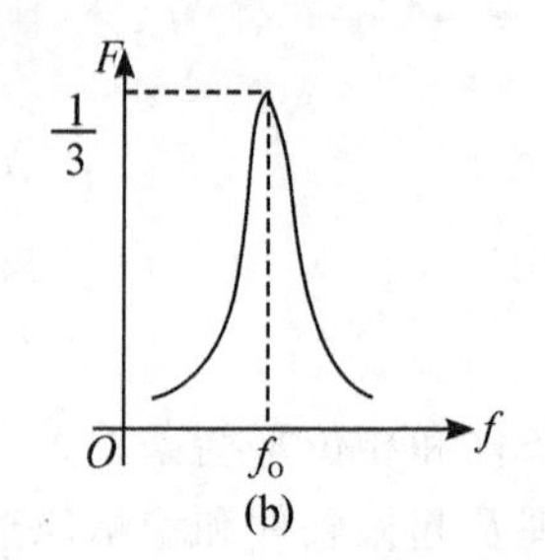

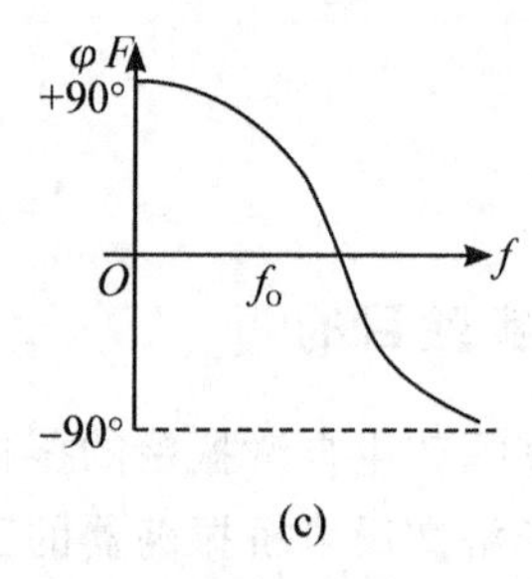

图 2 RC 串一并联网络及幅频、相频特性

3. 自动稳幅：

由运算放大器组成的 RC 文氏电桥振荡器原理图如图 3 所示，RC 串一并联网络输出接放大器同相端，构成正反馈，并具有选频作用。R_F 和 R_1 分压输出接放大器的反相端，构成电压串联负反馈，以控制放大器的增益。负反馈系数为：

$F_{(-)}=\dfrac{V_{F(-)}}{Vo}=\dfrac{R_1}{R_1+R_F}$ 在深度负反馈情况下：

$$A_F=\frac{1}{F_{(-)}}=\frac{R_1+R_F}{R_1}=1+\frac{R_F}{R_1}$$

因此，改变 R_F 或者 $R1$ 就可以改变放大器的电压增益。

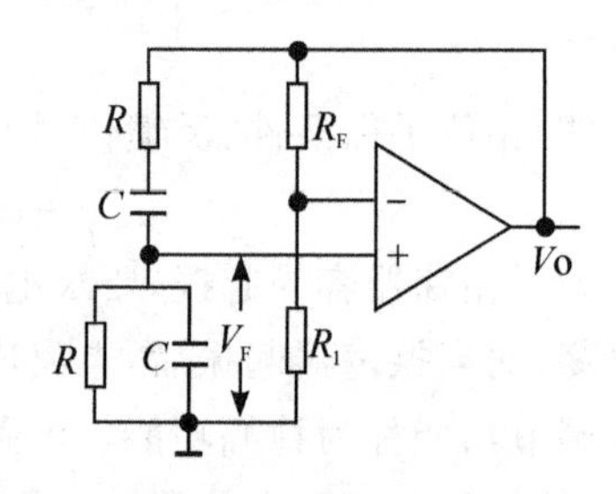

图 3 运放 RC 文氏电桥振荡器原理图

由振荡器起振条件，要求 $|AF_{(+)}|>1$，当起振后，输出电压幅度将迅速增大，以至进入放大器的非线性区，造成输出波形产生平顶削波失真现象。为了能够获得良好的正弦波，要求放大器的增益能自动调节，以便在起振时，有 $|AF_{(+)}|>1$；起振后，有 $|AF_{(+)}|=1$，达到振幅平衡条件。那么如何能自动地改变放大器的增益呢？由于负反馈放大器的增益完全由反馈系数 $V_{F(-)}$ 决定。因此，若能自动改变 R_F 和 R_1 的比值，就能自动稳定输出幅度，使波形不失真。

自动稳幅的方法很多，通常可以利用二极管、稳压管和热敏电阻的非线性特征，或场效应管的可变电阻特性来自动地稳定振荡器的幅度。下面以二极管为例说明其稳幅原理。

二极管稳幅原理如图 4 所示，当电路接通电源时，由于设计时令 $R_F>3R_1$，则在 fo 点 $V_F>V_i$，满足起振条件，振荡器振荡，由二极管正相特性曲线(如图 5)可见，由于起振时，Vo 较小，二极管两端的电压较小，二极管工作在 Q_1 点则其等效电阻较大；随着振荡器输出电压 Vo 增大，二极管两端的

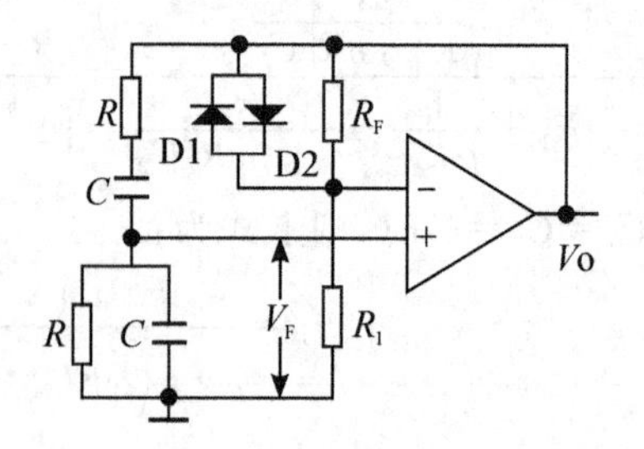

图 4 二极管稳幅原理图

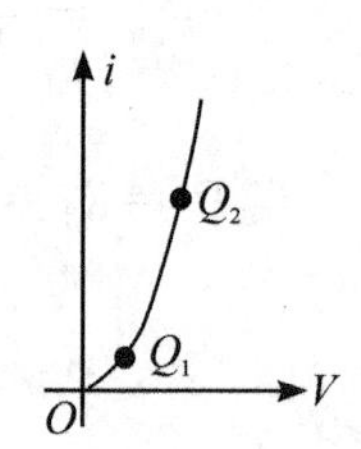

图 5 二极管特性曲线

电压较大，二极管由 Q_1 上升到 Q_2 点，则其等效电阻较小；由图 4 可见，二极管 D_1、D_2 并联在 R_F 两端，随着 Vo 的逐渐增大，R_D 减少，从而使总的负反馈电阻 R_F 减小，负反馈增强，放大器增益下降，达到自动稳幅的目的。

三、实验仪器

1. 示波器 1 台
2. 函数信号发生器 1 台
3. 直流稳压电源 1 台
4. 数字万用表 1 台
5. 多功能电路实验箱 1 台
6. 交流毫伏表 1 台

四、实验内容

1. 电路分析及参数计算：

分析图 6 振荡器电路的工作原理，并进行参数计算。

图 6 电路中，运算放大器和 R_{F1}、R_{F2} 及 R_W 构成同相放大器，调整 R_W 即可调整放大器的增益；RC 串一并联网络构成选频网络；选频网络的输出端经 R_2、R_3 构成分压电路分压送运算放大器的同相端，构成正反馈，D_1、D_2 为稳幅二极管。

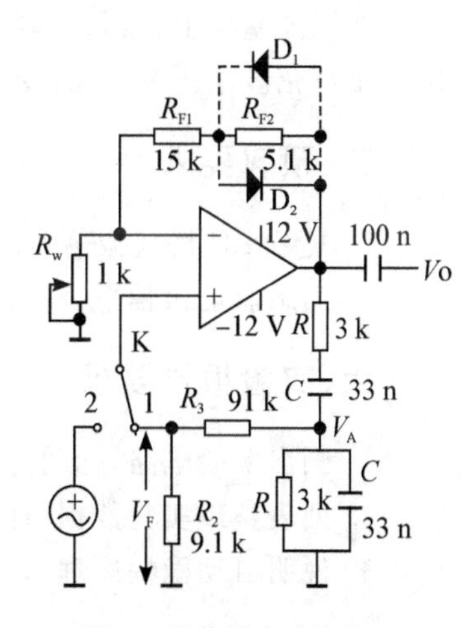

图 6　振荡器实验电路

在不接稳幅二极管时，在谐振频率点，正反馈系数为：

$$F_{(+)}=\frac{V_{F_{(+)}}}{Vo}=\frac{1}{3}\cdot\frac{R_2}{R_2+R_3}$$

而负反馈系数为：　$F_{(-)}=\dfrac{R_w}{R_{F1}+R_{F2}+R_w}$

(1)为保证电路能稳定振荡，则要求：$F_{(+)}=F_{(-)}$ 由此，根据电路参数，计算 R_w 的理论值；

(2)同相放大器的电压增益 $A_{VF}=$____________；

(3)电路的振荡频率 $f_o=$____________；

2. 振荡器参数测试：

(1)按图 6 搭接电路，(D_1、D_2 不接，K 拨向 1)经检查无误后，接通 ±12 V 电源。

(2)调节 Rw，用示波器观察输出波形，在输出为最佳正弦波，测量输出电压 V_{p-p}。

(3)测量 Rw 值。

(4)用李萨茹图形法测量振荡频率：

李萨茹图形测量信号频率方法：将示波器 CH1 接振荡器输出，CH2 接信号发生器正弦波输出，令示波器工作在"外扫描 X－Y"方式；当调节信号发生器频率时，若信号发生器频率与振荡器频率相同时，示波器将出现一椭圆。通过此方法可测量未知信号频率。

3. 振幅平衡条件的验证：

在振荡器电路中，调节 Rw，使输出波形为最佳正弦波时，保持 Rw 不变，将开关 K 拨向 2 位置，即输入正弦信号(频率为振荡频率，峰峰值 $V_{ip-p}=100$ mV)，则电路变为同相放大器，用毫伏表测量 V_i、Vo、V_A、V_F，填入表 1。

将电路恢复为振荡器(开关 K 拨向 1 位置),调节 Rw,使输出波形略微失真,再将开关拨向 2 位置,电路又变为同相放大器,用毫伏表测量 V_i、V_o、V_A、V_F,填入表 1。

将电路恢复为振荡器(开关 K 拨向 1 位置),调节 Rw,使输出波形停振,再将开关拨向 2 位置,电路又变为同相放大器,用毫伏表测量 V_i、V_o、V_A、V_F,填入表 1。

表 1 振幅平衡条件验证

工作状态	测量值				测量计算值		
	V_{ip-p}(mV)	Vo(V)	V_A(V)	V_F(V)	$A=V_o/V_i$	$F_{(+)}=V_F/V_o$	$AF_{(+)}$
良好正弦波	100						
略微失真	100						
停　振	100						
良好正弦波时理论值							

4. 观察自动稳幅电路作用:

在图 6 基础上,接入稳幅二极管 D_1、D_2,调节电位器 Rw,观察输出波形的变化情况,测量出输出正弦波电压 $V_{o_{p-p}}$ 的变化范围。

五、预习要求

1. 复习 RC 桥式振荡器的工作原理,并按实验内容 1 要求,进行参数的理论计算;
2. 熟悉验证振幅平衡条件的实验方法。

六、实验报告要求

1. 画出实验电路,标明元件参数;
2. 列表整理实验数据,计算验证结果,并与理论值进行比较,分析误差原因;
3. 说明自动稳幅原理。

实验十　集成运算放大器构成的电压比较器

一、实验目的

1. 掌握电压比较器的模型及工作原理；
2. 掌握电压比较器的应用。

二、实验原理

电压比较器主要用于信号幅度检测——鉴幅器：根据输入信号幅度决定输出信号为高电平或低电平；或波形变换：将缓慢变化的输入信号转换为边沿陡峭的矩形波信号。常用的电压比较器为：单限电压比较器；施密特电压比较器；窗口电压比较器；台阶电压比较器。下面以集成运放为例，说明构成各种电压比较器的原理。

1. 集成运算放大器构成的单限电压比较器：

集成运算放大器构成的单限电压比较器电路如图 1(a)所示。图 1(b)为其电压传输特性曲线。由于理想集成运放在开环应用时，$A_v\to\infty$、$R_i\to\infty$、$R_o\to 0$；则当 $V_i<E_R$ 时，$V_o=V_{OH}$；反之，当 $V_i>E_R$ 时，$V_o=V_{OL}$；由于输出与输入反相，故称为反相单限电压比较器；通过改变 E_R 值，即可改变转换电平 $V_T(V_T\approx E_R)$；当 $E_R=0$ 时，电路称为“过零比较器”。同理，将 V_i 与 E_R 对调连接，则电路为同相单限电压比较器。图 1(c)为反相单限电压比较器的应用——波形变换应用。

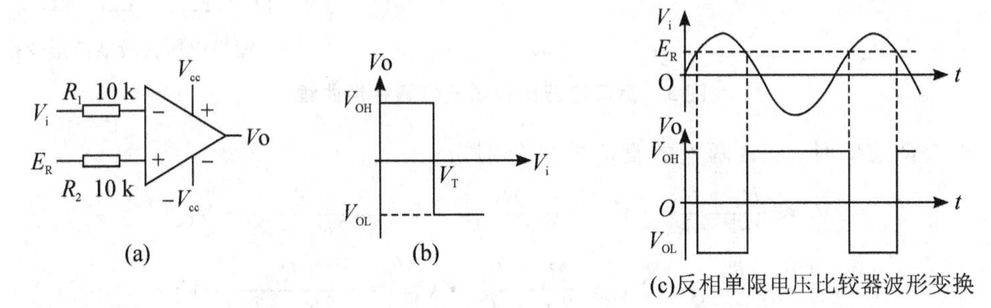

(c)反相单限电压比较器波形变换

图 1　反相单限电压比较器及传输特性曲线

2. 集成运算放大器构成的施密特电压比较器：

集成运算放大器构成的施密特电压比较器电路如图 2(a)所示。图 2(b)为其电压传输特性曲线。

当 $V_O=V_{OH}$ 时，$V_{+1}=V_{T^+}=\dfrac{R_2}{R_2+R_3}V_{OH}+\dfrac{R_3}{R_2+R_3}E_R$；$V_{T^+}$ 称为上触发电平；

当 $V_O=V_{OL}$ 时，$V_{+2}=V_{T^-}=\dfrac{R_2}{R_2+R_3}V_{OL}+\dfrac{R_3}{R_2+R_3}E_R$；$V_{T^-}$ 称为下触发电平；

回差电平：$\Delta V_T=V_{T^+}-V_{T^-}$

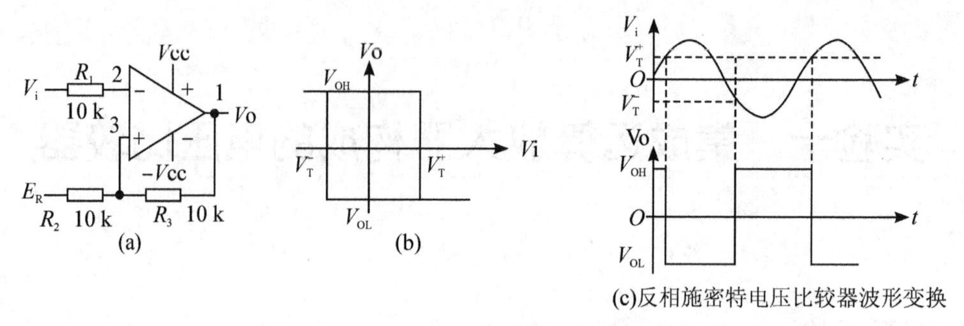

(c)反相施密特电压比较器波形变换

图 2 反相施密特电压比较器及传输特性曲线

当 V_i 从足够低往上升，若 $V_i > V_{T^+}$ 时，则 V_o 由 V_{OH} 翻转为 V_{OL}；

当 V_i 从足够高往下降，若 $V_i < V_{T^-}$ 时，则 V_o 由 V_{OL} 翻转为 V_{OH}。

由于 V_{T^+}、V_{T^-} 不相等，故称为双限电压比较器，而其电压传输特性曲线具有迟滞回线形状，又称为迟滞比较器；由于输入足够低时，输出为高；输入足够高时，输出为低；故称为反相施密特电压比较器；通过改变 E_R 值，即可改变上、下触发电平 V_{T^+}、V_{T^-}；同理，将 V_i 与 E_R 对调连接，则电路为同相施密特电压比较器。图 2(c)为反相施密特电压比较器的应用——波形变换应用。

3. 集成运放构成的窗口电压比较器：

集成运放构成施密特电压比较器电路如图 3(a)所示。图 3(b)为其电压传输特性曲线。

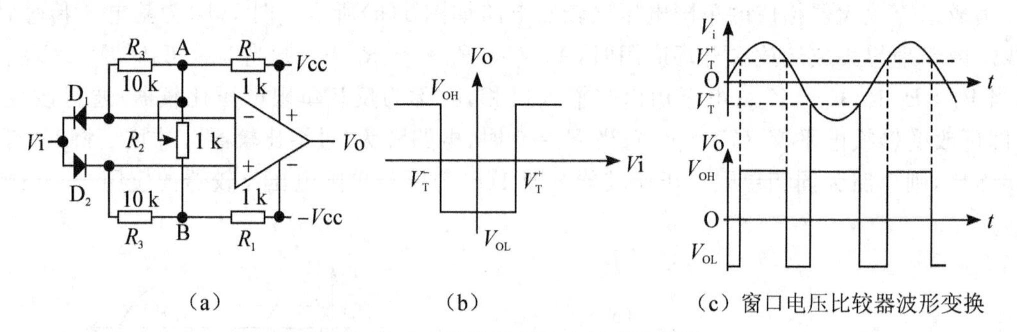

（c）窗口电压比较器波形变换

图 3 窗口电压比较器及传输特性曲线

当 $R_3 \gg R_1$、R_2 时，A、B 两点的直流电平分别为：

$$V_A \approx \frac{R_1 + R_2}{2R_1 + R_2} \cdot V_{CC} - \frac{R_1}{2R_1 + R_2} \cdot V_{CC} = \frac{R_2}{2R_1 + R_2} \cdot V_{CC}$$

$$V_B \approx \frac{R_1}{2R_1 + R_2} \cdot V_{CC} - \frac{R_1 + R_2}{2R_1 + R_2} \cdot V_{CC} = -\frac{R_2}{2R_1 + R_2} \cdot V_{CC}$$

当 $V_i > V_A$ 时，D_1 截止、D_2 导通，则 $V_+ > V_-$，$Vo = V_{OH}$；

当 $V_i < V_B$ 时，D_1 导通、D_2 截止，则 $V_+ > V_-$，$Vo = V_{OH}$；

当 $V_B < V_i < V_A$ 时，D_1、D_2 均导通，由于 D_1、D_2 导通压降的存在，则 $V_+ < V_-$，$Vo = V_{OL}$；

在理想情况下($R_3 > R_1$ 与 R_2，忽略 D_1、D_2 导通压降 V_D)，上触发电平 $V_{T^+} = V_A$、下触发电平 $V_{T^-} = V_B$、窗口宽度 ΔV_T 分别为：

$$V_{T^+} = V_A \approx \frac{R_2}{2R_1 + R_2} \cdot V_{CC};$$

$$V_{T^-} = V_B \approx -\frac{R_2}{2R_1 + R_2} \cdot V_{CC}$$

$$\Delta V_T = V_A - V_B = \frac{2 \cdot R_2}{2R_1 + R_2} \cdot V_{CC}$$

在实际电路中，由于 R_3 没有远大于 R_1 与 R_2，二极管也存在导通压降，故 $V_{T^+} > V_A$，$V_{T^-} < V_B$。图 3(c)为窗口电压比较器的应用——波形变换应用。

4. 集成运放构成的台阶电压比较器(双限三态输出)：

集成运放构成施密特电压比较器电路如图 4(a)所示。图 4(b)为其电压传输特性曲线。

当 $V_o = V_{OH}$ 时，则 D_3 导通，$V_B = V_{OH}$，使 D_4 截止；而 $V_- \approx 0$(虚地)，故 D_1 导通，使 $V_A \approx V_- \approx 0$，$D_2$ 截止；根据流入反相端的电流之和为 0 原则，则：

$$I_{R1} + I_{R2} + I_{D1} = 0$$

即：
$$\frac{E_R}{R_1} + \frac{V_{i1}}{R_2} + \frac{Vcc - V_D}{R_3} = 0$$

故：$V_{T^-} = V_{i1} = \frac{R_2}{R_3} \cdot (V_D - Vcc) - \frac{R_2}{R_1}$　V_{T^-} 称为下触发电平；

当 $Vo = V_{OL}$ 时，则 D_2 导通，$V_A = V_{OL}$，使 D_1 截止；而 $V_- \approx 0$(虚地)，故 D_4 导通，使 $V_B \approx V_- \approx 0$，$D_3$ 截止；根据流入反相端的电流之和为 0 原则，则

$$I_{R1} + I_{R2} + I_{D3} = 0$$

即：$\frac{E_R}{R_1} + \frac{V_{i2}}{R_2} + \frac{Vcc - V_D}{R_3} = 0$

故：$V_{T^+} = V_{i2} = \frac{R_2}{R_3} \cdot (Vcc - V_D) - \frac{R_2}{R_1} \cdot E_R$　V_{T^+} 称为上触发电平；

当 $V_i < V_{T^-}$ 时，则 $V_+ > V_-$，$Vo = V_{OH}$；

当 $V_i > V_{T^+}$ 时，则 $V_+ > V_-$，$Vo = V_{OL}$；

当 $V_{T^-} < V_i < V_{T^+}$ 时，则，$V_+ = V_- = 0$，$Vo = 0$，故 D_1、D_2、D_3、D_4 全部导通。

$$\Delta V_T = V_A - V_B = \frac{2 \cdot R_2}{R_3} \cdot (Vcc - V_D)$$

从上式可见，ΔV_T 与参考电压 E_R 无关，改变 E_R 时，仅改变 V_{T^+} 和 V_{T^-}，而 ΔV_T 不变。

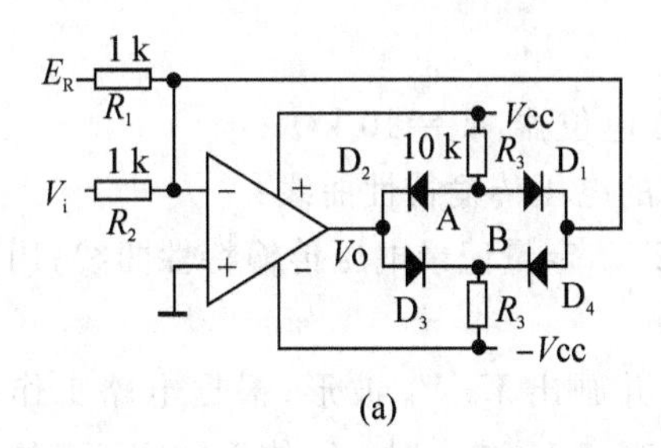

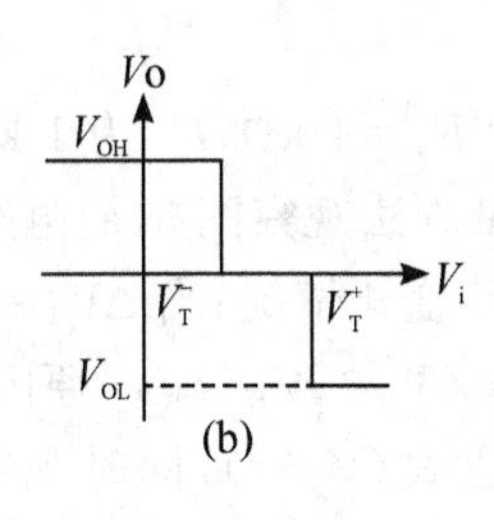

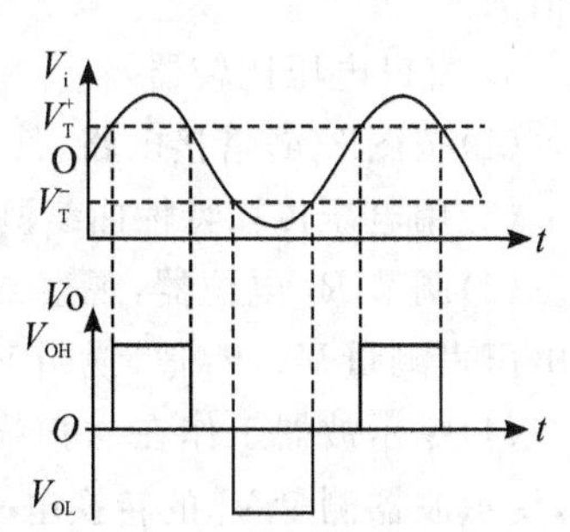

(c)台阶电压比较器波形变换

图 4　台阶电压比较器及传输特性曲线

三、实验仪器

1. 示波器 1 台
2. 函数信号发生器 1 台
3. 数字万用表 1 台

4. 多功能电路实验箱1台

四、实验内容

1. 单限电压比较器：

(1)按图1(a)搭接电路，其中$R_1=R_2=10\ k\Omega$，E_R由实验箱提供提供；

(2)观察图1(a)电路的电压传输特性曲线；

电压传输特性曲线测量方法：用缓慢变化信号(正弦、三角)作V_i($V_{ip-p}=15\ V$、$f=200\ Hz$)，将V_i接示波器X(CH1)输入，Vo接Y(CH2)输入，令示波器工作在外扫描方式(X－Y)；观察电压传输特性曲线。

(3)用直流电压表测量参考电压E_R值，调节Rw，观察特性曲线的转换电平V_T随E_R的变化情况；当$V_T=2\ V$时，记下E_R值，定量记录电压传输特性曲线；

(4)当$V_T=2\ V$时，令示波器工作在内扫描方式($V\sim t$)，同时观察并画出V_i、V_o波形；根据电路工作原理，用示波器测量V_i的转换电平V_T值；改变Rw，观察E_R减小时，V_o的正脉宽tu^+的变化情况；当$E_R=0$时，观察V_o波形，说明为什么当V_i直流成分为0时，V_o为对称方波？

2. 施密特电压比较器：

(1)按图2(a)搭接电路，其中$R_1=R_3=10\ k\Omega$，R_2为$10\ k\Omega$电位器，E_R由实验箱提供提供；

(2)用电压传输特性曲线测量方法观察图2(a)电路的电压传输特性曲线；

(3)调节R_2电位器，观察ΔV_T变化情况；当$\Delta V_T=4\ V$，调节Rw，用直流电压表测量E_R值，当$E_R=2\ V$，定量记录电压传输特性曲线；

(4)调节R_w，观察电压传输特性曲线的变化情况，当$E_R=0\ V$时，测量V_{T^+}、V_{T^-}值；

(5)令示波器工作在内扫描方式($V-t$)，同时观察并画出V_i、V_o波形；根据电路工作原理，用示波器测量V_i的转换电平V_{T^+}、V_{T^-}值；改变Rw，观察E_R减小时，V_o的正脉宽tu^+的变化情况。

3. 窗口电压比较器：

(1)按图3(a)搭接电路，其中$R_1=1\ k\Omega$，R_2为$1\ k\Omega$电位器，$R_3=10\ k\Omega$；

(2)用电压传输特性曲线测量方法观察图3(a)电路的电压传输特性曲线；

(3)调节R_2电位器，观察ΔV_T变化情况；当$\Delta V_T=2\ V$，定量记录电压传输特性曲线；用直流电压表测量V_A、V_B值，说明$V_A\neq V_{T^+}$、$V_B\neq V_{T^-}$原因；

(4)令示波器工作在内扫描方式($V-t$)，同时观察并画出V_i、V_o波形；根据电路工作原理，用示波器测量V_i的转换电平V_{T^+}、V_{T^-}值；改变R_w，观察E_R减小时，V_o的正脉宽tu^+的变化情况。

4. 台阶电压比较器(双限三态输出)：

(1)按图4(a)搭接电路，其中$R_1=R_2=1\ k\Omega$，$R_3=10\ k\Omega$；E_R由实验箱提供提供；

(2)用电压传输特性曲线测量方法观察图4(a)电路的电压传输特性曲线；

(3)调节R_w，使$E_R=0.5\ V$，定量记录电压传输特性曲线；

(4)令示波器工作在内扫描方式($V-t$)，同时观察并画出V_i、Vo波形；根据电路工作原理，用示波器测量V_i的转换电平V_{T+}、V_{T-}值；改变R_w，观察E_R减小时，V_o的正脉宽tu^+的变化情况。

五、预习要求

1. 了解各种电压比较器的原理及其电压传输特性，掌握其应用；
2. 了解示波器外扫描、内扫描区别，掌握观察电路电压传输特性的方法。

六、实验报告要求

1. 按实验要求，画出个实验电路及其电压传输特性曲线和波形变化；
2. 列出各电路观测的数据，分析实验结果。

实验十一　整流滤波电路和集成稳压器

一、实验目的

1. 了解整流，滤波电路的工作原理；

2. 掌握集成稳压器的性能和使用方法。

二、实验原理

电子线路在多数情况下需要用直流电源供电，而电力部门所提供的电源为50Hz、220V交流电(通常称为市电)。故应首先经过变压、整流，然后再经过滤波和稳压，才能获得稳定的直流电，直流稳压电源的结构框图如图1所示：

市电⟶[变压整流]⟶[滤波]⟶[稳压]⟶直流输出

图1　直流稳压电源的结构框图

1. 变压和整流电路：

市电经过电源变压器降压，达到整流电路所要求的交流电压值。然后再由二极管整流电路将其变换为单向脉动电压。

常用的整流电路如图2，其中：(a)为半波整流、(b)为全波整流、(c)为桥式整流。

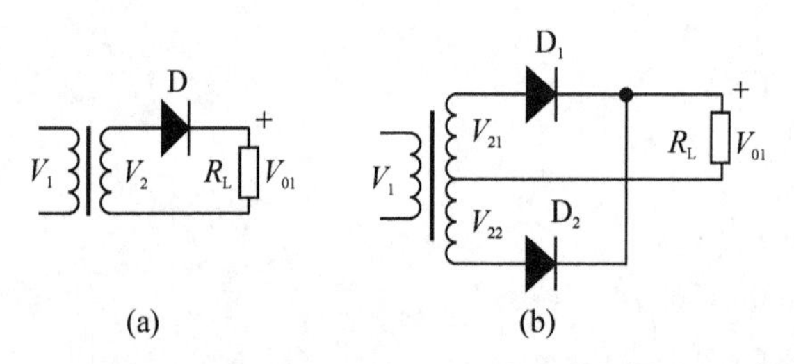

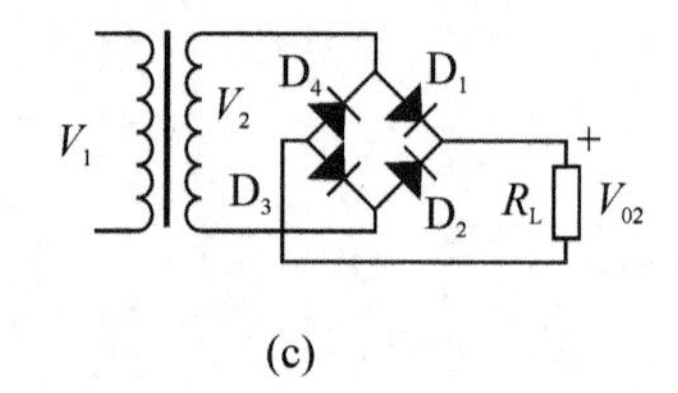

图2　各种整流电路

目前应用最普遍的是桥式整流电路，其输出电压Vo的波形与全波整流相同，如图3所示。

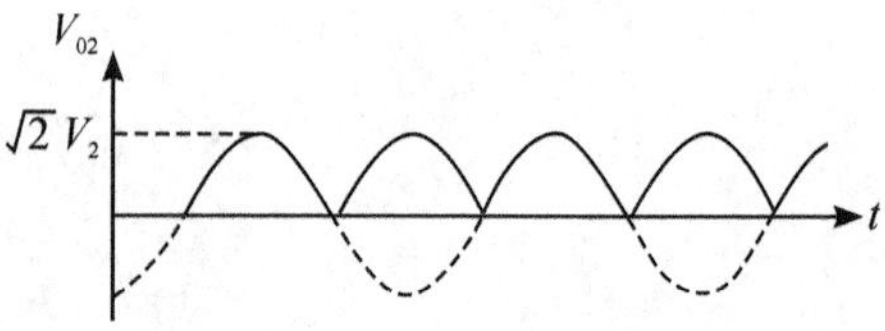

V_{02}　$\sqrt{2}\,V_2$　t

图3　桥式整流波形

桥式整流电路工作原理：

设变压器副边电压为：$V_2=\sqrt{2}\sin\omega t$ 当 V_2 正半周时，二极管 D_1、D_3 导通；负半周时，D_2、D_4 导通，因而在负载上将得到全波整流波形 Vo_2。当忽略二极管的正向压降时，对于这个波形，可用傅立叶级数表达如下：

$$Vo_2=\sqrt{2}V_2\left(\frac{2}{\pi}-\frac{4}{3\pi}\cos 2\omega t-\frac{4}{15\pi}\cos 4\omega t+\cdots\right)$$

式中 V_2 是变压器副边交流电压有效值。$\omega=2\pi f$，f 为市电频率(50 Hz)。傅立叶级数第一项为平均直流成分，即：$\overline{V_{O2}}=\frac{2}{\pi}\sqrt{2}V_2\approx 0.9V_2$

傅立叶级数的第二项 2ω 是最低的谐波频率，常称为基波，基波成分幅值 $\widetilde{V}_{dm}$ 最大，为：

$$\widetilde{V}_{dm}=\frac{4}{3\pi}\sqrt{2}V_2$$

由于其他高次谐波幅值较小，通常我们只考虑基波成分而舍弃幅值较小的高次谐波。基波成分幅值 $\widetilde{V}_{dm}$ 与平均直流成分 $\overline{V_{O2}}$ 之比，定义为电压脉动系数 S_1，即：$S_1=\frac{\widetilde{V}_{dm}}{\overline{V_{O2}}}=\frac{2}{3}\approx 0.67$

脉动系数是衡量整流输出波形平滑程度的一个重要指标。由上述分析可知：桥式整流输出电压中，交流成分仍占据相当大的比重。因而必须把整流输出中的交流成分滤去。为此，需在整流电路后面连接一个低通滤波电路。

2. 滤波电路：

实用滤波电路的形式很多，如电容滤波、阻容滤波、电感滤波以及电感、电容滤波等。

电容滤波是小功率整流电路中应用最为广泛的一种滤波器。如图 4(a)所示，在负载电阻 R_L 上并联一只大电容后，即构成了电容滤波。图 4(b)是电容滤波后的输出电压 V_{03} 的波形。

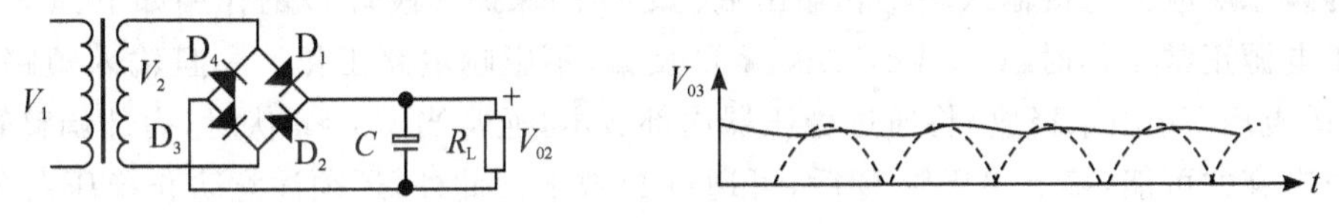

图 4　阻容滤波电路及波形

由于电容放电时间常数 $\tau=R_LC$ 通常较大，所以负载两端输出电压 V_{O3} 的脉动情况比接入电容前明显改善，且平均直流成分也有所提高。

显然，R_LC 越大，V_{O3} 波形的脉动将越小，而直流 V_{O3} 将越大。当 $R_LC\to\infty$ 或 R_L 开路时，$V_{O3}=\sqrt{2}V_2$；而 $R_LC\to 0$ 或 C 开路时，$V_{O3}=\overline{V_{O2}}=0.9V_2$。工程上，一般按公式选择 $R_LC=(3\sim 5)T/2$(市电 $T=20$ ms)，且按：$V_{O3}\approx 1.2V_2$ 的关系估算电容滤波器输出直流电压的大小。

3. 集成稳压器：

组成集成稳压电路的基本环节，与串联型稳压电路的基本环节相似，如图 5 所示。

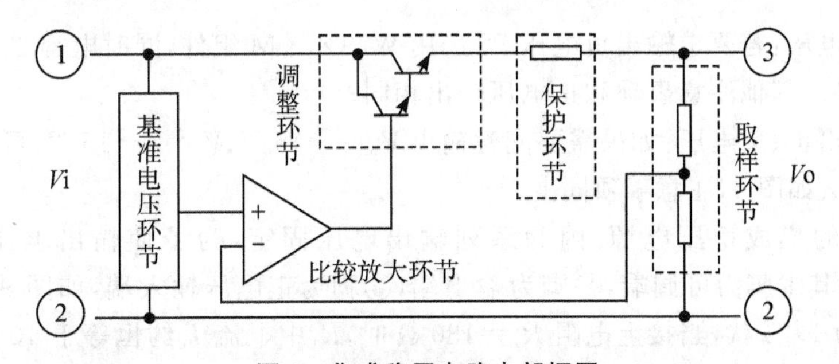

图 5　集成稳压电路内部框图

最简便的集成稳压组件只有三个引线端：①不稳定电压输入端(接 Vi)；②公共接地端；③稳定电压输出端(接负载)。这样的组件常称为"三端集成稳压器"。例如集成稳压 W78M00 系列可提供 1.5 A 额定输出电流，额定输出 5 V、6 V、9 V、12 V、15 V、18 V 或 24 V 等各档正电压。图 6(a)为它的代表符号，其具体型号，例如 W7805M，表示输出电压为 5 V，额定电流

1.5 A。输出负电压的集成稳压器有 W7900 系列，其代表符号如图 6(b)所示。(c)为 W7812 的管脚图，(d)为 LM317 管脚图，其中 Vx 为调整端。

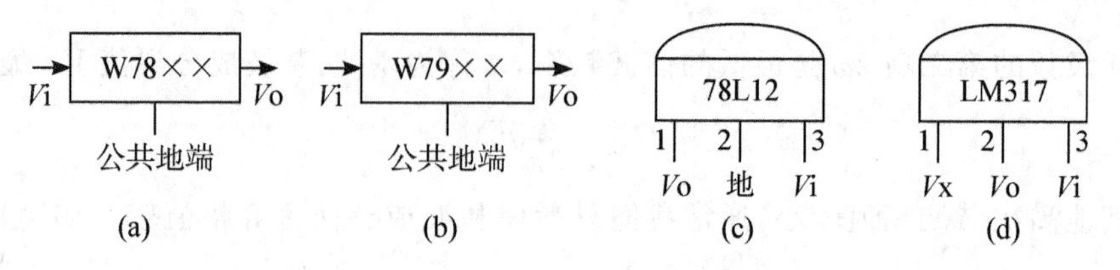

图 6　78L12、LM317 符号及管脚图

此外还有 W78L00 系列和 W79L00 系列，它们只能提供 500 mA 的额定输出电流。前者输出的各档为正电压，后者为负电压。

4. 三端集成稳压器的使用：

根据产品手册，查到其有关的参数，在配上适当尺寸的散热片，就可以按需要接成各种稳压电路。

(1)输出正电压：例如要求输出电压正 12 V，额定电流 0.5 A，可选择 W78M12 的稳压器。按图 7 连接电路，输入不稳定直流电压 $V_i \geqslant 15$V，C_1和 C_2用来减少输入、输出电压的脉动和改善负载的瞬态响应。跨接输入端①和输出端②之间的保护二极管 D 的作用如下：

稳压电源正常工作时，$V_i > Vo$，二极管 D 反偏，不影响电路工作。一旦输入短路时，输出端 C_2 上的电压 Vo 尚未释放，将通过稳压器内部放电，通常当 $Vo > 6$ 伏时，内部调整管的发射结将有被击穿的可能，接上二极管 D 后，可通过 D 放电。此外，还须注意防止稳压器公共接地端开路。当接地端断开时，其输出电位接近于输入电位，可能使负载过压受损；

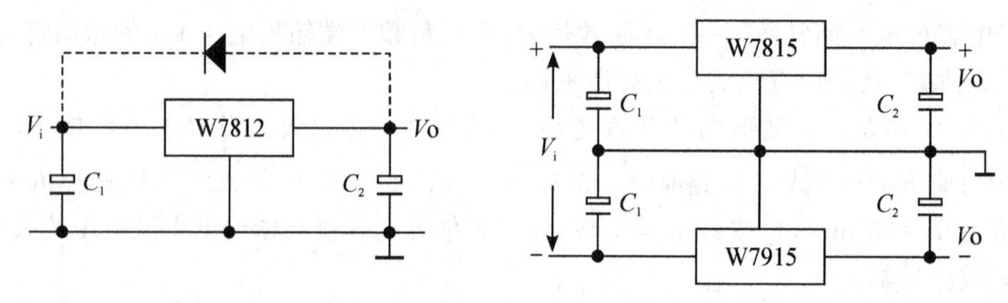

图 7　正电压输出集成稳压电源原理图　图 8　正、负电压输出集成稳压电源原理图

(2)输出负电压：若要求输出负电压，可选用 W79××M 组件，同时电容 C_1、C_2和二极管 D 的极性都要反接。其他注意事项和正电压输出相同；

(3)同时输出正、反电压：如果需要同时输出 $V_o = +15$ V、$Vo' = -15$ V，可选用 W7815 和 W7915，电路接法如图 8，注意事项同上；

(4)可调整的集成稳压电源：因为系列输出电压固定，为了使输出电压可调，可采用 LM317 稳压器，其①脚为可调端，②脚为输出端，③脚为正电压输入端，如图 9 所示。①脚输出正电压恒定为 1.25 伏，当接上电阻 $R_1 = 130\ \Omega$ 时，R_1 中电流 I_1 约恒等于 10 mA 左右，①脚电流 $I_Q \approx 0.05$ mA，可略去不计。当改变电阻 R_2时，流过的电流 $I_2 = I_1 = 10$ mA，则输出电压 $Vo = 1.25 + I_2 R_2$ 故调节 R_2 即可改变输出电压 $Vo = 1.25 \sim 37$ V。

三、实验仪器

1. 函数信号发生器 1 台

2. 直流稳压电源 1 台
3. 数字万用表 1 台
4. 交流毫伏表 1 台
5. 多功能电路实验箱 1 台

四、实验内容

1. 桥式整流电路:

(1)按图 2(c)在实验箱上搭接实验电路。取 $R_{L1}=200\ \Omega/2\ W$。注意:此时实验箱上的地端不能和电路中的公共端相连接!

(2)用示波器观察 V_{O2} 波形,画出波形图。测出变压器次级电压有效值 V_2 和 V_{O2} 中包含的基波和谐波电压的有效值 $\tilde{V}_{O2}$,而基波电压的幅值 $V_d=\sqrt{2}\tilde{V}_{O2}$,用数字万用表 DCV 档测量整流输出平均直流电压 $\overline{V_{O2}}$,并计算出脉动系数 S_1,填入表 1,与理论值比较。

表 1　整流电路参数测量

$V2$	$\tilde{V}_{O2}$	Vd	$\overline{V}_{O2}$	S_1	V_{O2} 波形

2. 电容滤波电路:

按图 4 搭接电路,用示波器观察输出波形,将测量值填入表 2 画出波形图。

(1)当 $R_L=200\ \Omega/2\ W$, $C=100\ \mu F$ 时,分别测量 V_{O2} 的直流成分 $\overline{V_{O2}}$ 和交流成分的有效值。

(2)保持 $R_L=200\ \Omega/2\ W$,改变 $C=470\ \mu F$,重复上述测量。

(3)改变 $R_L\to\infty$,保持 $C=470\ \mu F$。重复上述测量。

表 2　滤波电路参数测量

	$\tilde{V}_{O2}$	$\overline{V}_{O2}$	V_{O2} 波形
$R_L=200\ \Omega$、$C=100\ \mu F$			
$R_L=200\ \Omega$、$C=470\ \mu F$			
$R_L\to\infty$、$C=470\ \mu F$			

3. 三端稳压器:

(1)按图 9 搭接电路,即在上述电路基础上接入三端稳压器。

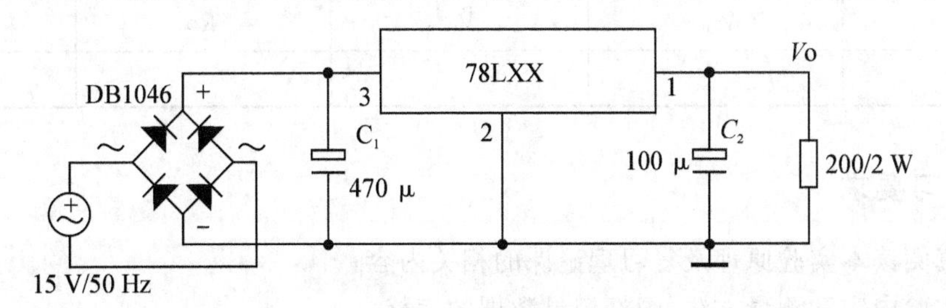

图 9　三端稳压器实验电路

(2)用直流电压表测量空载($R_L\to\infty$)输出电压 V_o 和带载($R_L=200\ \Omega/2\ W$),输出电压 V_{OL},计算输出的变化量 $\Delta V_O=V_O-V_{OL}$,空载电流为 0,输出电流的变化量 $\Delta I_O=V_{OL}/R_L$,计算出稳压器的输出电阻为 $R_O=\Delta V_O/\Delta I_O$。

(3)用毫伏表测出带载时的输出波纹电压 $\widetilde{V}_O$;将上述数据填入表 3。

表 3　三端稳压器参数测量

V_o	V_{OL}	$\widetilde{V}_O$	R_o

(4)拆除整流电路,改用直流电源作集成稳压器的输入,$V_i=15$ V,输出接 200 Ω/2 W 电阻作负载。测量输出电压,当输入电压改变±10%,测量相应的输出电压,填入表 4,计算稳压系数:$S=(\Delta V_o/V_o)/(\Delta V_i/V_i)$。

表 4　稳压系数测量

输入电压	$V_i=15$ V	$V_{i1}=13.5$ V	$V_{i2}=16.5$ V
输出电压 $V_{OL}=$			
$S=(\Delta V_o/V_o)/(\Delta V_i/V_i)$			

4. 输出电压可调的三端稳压电路:

(1)按图 10 搭接电路,即在图 9 基础上,将 78L09 三端稳压器改为 LM317 三端稳压器。

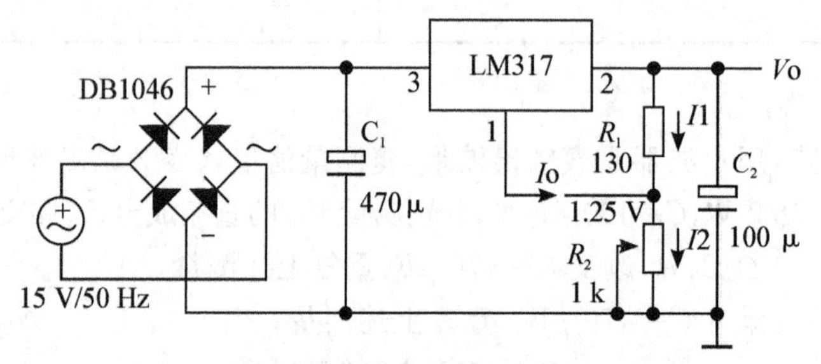

图 10　输出电压可调的三端稳压实验电路

(2)调节 R_2 测量输出电压 V_o 的可变范围。

(3)调节 R_2,使空载输出电压 $V_o=9$ V。

(4)按实验步骤 3 方法测量稳压器的输出电阻和纹波电压。

(5)测量稳压电路的稳压系数:按上述方法测量该电路的稳压系数。

将上述数据填入表 5。

表 5　三端可调稳压电路参数测量

$V_{o\infty}$	V_{OL}	$\widetilde{V}_O$	R_O	S

五、预习要求

1. 认真阅读本实验原理及复习理论课的相关内容;
2. 按实验内容和测量方法,画好记录数据的表格。

六、实验报告要求

1. 画出实验电路及其测量波形;
2. 列表整理数据,计算测量结果,与理论值相比较,分析误差原因。

实验十二　晶体管直流稳压电源的安装与调试

一、实验目的

1. 了解晶体管串联型稳压电源的工作原理；
2. 掌握晶体管稳压电源的焊接、调整和测试方法。

二、实验原理

晶体管串联型稳压电源的组成框图如图1所示。220 V交流市电经变压、整流、滤波后得到的脉动直流电压 V_i，它随市电的变化或直流负载的变化而变化，所以，V_i 是不稳定的直流电压。为此，必须增加稳压电路。稳压电路由取样电路、比较电路、基准电压和调整元件等部分组成。

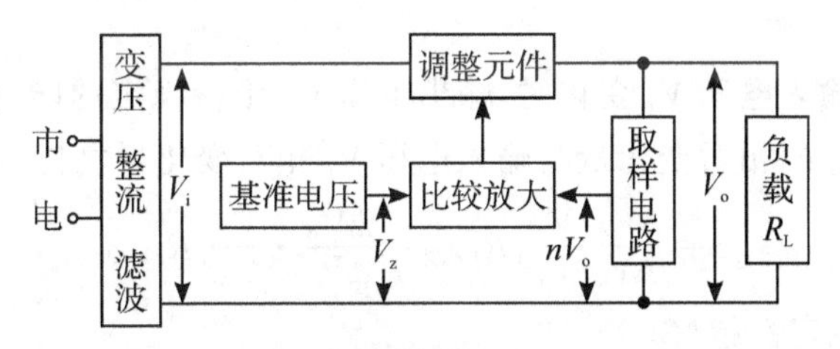

图1　稳压电源原理框图

1. 稳压电路的工作原理：

当输出电压 V_o 发生变化时，取样电路取出部分电压 nV_o，加到比较放大器上与基准电压进行比较放大，通过控制调整元件，调节调整元件上的压降 V_{CE1}，使 V_o 作相反的变化，从而达到使输出电压 V_o 基本稳定。

本实验电路如图2所示。图中，市电经变压器T、二极管D1～D4和电容C1组成的桥式整流和电容滤波电路；在A、B两端得到不稳定的直流电压 V_i；由BG1、BG2组成的复合调整管作为调整元件，其基极偏流受比较放大器BG3的输出控制；R5和Dw组成的稳压管稳压电路，为BG3的发射极提供一个基准电压 V_z；R2为BG3集电极负载电阻；R1、C2为滤波电路，它进一步减小 V_i 的纹波，使经过R2作用到调整管基极的纹波减小，则输出的纹波电压也减小；R3、R4和BG4组成限流型保护电路，当输出电流 I_o 超过额定值时，则检测电阻R3上压降增大，使BG4导通，导致集电极电压下降，从而使 V_o 下降，I_o 不再增大，起到限流保护作用；C3为纹波短路电容，提高纹波电压的取样比；C4为输出端滤波电容，可进一步减小输出纹波，并可向负载提供较大的脉冲电流。

2. 稳压电源的主要技术指标：

(1)输出电压 Vo：$Vo\approx\frac{V_z}{n}$ 式中，V_z 为基准电压，n 为取样电路分压比，一旦稳压管的 V_z 选

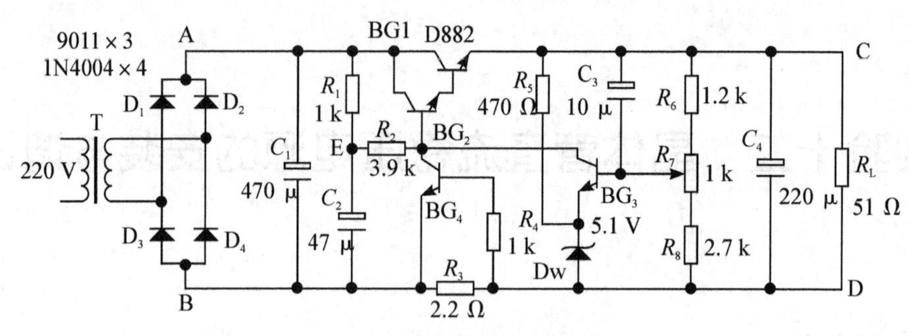

图 2 稳压电源实验电路图

定后，只要改变 n 就可调节输出电压 Vo；

(2)输出最大电流 I_{omax}：

稳压器最大允许输出电流的大小，主要取决于调整管的最大允许电流 I_{CM} 和功耗 P_{CM}。

要保证稳压器正常工作，必须满足：$I_{omax} \leqslant I_{CM}$ 和 $I_{omax}(V_i - V_o) \leqslant P_{CM}$

(3)输出电阻 Ro：输出电阻表示负载变化时，输出电压维持稳定输出电压的能力。Ro 定义为输入电压不变是，输出电压变化量 ΔVo 和输出电流变化量 ΔIo 之比，即：

$$R_O = \frac{\Delta V_o}{\Delta I_o}$$

(4)稳压系数 S：

稳压系数 S 表示输入电压 V_i 变化时，输出电压 V_o 维持稳定的能力。S 定义为负载 R_L 保持不变时，输出电压 V_o 的相对变化量与输入电压 V_i 相对变化量之比，即：

$$S = \frac{\Delta V_o / V_o}{\Delta V_i / V_i} \Big| R_{L\text{不变}} = \frac{\Delta V_o}{\Delta V_i} \cdot \frac{V_i}{V_o} \Big| R_{L\text{不变}}$$

显然，S 值越小，稳定性越好。

(5)输出纹波电压 $\tilde{V}_O$：

输出纹波电压是指在输出直流电压 Vo 上所叠加的交流分量。$\tilde{V}_O$ 的大小除了与滤波电容有关外，还与稳压系数 S 有关。$\tilde{V}_O$ 的最大值一般出现在 I_o 最大的时候，$\tilde{V}_O$ 值可用下式估算：$\tilde{V}_O = S\tilde{V}_E \dfrac{V_o}{V}$，式中 $\tilde{V}_E$ 为图中 E 点的纹波电压。

为了提高稳压性能，主要措施是提高放大器的增益。一般可选用 β 较大的晶体管。

3. 本实验稳压电源的技术指标要求：

(1)输出电压 $V_o = 9$ V

(2)最大允许输出电流 $I_{omax} = 200$ mA

(3)输出电阻 $R_o \leqslant 0.7\ \Omega$

(4)稳压系数 $S \leqslant 3.5 \times 10^{-2}$

(5)输出纹波电压 $\tilde{V}_O \leqslant 2$ mV(当 $I_o = 176$ mA)

(6)具有限流保护功能，输出短路电流 <400 mA

三、实验仪器

1. 函数信号发生器 1 台

2. 直流稳压电源 1 台

3. 数字万用表 1 台

4."三位半"数字多用表 1 台

5. 交流毫伏表 1 台

四、实验内容

1. 稳压电源的安装与焊接：

按图 2 电路，对照印刷电路板版图安装、焊接晶体管稳压电源。焊接前应检查各元、器件质量及有源器件的管脚、极性，并做好元、器件焊接前的清洁、处理工作。安装时要求元、器件排列整齐，焊点牢靠美观。

稳压电源的调整：

(1)仔细检查有无错焊、漏焊、虚焊和短路等现象，如有应排除之。

(2)接通交流 220 V 电源，测量稳压电源输出电压(空载)V_o，调节 R_7，使 V_o=9 V，并测量各晶体管的静态工作点，填入表 1。

表 1　稳压电源各管静态工作点

晶体管各极电压	BG_1	BG_2	BG_3	BG_4
基极电压 V_B(V)				
发射极电压 V_E(V)				
集电极电压 V_C(V)				
计算 V_{BE}(V)				

若调节 R_7 时，V_o 不随之变化，则应通过测试各晶体管的工作状态(BG_1、BG_2、BG_3 应处于放大状态，BG_4 应处于截止状态)，找出故障原因，并排除之。

(3)在稳压电源输出端接上 51 Ω/2 W 电阻作负载，测量带载输出电压 V_{OL}，并与空载输出电压 Vo 比较，一般情况下，变化应不大于 0.2 V 即可。否则，电路存在故障，应找出故障原因，并排除之。

(4)检查保护电路是否正常工作：将"三位半"数字表置直流电流 2 A 档，直接与电源输出端 C、D 并联，测量其短路电流。由于电流表内阻很小，电流很大，只要将电流表笔与 C、D 端短时间接触，能读出短路电流数值即可。同时输出电压应从 9 V 下降到接近于 0，否则应检查保护电路。

3. 稳压电源性能指标的测量：

(1)输出电压和输出电阻测量：

按表 2 测量稳压电源空载($R_L \to \infty$)和带载(R_L=51 Ω/2 W)时的输出电压，计算输出电压的变化量 ΔVo、输出电流的变化量 ΔIo 和输出电阻 Ro。

表 2　输出电压与输出电阻测量

<table>
<tr><th>R_L</th><th>Vo</th><th>$Io=Vo/R_L$</th><th>ΔVo</th><th>ΔIo</th><th>$Ro=\Delta Vo/\Delta Io$</th></tr>
<tr><td>∞</td><td></td><td></td><td rowspan="2"></td><td rowspan="2"></td><td rowspan="2"></td></tr>
<tr><td>51 Ω/2 W</td><td></td><td></td></tr>
</table>

(2)纹波电压的测量：

在带载(R_L=51 Ω)情况下,用晶体管毫伏表分别测量电路中A点、E点和C点的纹波电压,填入表3。

表3　纹波电压测量

$\widetilde{V}_A$	$\widetilde{V}_E$	$\widetilde{V}_C$

(3)稳压系数测量:

切断交流220 V电源,断开变压器。用可调的直流稳压电源作为实验稳压电路的输入电压V_i,A点接电源正极,B点接负极,在带载(R_L=51 Ω/2 W)情况下,按下表要求调节V_i,分别测量V_i和V_o值,填入表4。

①令V_i=15 V,调节$R7$使V_o=9 V。

②将V_i增加10%,即$V_{i1}=V_i(1+10\%)$,测量相应的V_{O1}值。

③将V_i减小10%,即$V_{i2}=V_i(1-10\%)$,测量相应的V_{O2}值。

根据下式求出稳压系数:$S=\frac{\Delta V_o/V_o}{\Delta V_i/V_i}=\frac{V_{O1}-V_{O2}}{V_o}/\frac{V_{i1}-V_{i2}}{V_i}$

表4　稳压系数测量

输入电压	V_i=	V_{i1}=	V_{i2}=
输出电压	V_o=	V_{O1}=	V_{O2}=

五、预习要求

1. 复习串联型稳压电源的工作原理及其性能指标的意义;
2. 熟悉稳压电源的调整和测试方法。

六、实验报告要求

1. 画出稳压电源实验电路图,标明各元器件参数;
2. 列表整理实验数据,计算测量结果;
3. 分析实验中出现的故障及其排除方法。

实验十三 OTL 功率放大器安装和调试

一、实验目的

1. 掌握 OTL 功率放大器的工作原理及其设计要点；
2. 掌握 OTL 功率放大器的安装、调整与性能的测试。

二、实验原理

采用 PNP 和 NPN 互补晶体管组成的无输出变压器互补推挽（OTL）功率放大电路，具有频率响应好，非线性失真小，效率高等优点，获得了广泛的应用。

本实验采用的 OTL 功率放大电路如图 1 所示，它包括前置放大级 BG1，推动级 BG2 和互补推挽输出级 BG3、BG4。

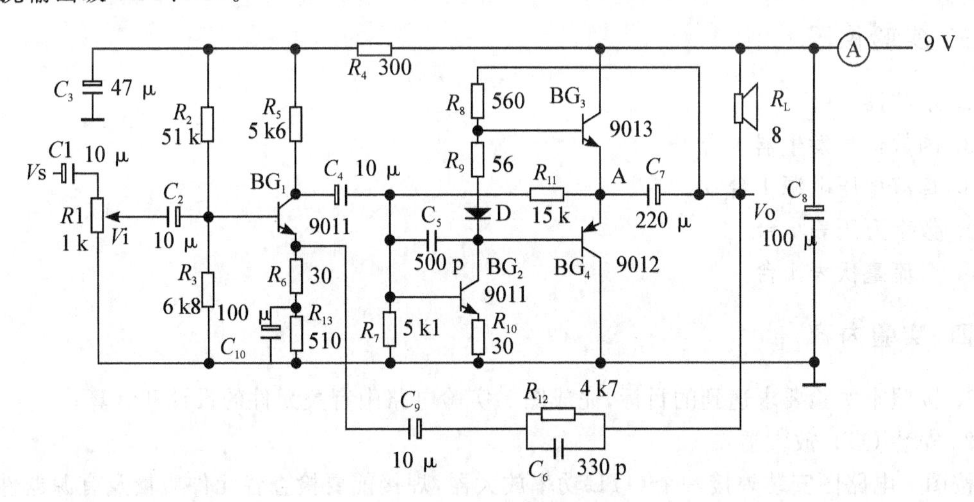

图 1 OTL 功率放大器

前置放大级为甲类 RC 耦合电压放大器，在发射极加有电压串联负反馈，以改善音质，提高稳定性。R_1 为输出音量调节电位器。由于前置级工作在小信号电压放大状态，静态工作电流 I_{C1} 可取小一些以减少前级噪音，一般取：

$$I_{C1} \approx 0.3 \sim 1\ \text{mA}$$

$$1\ \text{V} < V_{CEQ1} \leqslant 1/3 E_C$$

推动级要提供足够大的激励功率给互补推挽功率输出级，所以推动级的静态工作电流应足够大，一般取：$I_{C2} \geqslant (3 \sim 5) I_{B3MAX}$

式中：I_{B3MAX} 为输出功率最大时输出级的基极激励电流。为了提高输出级正向输出幅度，把 BG_2 的集电极负载电阻 R_8 接到放大器的输出端经 R_L 接电源正端，以获得自举的效果。为了克服输出级的交叉失真，在 BG_3，BG_4 两管的基极之间接有二极管 D 和电阻 R_9 组成的偏置电路，其中二极管D同时起偏置的温度补偿作用，电容C_5为相位校正电容，以防止产生高频寄生振荡。

功率放大器的输出功率为：$P_O=\frac{1}{8}\frac{E_C^2}{R_L}K$（式中：$K$为电源电压利用系数）

当$K\approx1$时，输出功率最大，为：$P_{OMAX}\approx\frac{1}{8}\frac{E_C^2}{R_L}$

考虑到晶体管的饱和压降因素，一般取：K≈0.65～0.7。

对该电路的电压增益，考虑到它加有电压串联负反馈，并满足$A_{VO}F\gg1$，所以中频段电压增益为：

$$A_V\approx\frac{1}{F}=\frac{R_{12}+R_6}{R_6}$$

本实验要求达到如下技术指标：

1. 不失真输出功率$P_O\geqslant500$ mW
2. 电压增益$A_V\geqslant37$ dB(70倍)
3. 非线性失真$D\leqslant10\%$
4. 三分贝上限频率$f_H\geqslant20$ kHz
5. 三分贝下限频率$f_L\leqslant100$ Hz

三、实验仪器

1. 示波器1台
2. 函数信号发生器1台
3. 直流稳压电源1台
4. 数字万用表1台
5. 交流毫伏表1台

四、实验内容

1. 按照本实验要求达到的目标，完成图1实验电路中有关元件的设计和计算；

2. 安装OTL放大器：

按图1电路图安装焊接一个OTL功率放大器，焊接前要检查各元件质量及有源器件的管脚、极性，并做好焊接前的元件处理工作，安装时要求元件排列整齐，焊点牢靠美观。

3. 静态工作点的调试：

安装完毕，经检查无误后，方可通电调试工作点。

(1)接上9 V电源，用万用表电流档测量电路的总电流I_A，如I_A小于10 mA，则可直接给OTL加上9 V电源，进行各级静态工作点的调试，测量值填入表1；若I_A大于20 mA，则应切断电源，检查电路故障原因，并排除之。

(2)调整R_2使BG_1静态工作点达到设计值($I_{C1}\approx0.3\sim1$ mA)，$V_{C1}=3\sim6$ V。

(3)调整R_{11}使互补推挽输出级中点电压为4.5伏左右。

4. 测量OTL功率放大器的指标：

(1)最大不失真输出功率：指允许失真度为10%时的输出功率。

OTL率放大器的输入信号$V_{ip-p}=100$ mV($f=2$ kHz)。用示波器观察输出波形。旋转

音量电位器 R_1 逐步增大输出信号幅度，在波形刚出现失真时，测出最大输出电压 V_o。由：$P_o=V_o^2/R_L$ 得最大不失真输出功率。

表1　OTL各级静态工作点

晶体管各极电压	BG_1	BG_2	BG_3	BG_4
基极电压 V_B(V)				
发射极电压 V_E(V)				
集电极电压 V_C(V)				
计算 V_{BE}(V)				

(2)电压增益：

调节 R_1 使输出功率为500 mW(对应于 R_L 为8 Ω时，输出电压 $Vo\approx 2$ V)，测量这时 BG_1 的基极输入电压 V_i，由 $A_V=Vo/V_i$ 求得电压增益。

(3)频率特性：

①测量在 $f=2$ kHz，$P_o=500$ mW时的输出电压Vo值。

②在保持输入信号幅度不变的前提下(函数信号发生器输出幅度不变，R_L 位置不变)降低信号信号频率直到OTL功率放大器输出电压幅度下降3分贝(即为0.707Vo)，这时的信号频率即为该放大器的下限频率。

③在保持输入信号幅度不变的前提下升高信号频率，直到OTL功率放大器的输出幅度下降3分贝(即为0.707Vo)，这时的信号频率即为该放大器的上限频率。

(4)效率：

在电源端串接电流表(在A处)。调节 R_1 使输出功率 $Po=500$ mW时，读出总电流值。计算电源供给的直流功率 $P_{DC}=E_C I_{DC}$，则该功率放大器的总效率为：$\eta=P_o/P_{DC}$

以上测得的各项指标必须满足实验要求的预定值。否则应进行分析，调整电路中有关元件的数值，直到满足指标要求为止。

(5)交叉失真现象：

用一段导线把 R_9 和D短接(即把 BG_3、BG_4 两晶体管基极短接)。用示波器观察输出电压波形的交叉失真现象。

5. 试听：

在调整测试完毕后，将大小合适的音乐信号送OTL功率放大器的输入端，试听该功率放大器的音质好坏。

五、实验预习要求

1. 复习OTL功率放大器工作原理，完成本实验电路中有关元件的设计和计算。

六、实验报告要求

1. 画出实验电路图，并标明经调试后的各元件参数；
2. 记录各项调整、测试结果；
3. 列表比较预定的技术指标和实验测量结果，并加以讨论；
4. 对安装调试过程中出现的问题进行分析。

Electronics Workbengch EDA(电子工作平台)简介

一、EWB特点

Electronics Workbench EDA是基于PC平台的电子设计软件，简称EWB。EWB具有图形界面操作，能够对模拟、数字及数/模混合电路进行仿真，并有多种与常用电子仪器基本特征相同的虚拟仪器及丰富的电子元器件和多种分析功能。利用EWB软件，在计算机上即可实现过去只能在电子实验室才能完成的硬件电路实验，故被称为“也称为电子工作平台”。

1. 集成化工具：全面集成化原理图编辑工具、SPICE仿真和波形发生器以及分析工具；支持方针中电路的在线修改；通过虚拟测试设备及十四种分析工具分析电路。

2. 仿真器：交互式32位SPICE3F5，支持模拟、数字及模/数混合元器件；自动插入信号转换界面；支持多级层次化电路的嵌套；便于实现自上至下设计，对电路大小和复杂程度没有限制。

3. 原理图输入：下拉菜单选择元器件，手工调整元器件，手工或自动连线，自动分配元器件参考编号，对原理图大小没有限制。

4. 分析功能：虚拟测试设备提供快捷、简单的分析。14种分析工具在线显示图形并具有很强的灵活性。

5. 接口：输入和输出标准SPICE网表，与其他仿真器通信或利用已经存在的设计元器件；输入生产厂商提供的模型和网表以供Electronics Workbench EDA使用；可与PCB布局布线工具接口。

二、EWB分析功能

1. 直流工作点分析：计算电路直流工作点并报告各节点工作电压。

2. 瞬态分析：电路中任意节点处的电压、电流与时间的关系。

3. 交流频率扫描分析：在交流频率范围内，电路中任意节点处的信号增益和相位与频率关系。

4. 傅立叶分析：直流和傅立叶频谱分量瞬态响应的幅度和相位。

5. 噪声分析：电阻和半导体器件噪声总和的均方根值。

6. 失真分析：在一段频率范围内小信号稳态谐波和交调失真。

7. 参数扫描分析：在参数取值范围内的直流、交流和瞬态电路性能表现。

8. 温度扫描分析：在温度范围内直流、交流或瞬态响应。

9. 极点分析：从交流小信号传递函数计算零极点。

10. 传递函数分析：确定支流小信号传递函数并报告输入和输出电阻和直流增益。

11. 直流灵敏度分析：对于特定器件变化而引起的直流电压或电流灵敏度。

12. 交流灵敏度分析：对于特定器件变化而引起的交流电压或电流灵敏度。

13. 最差情况分析:当所有器件在它们误差值内最大变化时的直流、交流或瞬态响应。

14. 蒙特卡罗法分析:当参数在容差值内随机变化时直流、交流或瞬态响应。

三、EWB 虚拟测试仪器

1. 数字万用表:自动变化量程测量直流和交流电流、电压、电阻和分贝。

2. 函数信号发生器:在 1 Hz~999 MHz 内产生方波、三角波和正弦波。可设置占空比、幅度及直流偏置。

3. 器:双通道显示。时基从秒(s)~纳秒(ns)。幅度从千伏(KV)~微伏(μV)可选择内、外,上升、下降触发扫描,可作 V/t、X/Y、Y/X 扫描。

4. 仪:在频率范围(mHz)~(GHz)内扫描幅频、和相频特性,可选择对数、线性坐标。

5. 字符发生器:作为驱动电路的数字激励源编辑器,可产生最多 32K16 位字。以 ASCLL 码、二进制或十六进制码方式产生。支持断点、单步、触发、连续产生,可选择内、外,上升、下降触发扫描产生。

6. 逻辑分析仪:作为真值表、逻辑表达式、逻辑门之间进行转换。

四、EWB 元器件及模型

1. 信号源:直流电压、直流电流、交流电压、交流电流、电压控制电压、电压控制电流、电流控制电压、电流控制电流、调幅、调频、Vcc、Vdd、时钟、脉宽调制、频移键控、多项式、分线段性可控、压控振荡器和非线性独立源。

2. 基本元件:电阻、电容、电感、变压器、继电器、开关、时延开关、电流控制开关、上拉电阻、电位器、极性电容、可变电容、可变电感和非线性变压器。

3. 二极管:齐纳二极管、发光二极管、肖特基二极管、二端可控硅开关、三端可控硅开关、全波桥式整流。

4. 三极管:NPN 和 PNP 型、BJT、3 终端和 4 终端增强型或耗尽型 N 沟道或 P 沟道 MOSFET。

5. 模拟集成电路:3 端、5 端、7 端、9 端运算放大器、电压比较器、锁相环。

6. 混合集成电路:A/D 转换器、D/A 转换器、单稳态触发器和时基 555。

7. 数字集成电路:

74xx 系列:00、02、04、05、06、07、08、09、10、11、12、15、20、21、22、25、26、27、28、30、32、33、37、39、40、42、45、47、51、54、55、69、72、73、74、75、76、77、78、86、90、91、92、93;

741xx 系列:07、09、12、13、14、16、25、26、33、34、38、39、45、47、51、53、54、55、56、57、58、59、60、62、63、64、65、66、69、73、74、75、81、90、91、92、93、94、95、98、99;

742xx 系列:38、40、41、44、51、53、57、58、73、80、90、93、98;

743xx 系列:50、52、53、65、67、68、73、74、75、77、78、79、93、95;

744xx 系列:45、65、66。

8. 逻辑门:AND、OR、NOT、NOR、NAND、XOR、NXOR、三态缓冲器、缓冲器、施密特触发器。

9. 数字器件:RS、JK、D 触发器、半加器、全加器、数选器、分路器、编码器、译码器。

10. 指示器件:灯、电压表、电流表、指示灯、7 段数码显示器、蜂鸣器、条形显示器。

11. 控制器件:微分器、积分器、增益模块、传递函数、限幅器、乘法器、除法器和累加器。

12. 其他器件：保险丝、有损和无损传输线、石英晶体、直流电动机、真空三极管和 Buck/Boost 变换器。

注：

二极管：2 700 个选自 Motorola、General Instruments、International Rectifier、Philips 等公司。

三极管：2 600 个选自 Motorola、National Semiconductor、Intemational Rectifier、Toshiba、Harris、Philips 等公司的 NPN、PNP 的 BFT、JFET、MOFET、SCR、三端可控硅开关以及 IGBT 的元器件模型。

模拟集成电路：2 700 个选自 Motorola、Texas Instruments、Maxim、Elantec、AnalogDevices Zerex、Burr-Brown. 和 Linear Technology 等公司的运算放大器、比较器和锁相环等模型。

五、实验电路的建立

1. 调用元器件到工作区：

用鼠标左键单击元器件库中所选元器件，并把它拖到平台的工作区，如图 1 所示。

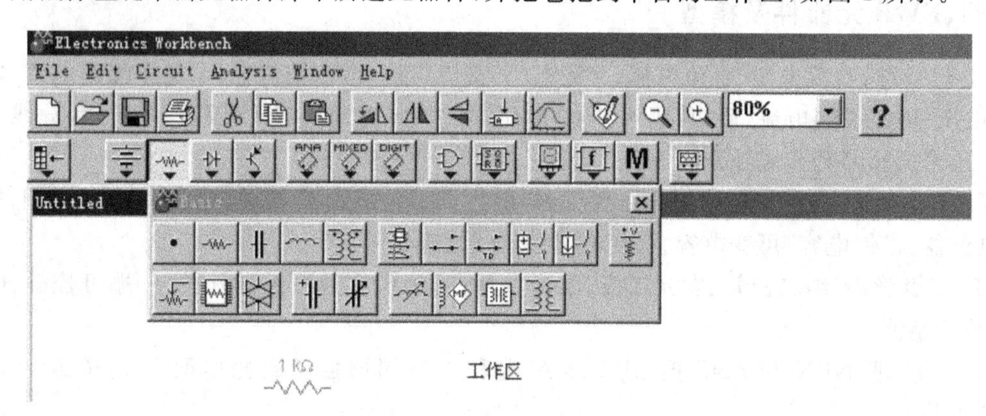

图 1

2. 定义元器件属性(Circuit/Component Properties)：

用鼠标双击元器件，如双击上图电阻，出现元器件属性窗口，如图 2 所示：

对话框的内容取决于被选器件的类型。

(1)Lable(标号)：

使用这张表设定或改变一个元器件的标号(Lable)或内部标识符(reference ID)编号；

(2)Value(数值)：

用于设定元件参数；

(3)Models(模型)：

当选用器件时，用于选择器件模型或编辑黑增删模型库。器件模型在大多数情况下为理想状态。若需增加测试准确度，可使用实际模型或用编辑改变参数；

(4)Fault(故障)：

用于设置故障。故障类型：短路(Short)、开路(Open)、漏电流(Leakage)；

(5)Node(节点)：

Node ID：系统指定的节点编号；

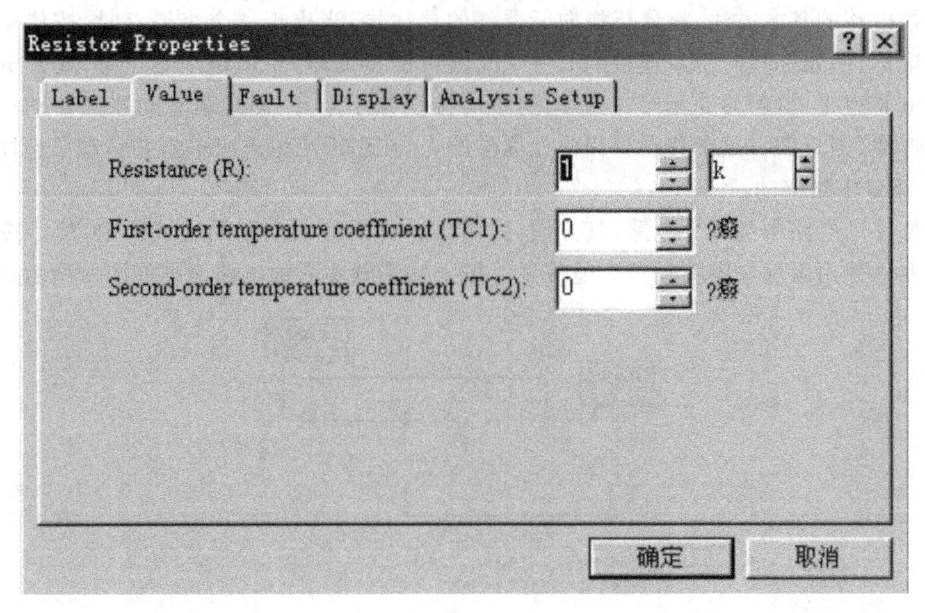

图 2

Use as Testpoint:确定测试点;

Set Node Color:设置节点导线颜色。

(6)Display(显示):

用于选择原理图显示:原理图选项设置(Circuit/Schematic Options global setting)或显示标号(Show Labels)、显示模型(Show Model)、显示参考编号(Show reference ID);

(7)Analysis Setup(分析设置):

用于选择仿真环境温度。

3. 调整元器件在电路中的位置和方向:

为了使电路图排列整齐美观,可适当调整有关元器件在电路中的位置和方向。

调整位置的方法:采用鼠标单击选中相应元器件并将它拖放到适当位置。

调整方向的方法:采用鼠标电击选中相关元器件,在单击电路/旋转、垂直旋转、水平旋转(Circuit/Rotate、Flip Vertical、Flip Horizontal),也可直接单击旋转图标,如图 3 所示。

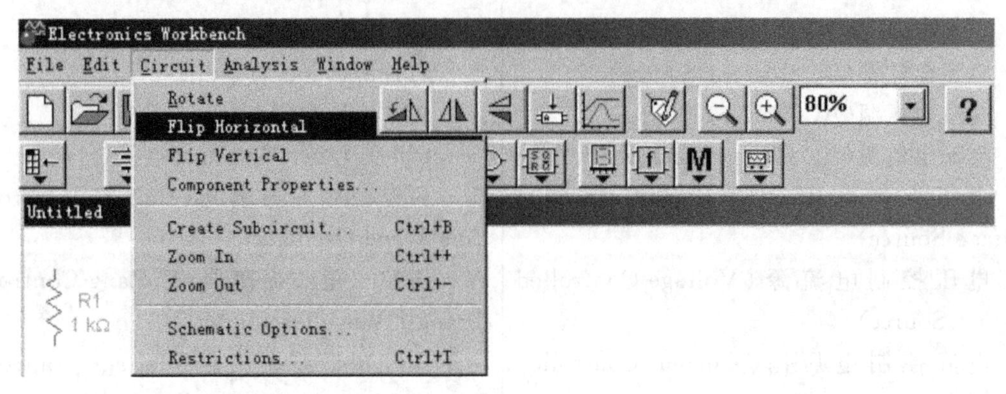

图 3

4. 连接电路:

连接电路的基本方法：将鼠标指向元器件的接线端，当出现一个小黑点时，按住鼠标左键并移动鼠标，使光标指向所需连接的另一个元器件的接线端，当出现小黑点时，放开鼠标键即可。当电路连接后，若移动元器件，则电路中的接线并不断开，而是跟着元器件移动。若要断开电路连线，则只需将鼠标移动到相应元器件端点，在出现小黑点时单击并移动鼠标即可。

5. 部分电路移动：

若要移动电路中的部分电路，其方法：先用鼠标将要移动电路的区域选中，然后按住其中一个元器件并用鼠标左键移动至合适位置。按上述步骤输入的电路例图如图 4 所示：

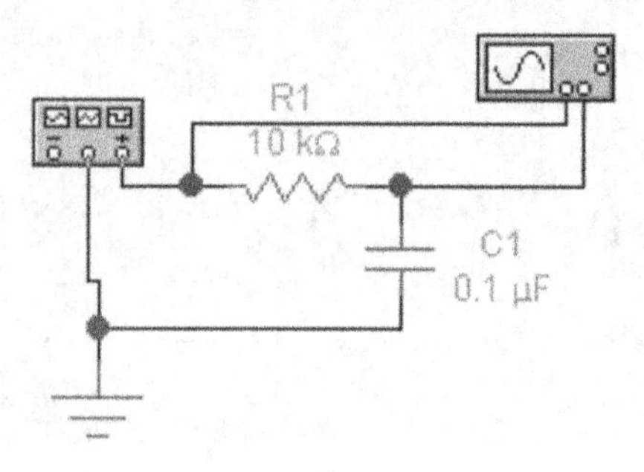

图 4

六、元器件库

1. 有源器件库(Sources)如图 5 所示：

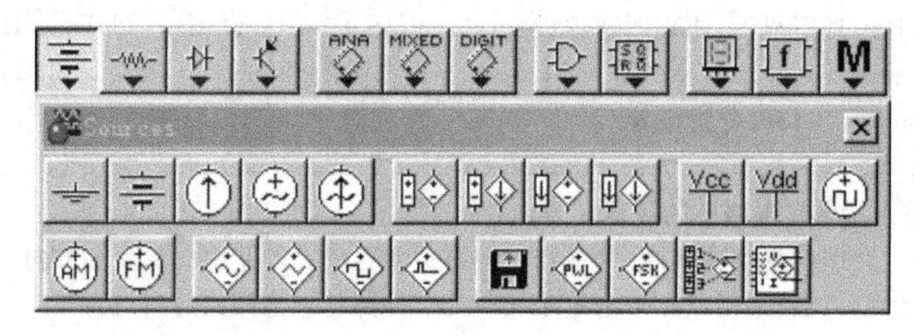

图 5

地(Ground)

电池(Battery)

直流电流源(DC Current Source)

交流电压源(AC Voltang Source)

交流电流源(AC Current Source)

电压控制电压源(Voltage-Controlled Voltage Source)

电压控制电流源(Voltage-Controlled Current Source)

电流控制电压源(Current-Controlled Voltage Source)

电流控制电流源(Current-Controlled Current Source)

Vcc 电压源(Vcc Source)

V_{DD} 电压源(V_{DD} Source)

时钟源(Clock)

AM 信号源(AM Source)

FM 信号源(FM Source)

压控正弦波振荡起(Voltage-Controlled Sine Wave Oscillator)

压控三角波振荡器(Voltang-Controlled Trangle Wave Oscillator)

压控矩形波振荡器(Voltage-Controlled Square Wave Oscillator)

压控单稳态振荡器(Controlled One-Short)

分段线性信号源(Piecewise Liner Source)

电压控制分段线性信号源(Voltage-Controlled Piecewise Liner Source)

键控频率信号源(Frequence-Shift-Keying Source)

多项式信号源(Polynomial Source)

非线性独立信号源(Nonliner Dependent Source)

2. 基本元件库(Basic)如图 6 所示:

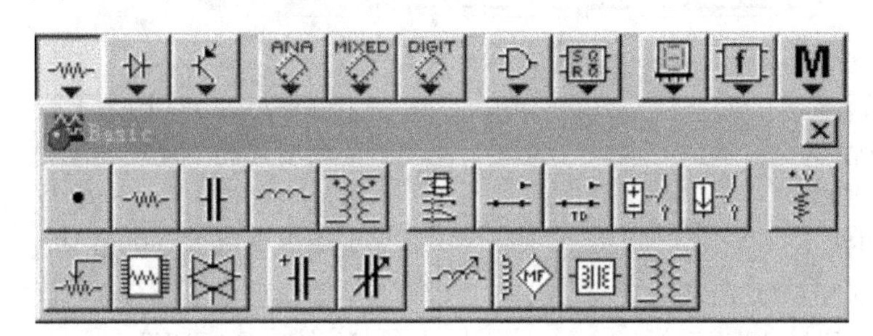

图 6

连接器(Connector)

电阻(Resistor)

电容(Capacitor)

电感(Inductor)

变压器(Transformer)

继电器(Relay)

开关(Switch)

延时开关(Time-Dealy Switch)

压控开关(Voltage-Controlled Switch)

流控开关(Current-Controlled Switch)

上拉电阻(Pull-Up Resister)

电位器(Potentiometer)

电阻排(Resistor Pack)

压控模拟开关(Voltage-Controlled Analog Switch)

极性电容(Ploarized Capacitor)

可变电容(Variable Capacitor)

可变电感(Variable Inductor)

无磁芯线圈(Corelesss Coil)

磁芯(Magnetic Coil)

非线性变压器(Nonlinear Transformer)

3. 二极管元件库(Diodes)如图 7 所示:

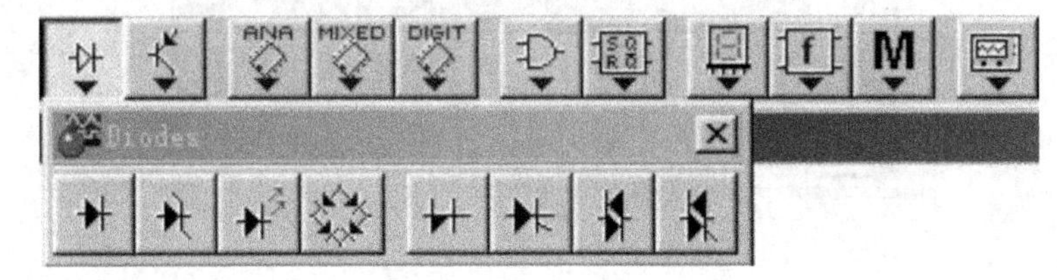

图 7

二极管(Diode)

齐纳二极管(Zener Diode)

发光管(LED)

全桥整流器(Full Wave Bridge Rectifier)

肖特基二极管(Shockiey Diode)

可控硅整流器(Silicon Controlled Rectifier)

单向可控硅(Diac)

双向可控硅(Triac)

4. 三极管元件库(Transistor)如图 8 所示:

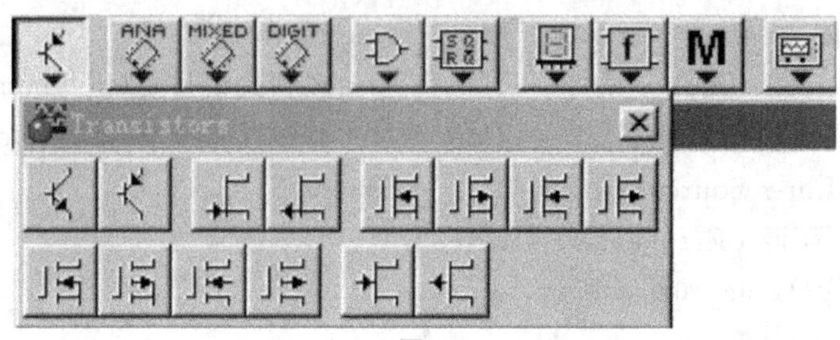

图 8

NPN 三极管
PNP 三极管
N 沟道 JEFT
P 沟道 JEFT
3 端耗尽型 N-MOSFET
3 端耗尽型 P-MOSFET
4 端耗尽型 N-MOSFET
4 端耗尽型 P-MOSFET
3 端增强型 N-MOSFET
3 端增强型 P-MOSFET
4 端增强型 N-MOSFET
4 端增强型 P-MOSFET
N 沟道 GASFET
P 沟道 GASFET

5. 模拟集成电路器件库(Analog Ics)如图 9 所示：

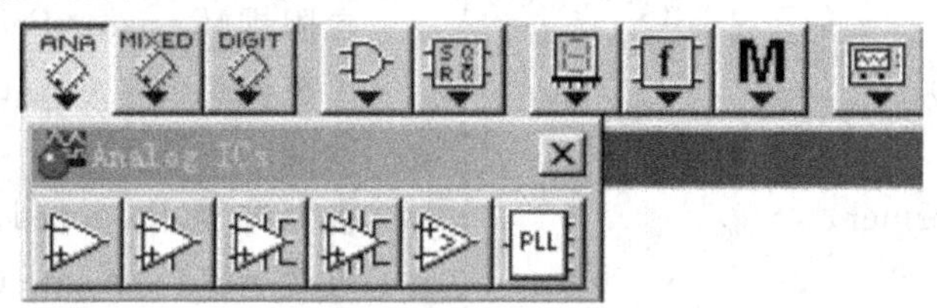

图 9

三端运放(3-Terinal Opamp)
五端运放(5-Terinal Opamp)
七端运放(7-Terinal Opamp)
九端运放(9-Terinal Opamp)
比较器(Comparator)
锁相环(Phase-Locked Loop)

6. 混合集成电路库(Mixed Ics)如图 10 所示：

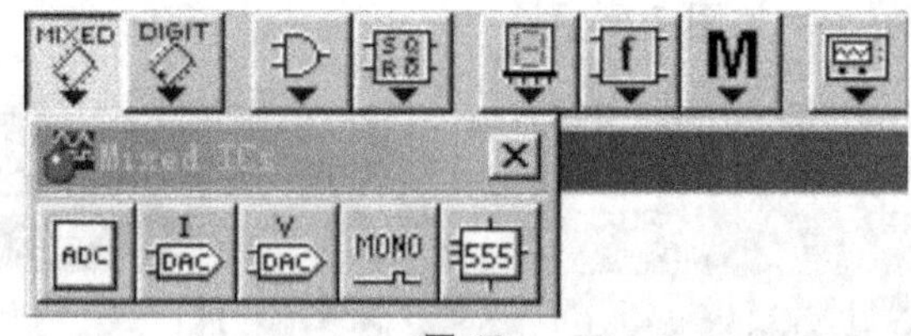

图 10

模/数转换器(ADC)
数/模转换器电流输出(DAC-I)
数/模转换器电压输出(DAC-V)
单稳态触发器(Monosable)
555 定时器(555 Timer)

7. 数字集成电路库(Digital Ics)如图 11 所示：

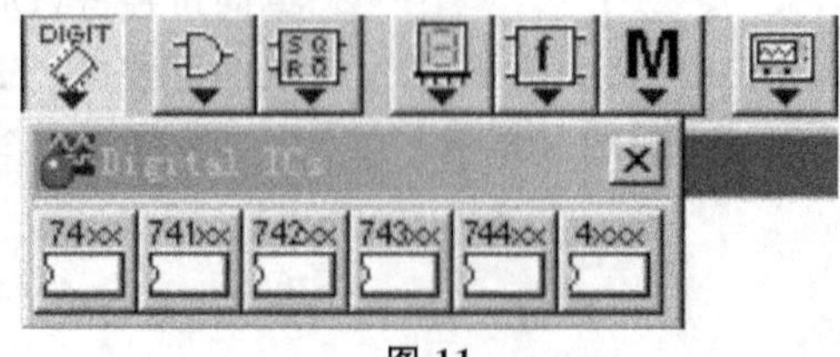

图 11

74××系列(74××Template)
741××系列(741××Template)
742××系列(742××Template)
743××系列(743××Template)
744××系列(744××Template)
4×××系列(4×××Template)

8. 逻辑门库(Logic Gates)如图 12 所示：

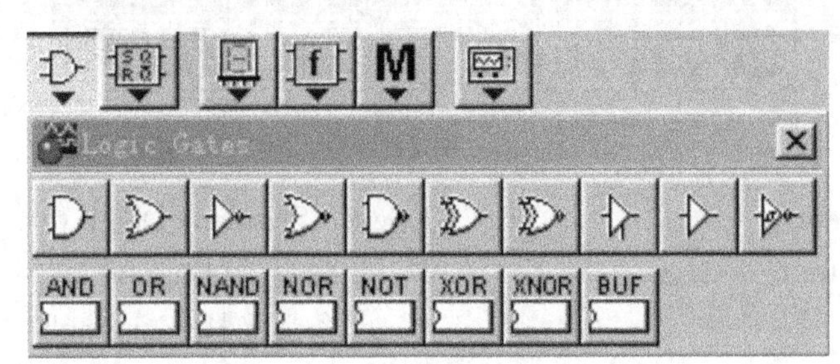

图 12

与门(AND Gates)
或门(OR Gates)
非门(NOT Gates)
或非门(NOR Gates)
与非门(NAND Gates)
异或门(XOR Gates)
同或门(XNOR Gates)
三态缓冲器(Trisate Buffer)
缓冲器(Buffer)
施密特触发器(Schmitt Trigger)
与门芯片(AND)
或门芯片(OR)
与非芯片(NAND)
或非芯片(NOR)
非门芯片(NOT)
异或芯片(XOR)
同或芯片(XNOR)
缓冲器芯片(Buffer)

9. 数字部件库(Digital)如图 13 所示：

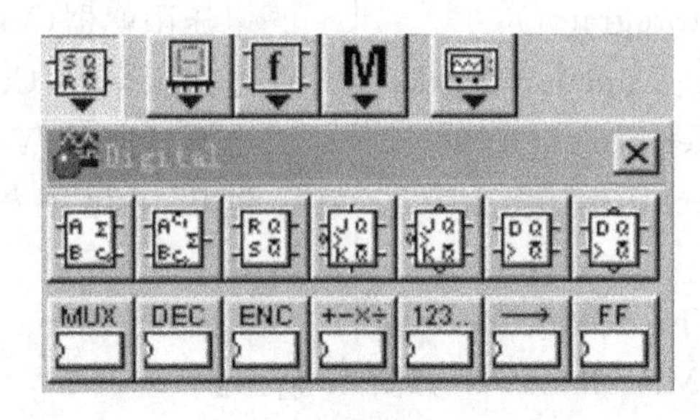

图 13

半加器(Half Adde)
全加器(Full Adder)
RS 触发器(RS Flip-Flop)
高电平有效的异步输入 JK 触发器(JK Flip-Flop with Active High Asynch Inputs)
低电平有效的异步输入 JK 触发器(JK Flip-Flop with Active Low Asynch Inputs)
D 触发器(D Flip-Flop)
低电平有效的异步输入 D 触发器(D Flip-Flop with Active Low Asynch Inputs)
数据选择器芯片(Multiplexes)
译码器芯片(De multiplexes)
编码器芯片(Encoders)
算术运算芯片(Arithmetic)
计数器芯片(Counters)
移位寄存其芯片(Shift Registers)
触发器芯片(Flip-Flop)

10. 指示器元件库(Indicators)如图 14 所示：

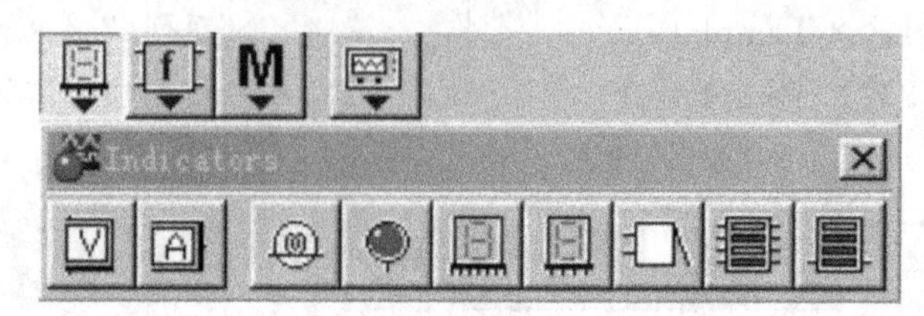

图 14

电压表(Voltmeter)
电流表(Ammeter)
灯(Bulb)
指示灯(Probe)
七段显示器(Seven-Segment Digital)
带 8421 译码器的七段显示器(Decoded Seven-Segment Display)
蜂鸣器(Buzzer)
条形光柱(Bargraph)
带 8421BCD 译码器的条形光柱(Decoded Bargraph)

11. 控制元件库(Controls)如图 15 所示：

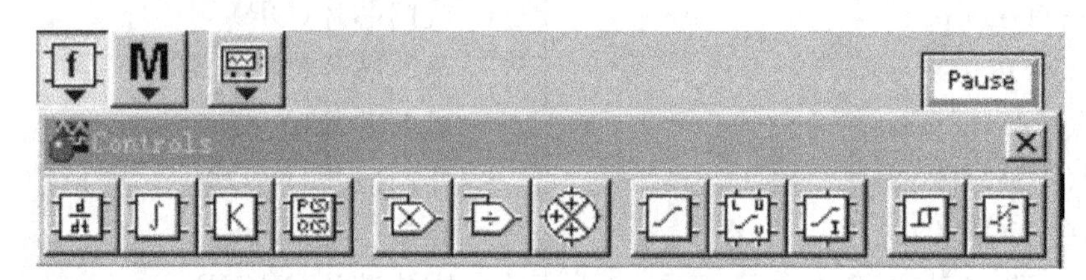

图 15

电压微分器(Voltage Differentiator)
电压积分器(Voltage Integrator)
电压增益模块(Voltage Function Block)
传递函数模块(Transfer Function Block)
模拟乘法器(Multiplier)
模拟除法器(Divider)
三路电压叠加器(Three-Way Voltage Summer)
电压限幅器(Voltage Limiter)
电流限幅器(Current Limiter Block)
电压延滞器(Voltage Hysteresis Block)
电压变化率模块(Voltage Slew Rate Block)

12. 其他各种元件库(Miscellaneous)如图 16 所示：

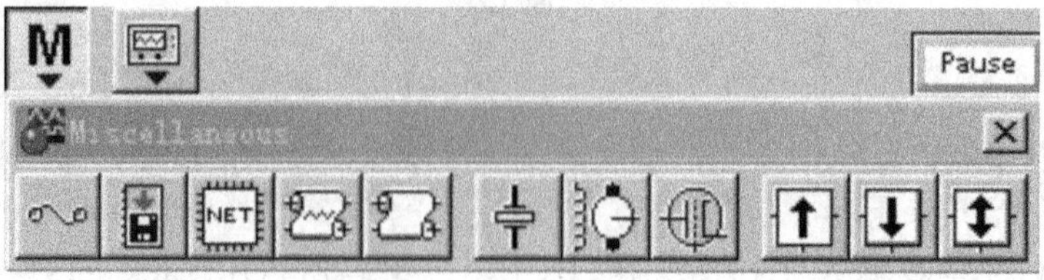

图 16

保险丝(Fuse)
数据书写器(Write Data)
网表元器件(Netlist Component)
有损耗传输线(Lossy Transmission line)
无损耗传输线(Lossless Transmission line)
晶体(Crystal)
直流电动机(DC Motor)

真空三极管(Triode Vacuum)

Boost 上升变换器(Boost step-up Converter)

Buck 下降变换器(Buck Step-down Converter)

Buck-Boost 变换器(Buck-Boost Converter)

13. 虚拟仪器库(instruments)如图 17 所示:

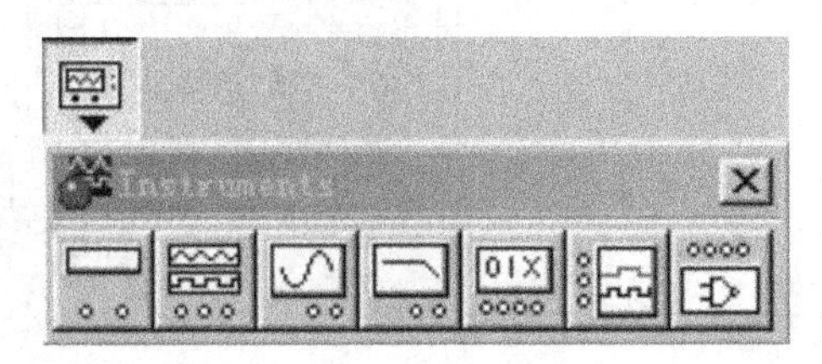

图 17

(1)数字万用表(Multimer)如图 18 所示:

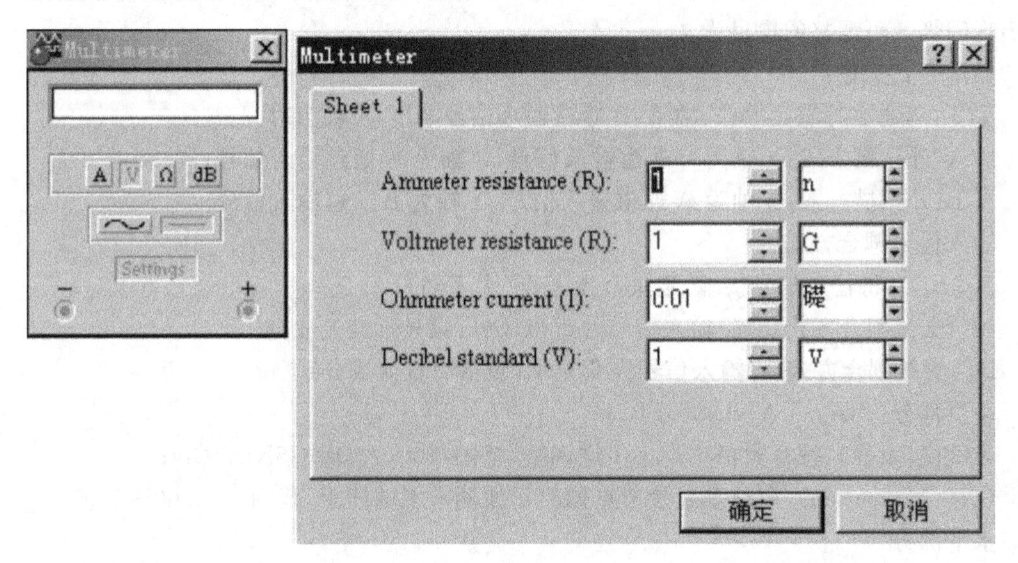

图 18

虚拟数字万用表为五位数字表。通过点击选择功能键,可测量交直流电压、电流和电阻及电路中两点之间的分贝损失。该表采用自动量程切换。利用设置键(Setting)可设置该表内部参数。

(2)函数信号发生器(Function Generator)如图 19 所示:

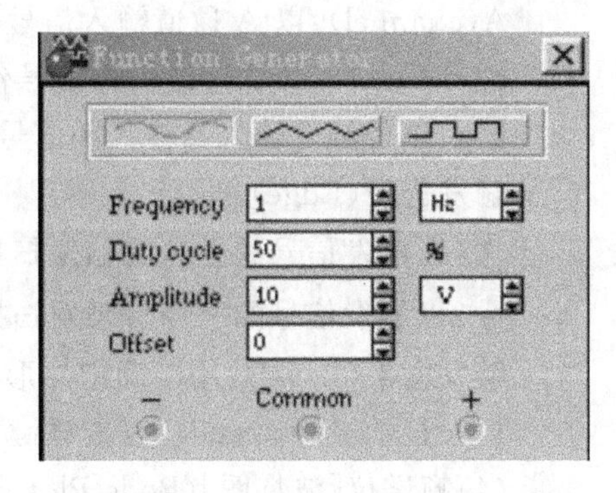

图 19

函数信号发生器可提供正弦波、三角波或方波信号。可调整的参数为:频率(Frequency):0.1Hz~999Hz;占空比(Duty cycle):1%~99%;幅度峰值(Amplitude):1PV~999KV;输出端为:

"—":负波形输出;

"+":正波形输出;

"COM":公共端(接地)。

使用方法:与实际函数信号发生器基本相同。

(3)示波器(Oscillocope)如图 20 所示:

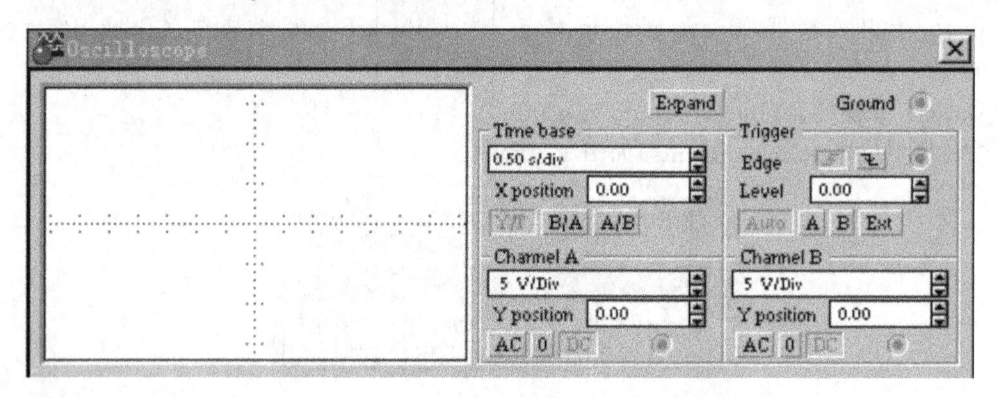

图 20

该虚拟示波器为双通道示波器,与实际示波器相比,具有测量低频信号时,能稳定显示且不出现闪烁。可调整的项目为:

显示方式选择:

Y/T:双通道时域显示;Y 轴 A、B 通道输入信号电压,X 轴为时间;

B/A:外扫描方式:Y 轴为 B 通道输入信号,X 轴为 A 通道输入信号;

A/B:外扫描方式:Y 轴为 A 通道输入信号,X 轴为 B 通道输入信号。

输入信号耦合方式:

0(GND):将输入信号接地,定垂直参考点(水平轴);

AC:交流耦合方式,滤除输入信号的直流成分,只显示交流成分;

DC:直接耦合方式,将输入信号完全显示(包括交直流成分)。

垂直部分(channel A、channel B):

灵敏度(量程):按每大格 1、2、5 步进调整,范围:10mV/Div~5Kkv/Div;

位移(Y-position):调整垂直参考点偏离示波器水平轴间距,范围:-3.00~3.00。

水平部分:

时基调整(Time-base):按每大格 1、2、5 步进调整,范围:10ns/Div~1s/Div;

位移(X-position):调整垂直参考点偏离示波器垂直轴间距,范围:-5.00~5.00。

触发方式(Trigger)

自动触发(Auto):自动产生触发信号触发扫描发生器产生扫描信号;

A(channel):以 A 通道输入信号作为触发信号,触发扫描发生器产生扫描信号;

B(channel):以 B 通道输入信号作为触发信号,触发扫描发生器产生扫描信号;

Ext:以外触发输入端输入的信号作为触发信号,触发扫描发生器产生扫描信号。

触发边沿(Edge):

↑:以触发信号的上升沿触发扫描发生器产生扫描信号;

↓:以触发信号的下降沿触发扫描发生器产生扫描信号;

触发电平(Level):用于确定波形输入开始显示前以垂直轴刻度衡量输入信号等级;

扩大显示屏(Expand):点击该键可扩大显示屏进行精确读数,通过(Reduce)恢复。

(4)频谱仪[波特图](Bode Plotter)如图 21 所示:

频谱仪与实验室的扫频仪类似,用于显示和测量电路的幅频特性和相频特性。

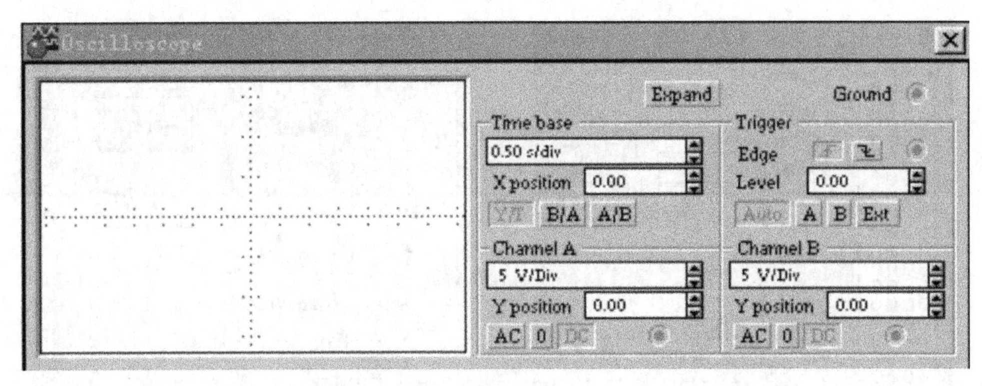

图 21

在使用频谱仪时,必须在电路的输入端接入交流信号(频率、幅度任意)。同时在,将输入信号接仪器 In、输出信号接仪器 Out。可调整项目为:

幅频特性(Magnitude):频谱仪显示幅频特性;

相频特性(Phase):频谱仪显示相频特性。

垂直部分:

坐标类型:对数刻度(Log);线性刻度(Lin);

坐标始点:I(Initial)起点选择;

对数范围:−200 dB～200 dB,以 10 dB 步进调整。线性范围:0～10E9,以 5E−5 步进调整;

坐标终点:F(Finl)终点选择;

对数范围:−200 dB～200 dB,以 10 dB 步进调整。线性范围:0～10E9,以 5E−5 步进调整。

水平部分:

坐标类型:对数刻度(Log);线性刻度(Lin);

坐标始点:I(Initial)起点选择,范围:0.1 Hz～999 MHz;

坐标终点:F(Finl)终点选择,范围:0.1 Hz～999 MHz。

读数指针部分:

←(读数指针左移);→(读数指针右移);读数值显示在指针对应窗口,上为垂直读数值,下为:水平读数值。

(5)字信号发生器(Word Generator),如图 22 所示:

字信号发生器是一个 16 路逻辑信号源,产生 16 位二进制数。其信息存储在 0000h～03FFh 地址范围内,最多可产生 1 024 条 16 为二进制数的字信息。其使用方法如下:

字信息地址(Address)显示、编辑区:

Initial:编辑输出信息的首地址;

Final:编辑输出信息的末地址;

Current:编辑当前输出信息地址,当连续输出信息时,则显示当前输出地址;

Edit:在编辑输出信息时,显示当前编辑信息地址,当连续输出信息时,则显示编辑过的最后地址。

字信息编辑方式:

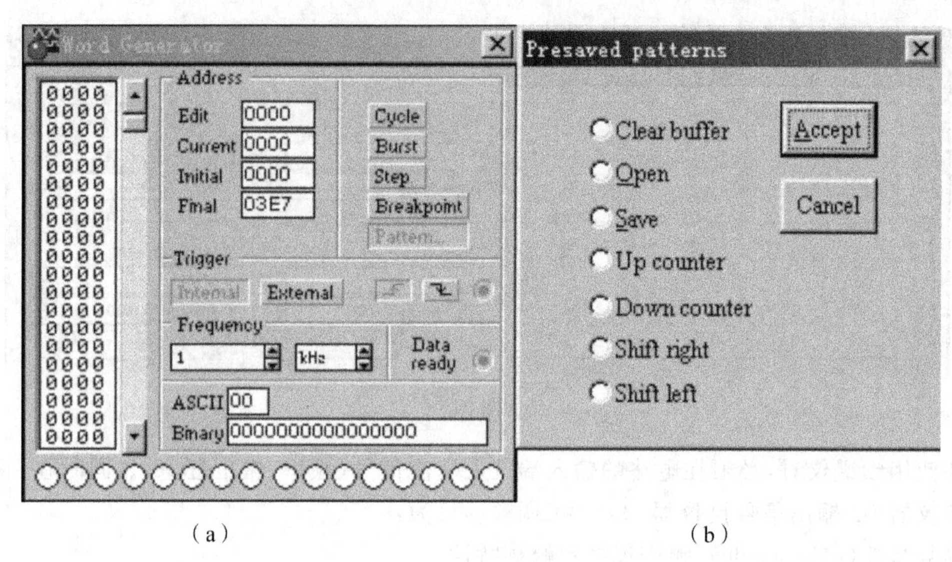

(a) (b)

图 22

①确定字信息的输出首、末地址；

②在当前地址中输入需编辑信息地址；

③在字信息输出滚动栏输入要编辑的四位十六进制数或在二进制数输出栏(binary)输入十六位二进制数或在 ASCII 码输出栏输入 ASCII 码值。

字信息输出方式：

单步(Step)：每单击一次 Step，字信息输出一条；

单帧(Brust)：单击一次 Brust，字信息从首地址开始至末地址连续逐条输出字信息；

循环(Cycle)：单击 Cycle，字信息循环不断地按 Brust 方式输出；

断点(Breakpoint)：选中某地址的字信息后，点击 Breakpoint 键，则该信息对应的地址设为断点，当 Brust 输出时，运行至该地址时暂停输出；

模型(Patterns)：点击 Patterns 键，出现图 22(b)窗口，通过选择，可对字信息进行如下操作：

Clear buffer：清除字信息编辑区；

Open：打开字信息文件；

Save：保存字信息编辑内容；

Up counter：按递增方式对字信息编码；

Down counter：按递减方式对字信息编码；

Shift right：按右移方式对字信息编码；

Shift left：按左移方式对字信息编码。

字信息输出触发方式(Trigger)：

内部触发(Internal)：按字信息输出方式输出；

外部触发(External)：以外触发输入端输入的信号作为触发信号，触发字发生器产生字信号。

触发边沿(Edge)：

⮥：以触发信号的上升沿触发字发生器产生字信号；

⌐↓:以触发信号的下降沿触发字发生器产生字信号。

字信息输出频率(Frequency):字信息输出速率,调节范围:0.1 Hz～999MHz;

字信息发生器准备数据输出端(Data ready):该输出端输出一握手信号通知外部设备,表明字信息发生器数据准备好。

(6)逻辑分析仪(Logic Analyzer)如图 23 所示:

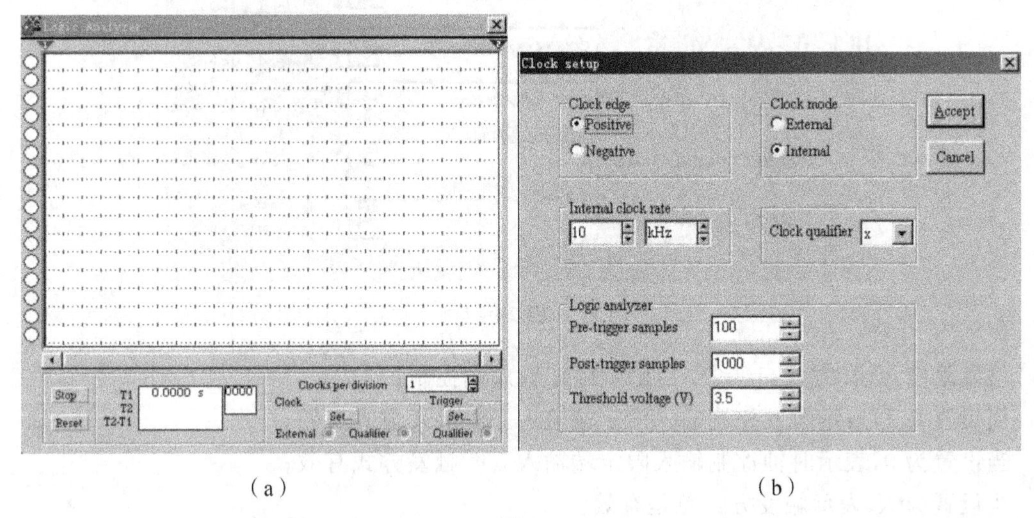

(a) (b)

图 23

该虚拟仪器为 16 通道逻辑分析仪,可同时记录和显示 16 路逻辑信号。使用方法如下:

16 路输入信号由面板左边的输入端输入,该输入端实时显示输入信号的当前值。逻辑信号显示区同时显示对应输入波形。通过设置输入导线颜色可修改相应波形显示颜色。波形显示的时间刻度可通过面板下方的 Clocks per division 予以设置,设置范围:1～128。拖曳读数指针可读取波形数据。通过面板下部的两个方框内显示指针所处位置的时间读数和逻辑值(4 位 16 进制,输入端从上至下依次为最低至最高)。

时钟设置(Clock-Set):点击该键,出现图 23(b)窗口。通过选择设置:

(a)时钟边沿(Clock edge):

上升沿(Positive):上升沿触发;

下降沿(Negative):下降沿触发。

(b)时钟模式(Clock mode):

外触发(External):以外触发输入端输入的信号作为触发信号,触发逻辑分析仪显示;

内触发(Internal):以内部时钟设置作为触发信号,触发逻辑分析仪显示;

(c)内部时钟频率(Internal clock rate):设置范围:1 Hz～999 MHz;

(d)内部时钟限定(Clock qualifier):选择方式:1、0、X;由时钟限定输入端控制:

当设置为 1,表示时钟控制输入限定端输入 1 时开放时钟;

当设置为 0,表示时钟控制输入限定端输入 0 时开放时钟;

当设置为 X,表示时钟总是开放。

(e)逻辑分析设置(Logic analyzer):

触发后点数(Per-trigger samples):选择范围:0～999 999 999;

触发前点数(Post-trigger samples):选择范围:0～999 999 999;

触发电平(Threshold voltage)：常态：3.5 V。

触发方式设置(Trigger-set)：点击该键，出现图 24 窗口。通过选择设置：

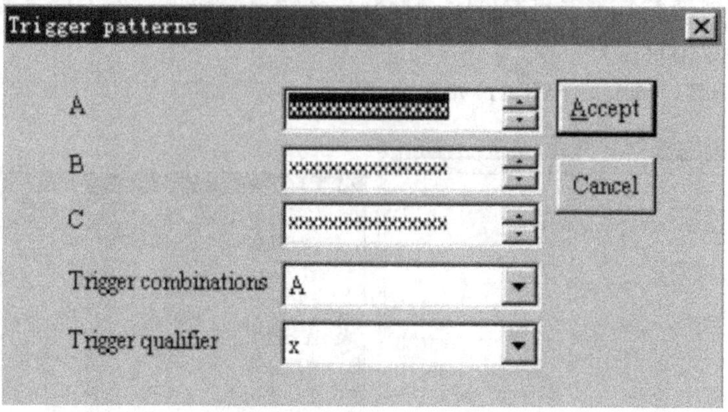

Trigger patterns

A　xxxxxxxxxxxxxxxx　Accept

B　xxxxxxxxxxxxxxxx　Cancel

C　xxxxxxxxxxxxxxxx

Trigger combinations　A

Trigger qualifier　x

图 24

触发限定：选择方式：1、0、X；由触发限定输入端控制；

当设置为 1，表示触发控制输入限定端输入 1 时触发方式有效；

当设置为 0，表示时钟控制输入限定端输入 0 时触发方式有效；

当设置为 X，表示触发方式总是有效。

触发方式(Trigger combination)：逻辑分析仪采集数据显示波形触发条件，由 A、B、C 控制字组合决定。其选择方式为(其中 A、B、C 均为 16 为二进制数据对应 16 通道输入)：

A or B

A or B or C

A then B

(A or B)then C

A then (B or C)

A then B then C

A then B(no C)

(7)逻辑转换仪(Logic Converter)如图 25 所示：

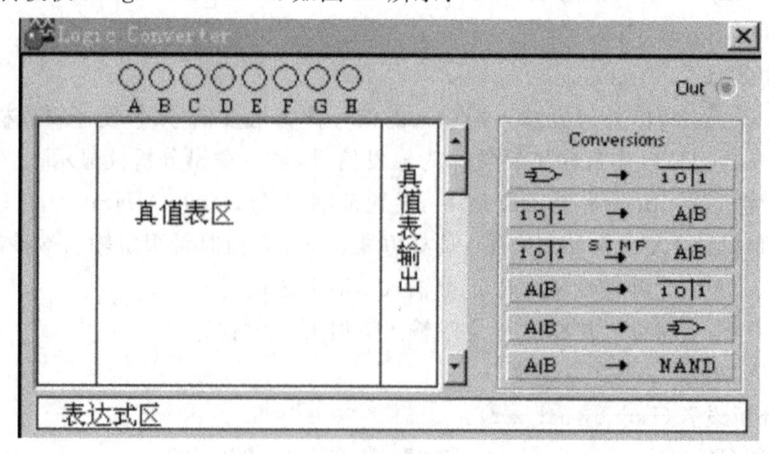

图 25

逻辑分析仪用于进行真值表、逻辑表达式、逻辑门电路之间的转换。其转换类型如下：

→ 10|1 ：逻辑电路转换为真值表；

10|1 → A|B ：真值表转换为逻辑表达式；

10|1 SIMP→ A|B ：真值表转换为最简表达式；

A|B → 10|1 ：表达式转换为真值表；

A|B → ：表达式转换为逻辑门电路；

A|B → NAND ：表达式转换为与非门构成的电路。

电路转换为真值表方式：先在工作区画出电路，将对应的输入输出接至逻辑转换仪（最多为 8 输入 1 输出），然后单击转换类型，在表达式区出现转换后的表达式；

真值表转换为表达式：点击选择输入数（最多 8 输入），再在对应真值表输出栏输入对应函数值，根据转换要求，点击对应转换类型，即可在表达式区出现转换后的表达式；

表达式转换为真值表、逻辑门电路、与非逻辑门电路；

在表达式区输入对应表达式，根据转换要求，点击相应转换类型即可。

14. EWB 菜单和命令：

(1)文件(File)：同 Window；

(2)编辑(Edit)：同 window；

(3)电路(Circuit)：

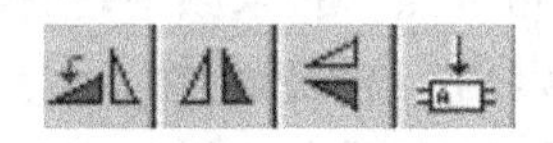

旋转图标　　子电路建立图标

(a)电路/旋转(Circuit/Rotate)：将选中元器件逆时针旋转 90°；

(b)电路/水平旋转(Circuit/Flip Horizontal)：将选中元器件水平旋转；

(c)电路/垂直旋转(Circuit/Flip Vertical)：将选中元器件垂直旋转；

(d)电路/元件属性(Circuit/Component Properties)：见图 2；

(e)电路/建立子电路(Circuit/Great Subcircuit)：

为便于仿真电路的层次化管理，EWB 允许将电路中重复的部分电路建成子电路，形成用户自建 IC，便于调用，节省时间。其方法如下：

Ⅰ. 在电路工作区建立子电路，并在接口引出相应的连接点，作为自建 IC 管脚；

Ⅱ. 选中子电路区域；

Ⅲ. 点击子电路建立图标或选中电路/建立子电路(Circuit/Great Subcircuit)，出现图 26 窗口；其中：

Name：子电路名称；

Copy from Circuit：复制为子电路，原电路保持；

Move from Circuit：移存为子电路，原电路取消；

Replace in Circuit：用形成的子电路 IC 替换原电路。

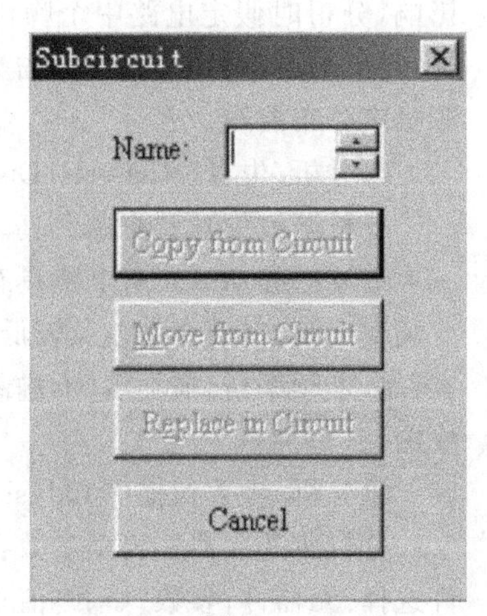

图 26

(f)电路/缩放(Circuit/Zoom)：

将电路工作区电路按 50％、80％、100％、150％、200％进行缩放选择。

(g)电路/原理图选项(Circuit/Schematic Option)：

原理图选项具有三种选择(图 26)：

Ⅰ. 栅格(Grid)：控制电路工作区的栅格显示和使用；

Ⅱ. 显示/隐藏(Show/Hide)：控制元器件参数等的显示

或隐藏；

Ⅲ.字体(Font)：控制电路工作区上的标号、数值的字体、样式、字号、效果等。

(4)分析(Analysis)：

①分析/启动(Analysis/Activate)：激活电路(启动电源开关)，相当于点击电路中的电源开关，进行电路仿真、分析。

②分析/暂停(Analysis/Puause)：临时中断仿真相当于点击电路中 Pause 键，再次点击重新激活电路。

③分析/分析选项(Analysis/Anaysis Options)：控制全局、直流、瞬态、器件、仪器在电路仿真时工作方式选择。

④分析/直流工作点(Analysis/DC Operation Point)：

在电路中将电容开路、电感短路及交流源为零的情况下，分析电路静态工作点，并以图表形式列出各节点的分析结果。

⑤分析/交流频率扫描(Analysis/AC Frequency)：

分析在选定频率范围(1Hz～1e＋99MHZ)内所设计电路在交流频率下的响应。允许选择：电路节点；始、末频率；扫描类型(十进制、线性、倍频)；坐标类型(线性、对数、分贝)，从而得到幅频特性和相频特性。

⑥分析/瞬态分析(Analysis/Transient)：

分析所设计电路作为时间函数的工作状态，即瞬态响应。允许选择：电路节点；初始条件(零点、自定义、计算直流工作点)；始、末时间，仿真器将自动选择适当的中间时间步进值，从而得到电路(电压、电流)响应。

⑦分析/傅立叶分析(Analysis/Fourier)：

分析时域信号的直流分量、基频分量和谐拨分量。即把被测节点处的时域变化信号作离散傅立叶变换，得出其频域变化规律。允许选择：输出节点；基频；基频谐波数；坐标类型(线性、对数、分贝)；显示相频特性曲线；显示幅频特性。

⑧分析/噪声(Analysis/Noise)：

检测所设计电路输出端噪声功率的幅度。其通过计算来自阻抗元件和半导体元件的噪声影响，分析时假定电路中个噪声源为互不相干，总噪声为独立噪声影响的均方根值。允许选择：输出节点；始、末频率；扫描类型(十进制、线性、倍频)；坐标类型(线性、对数、分贝)，从而得到噪声分布曲线。

⑨分析/失真(Analysis/Distortion)：

分析谐波失真和交调失真。若电路有一个交流频率，则分析确定电路汇总每个点的二次、三次谐波的叠加只。若电路具有两个交流频率，则分析电路变量在三个不同频率下的叠加值：二频率之和、二频率之差及较低频率与较高频率二次谐波分量的频率之差。允许选择：电路节点；始、末频率；扫描类型(十进制、线性、倍频)；坐标类型(线性、对数、分贝)，从而得到失真曲线图。

⑩分析/参数扫描(Analysis/Parameter Sweep)

分析所选元器件模型参数在选定范围内变化时，电路的直流工作点、交流和瞬态响应。允许选择：元器件；参数；始、终值；扫描类型(十进制、线性、倍频)；输出节点；扫描形式(直流工作点、瞬态、交流频率扫描)。

⑪分析/温度扫描(Analysis/Temperation Sweep)：

分析电路在所选温度范围内电路的直流工作点、交流和瞬态响应。允许选择：温度始、终值；扫描类型（十进制、线性、倍频）；扫描形式（直流工作点、瞬态、交流频率扫描）。

⑫分析/极零点（Analysis/Pole-Zero）：

确定电路交流小信号的传递函数，计算零极点，从而得出有关电路稳定性的信息。允许选择：分析类型（增益、阻抗[输出电压/输入电流]、输入电阻、输出电阻）；输入（+）节点；输入（—）节点；输出（+）节点；输出（—）节点；极点分析；零点分析。

⑬分析/传递函数（Analysis/Transfer Function）：

计算电路中一个输入源和两个输出节点（对电压）或一个输出变量（对电流）之间的直流小信号传递函数。报告输入和输出电阻。允许选择：输入源和输出节点。

⑭分析/灵敏度（Analysis/Sensitivity）：

分析电路中对应于所有元件的参数（直流灵敏度）或某个元件参数（交流灵敏度）在输出节点电压或电流处引起的变化，并将结果汇总为表格。允许选择：电压或电流；输出节点（观察电压时）；输出源（指电流，需为电路中的源）；直流灵敏度或交流灵敏度（始、末频率；扫描类型（十进制、线性、倍频）；坐标类型（线性、对数、分贝）；元器件。

⑮分析/最差情况（Analysis/Worse Case）：

这是一种统计分析法。分析在元件参数变化时，电路特性的最差情况。适合于模拟电路、直流和小信号电路。允许选择：最大电压或最小电压；误差；输出节点；扫描方式（直流工作点或交流频率分析）在交流频率分析时，可选始、末频率；扫描类型（十进制、线性、倍频）；坐标类型（线性、对数、分贝）。

⑯分析/蒙特卡罗（Analysis/Monte Carlo）：

提供在限定的误差值内随元件参数随机变化而引起的直流、交流和瞬态响应，预测由于电路的变化影响电路设计所造成的失败率。允许选择：分析数；容差；分布类型输出节点和扫描形式（直流工作点、瞬态分析、交流频率分析）；在瞬态分析时可选初始条件（零点、自定义、计算直流工作点）；始、末时间，仿真器将自动选择适当的中间时间步进值；在交流频率分析时，可选可选始、末频率；扫描类型（十进制、线性、倍频）；坐标类型（线性、对数、分贝）。

⑰分析/图形（Analysis/Graphs）：用于观察、调整预保留图形几图表的多功能显示工具。

(5)窗口（Window）：同 Window。

实验十四 单级低频放大电路的设计调试

一、实验目的

1. 学会根据一定的技术指标，设计单级低频放大器；

2. 掌握晶体管放大器工作点的设置与调整方法、放大器基本性能指标（Av、R_i、R_o、f_H、f_L、V_{op-p}）的测试方法、负反馈对放大器性能指标的影响、放大器的调试技术。

二、实验原理

（一）单级低频放大器的模型和性能

1. 单级低频放大器的模型：

单级低频放大器能将频率从几十 Hz～几百 kHz 的低频信号进行不失真地放大，是放大器中最基本的放大器。单级低频放大器根据性能不同可分为基本放大器和负反馈放大器。

从放大器的输出端取出信号电压（或电流）经过反馈网络得到反馈信号电压（或电流），送回放大器的输入端称为反馈，反馈放大器的原理框图如图 1 所示。若反馈信号的极性与原输入信号的极性相反，则为负反馈。

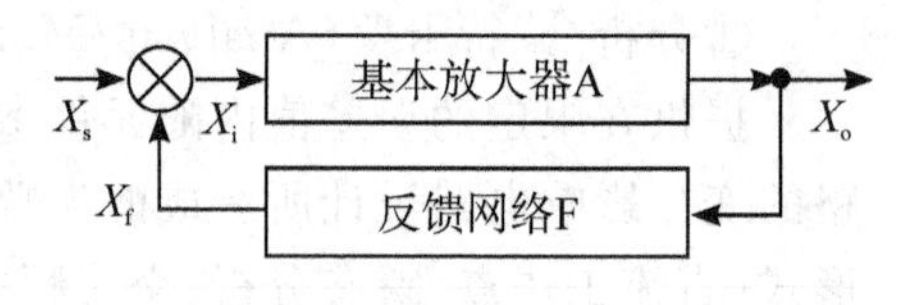

图 1 反馈放大器框图

根据输出端的取样信号（电压或电流）与送回输入端的连接方式（串联或并联）的不同，一般可分为四种反馈类型——电压串联反馈、电流串联反馈、电压并联反馈和电流并联反馈。负反馈是改变放大器及其他电子系统特性的一种重要手段。负反馈使放大器的净输入信号减小，因此放大器的增益下降；同时改善了放大器的其他性能；如提高了增益稳定性，展宽了通频带，减小了非线性失真，以及改变了放大器的输入阻抗和输出阻抗。负反馈对输入阻抗和输出阻抗的影响跟反馈类型有关。由于串联负反馈是在基本放大器的输入回路中串接了一个反馈电压，因而提高了输入阻抗，而并联负反馈是在输入回路上并联了一个反馈电流，从而降低了输入阻抗。凡是电压负反馈都有保持输出电压稳定的趋势，与此恒压相关的是输出阻抗减小；凡是电流负反馈都有保持输出电流稳定的趋势，与此恒流相关的是输出阻抗增大。

2. 单级电流串联负反馈入大器与基本放大器的性能比较：

电路图 2 是分压式偏置的共射基本放大电路，它未引入交流负反馈；

电路图 3 是在图 2 的基础上，去掉射极旁路电容 C_e，这样就引入了电流串联负反馈，它们的主要性能如表 1 所示。

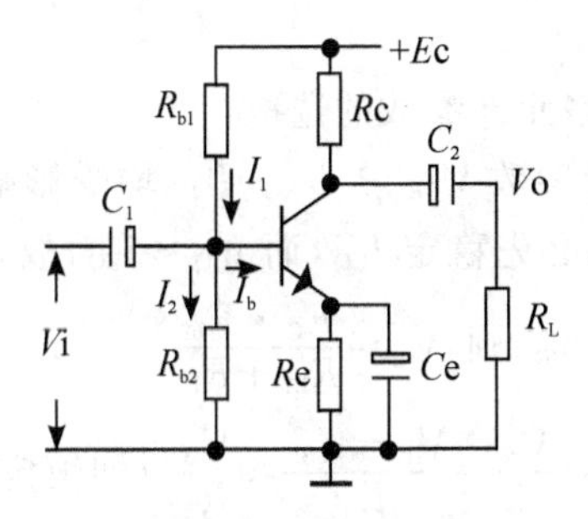

图 2　单级阻容耦合放大器

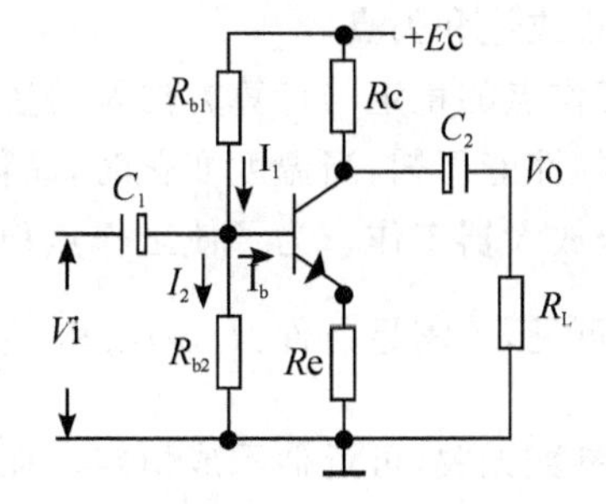

图 3　单级电流串联负反馈放电器

表 1　基本放大器和电流串联负反馈放大电路主要性能表

主要性能	基本放大电路	电流串联负反馈放大电路
电压增益	$Av=-\frac{\beta R_L'}{r_{be}}$	$A_{vf}=-\frac{\beta R_L'}{r_{be}+(1+\beta)R_e}$　（注 1）
输入电阻	$R_i=R_{b1}/\!/R_{b2}/\!/r_{be}$	$R_{if}=R_{b1}/\!/R_{b2}/\!/[r_{be}+(1+\beta)R_e]$　（注 2）
输出电阻	$R_O=r_{ce}/\!/R_C\approx R_C$	$R_{of}\approx R_C$　（注 3）
增益稳定性	较差	提高
通频带	较窄	展宽
非线性失真	较大	减小

注 1：$r_{be}=r_{bb}+(1+\beta)\frac{26(\text{mv})}{I_{EQ}(\text{mA})}$

注 2：当$(1+\beta)R_e\gg r_{be}$时，$r_{be}+(1+\beta)R_e\approx\beta R_e$则 $A_{vf}=-R_L'/R_e$。

注 3：电流负反馈的输出电阻为 Rc 与从晶体管集电极看进去的等效电阻相并联。电流负反馈的效果仅使后者增大，但与 Rc 并联后，总输出电阻仍然没有多大变化。

3. 射极输出器的性能：

电路图 4 是射极输出器，它是单级电压—串联负反馈电路，由于它的交流输出电压 V_Q 全部反馈回输入端，故其电压增益：

$$A_{vf}=\frac{(1+\beta)R_L'}{r_{be}+(1+\beta)R_L'}\leqslant 1$$

输入电阻：$R_{if}=R_b/\!/[r_{be}+(1+\beta)R_L']$　式中 $R_L'=Rc/\!/R_L$

输出电阻：$R_{of}=R_e/\!/[(R_b/\!/R_s)+r_{be}]/(1+\beta)$

当信号源内阻 $R_s=0$，$R_e>100\Omega$ 时，$R_{of}\approx\frac{r_{be}}{1+\beta}$

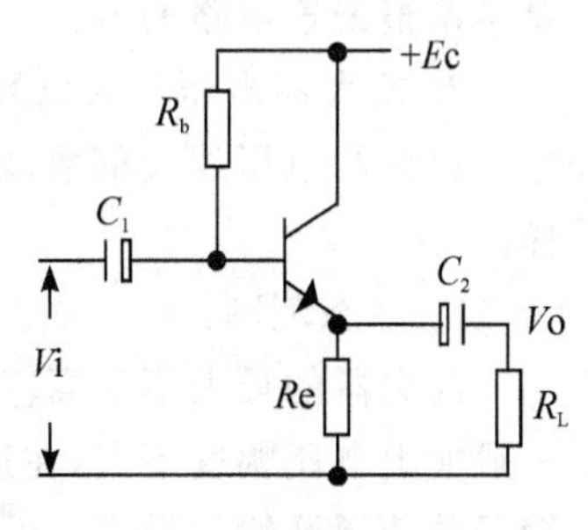

图 4　射极输出器

射极输出器由于 $A_{vf}\approx1$，故它具有电压跟随特性，且输入电阻高，输出电阻低的特点，在多级放大电路中常作为隔离器，起阻抗变换作用。

（二）设计方法

1. 静态工作点：

（1）静态工作点的合理设置：

当放大器在信号输入时，晶体管各极的电流和电压是直流分量和交流分量的叠加，因此静态工作点的位置对输出波形的影响很大。由实验四可见，当静态工作点设置不合理时，可能使放大器进入截止或饱和失真。

(2)静态工作点的稳定与计算方法及偏置电路元件参数的选取：

由晶体管的性能可知，当温度变化时，晶体管参数 V_{BE}、β、I_{CEO}、I_{CBO} 均受影响，导致工作点发生偏移，影响放大器工作。为了使工作点稳定，必先稳定 I_{CQ}，而 $I_{CQ}\approx I_{EQ}$，故，稳定 I_{EQ} 即可。从图 2 或图 3 可见，若满足条件：$I_1\gg I_{BQ}$ 和 $V_E\gg V_{BE}$，则：$V_B=\dfrac{E_C\cdot R_{b2}}{R_{b1}+R_{b2}}$

与晶体管参数无关，可近似看成恒定。而 $I_E=\dfrac{V_E}{R_e}=\dfrac{V_B-V_{BE}}{R_e}\approx\dfrac{V_B}{R_e}$ 也即恒定。在选取偏置电路元件参数时，不但要满足稳定工作点的条件，也应兼顾电路的其他性能。如：R_e 越大，对 I_{CQ} 的负反馈作用越大，稳定性越好，但 R_e 越大，V_E 也越大，当 E_C 确定时管压降 V_{CE} 越小，从而缩小了放大器的动态范围；同样，为了稳定 V_B 应该使 $I_1=I_2=I_R\gg I_{BQ}$，但 I_R 越大，必定使输入阻抗变小，影响放大器的放大倍数。故一般情况下以经验公式计算静态工作点与偏置电路的元件参数。首先根据输入信号等具体要求确定 I_{BQ}，再取：$I_R\geqslant(5\sim10)I_{BQ}$，$V_B\geqslant(5\sim10)V_{BE}$，因为 $V_B\gg V_{BE}$，所以 $V_B\approx V_E$，则：$I_{CQ}=\beta I_{BQ}$，$V_{CEQ}\approx E_C-I_{CQ}R_C-V_B$

根据上述分析，偏置电路元件计算公式：

$$R_{b2}=\frac{V_B}{I_R}\qquad R_{b1}=\frac{E_C-V_B}{I_R}\qquad R_e=\frac{V_E}{I_{EQ}}\approx\frac{V_B-V_{BE}}{I_{CQ}}$$

(3)工作点的调整：

在晶体管确定后，电源电压 E_C 的变动；负载 R_C 的改变；基极电流 I_B 的变化都会影响工作点，如图 5 所示。当 R_C 和 I_B 确定，E_C 的变动将引起整个负载线平行移动，工作点沿 I_{BQ} 线移到 Q_1；当 E_C 和 I_B 确定，改变 R_C 则负载线的斜率改变，工作点 Q 沿 I_{BQ} 线移到 Q_2；若 R_C 和 E_C 确定，工作点 Q 随 I_B 的变化沿负载线移动。一般当电路确定之后，R_C 和 E_C 也确定，这时静态工作点主要取决于 I_B 的选择，因此，调整工作点主要是调整偏置电路的 R_B。

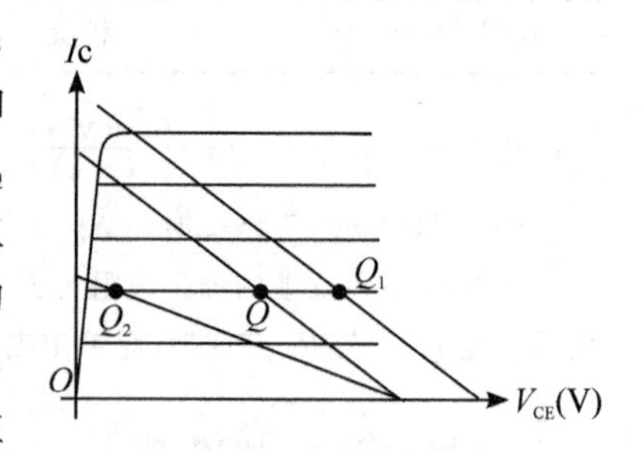

图 5 电路参数变化对工作点的影响

2. 放大器电压放大倍数、输入阻抗、输出阻抗：

放大器电压放大倍数、输入阻抗、输出阻抗的设计按表一所给电路模型的计算公式计算选择。

3. 动态范围：

放大器的最大不失真输出信号的峰值称为放大器的动态范围。作为前置或中间放大器，一般输出电压幅度不大，在选择工作点时不必考虑动态范围，往往选得稍微偏低一些，以减少管子的功耗及输出噪声。而作为末级放大器，除了对放大倍数有一定要求外还要求有足够大的动态范围。

对于图 2 所示的放大器，若对输出信号的动态范围有一定的要求，则应根据给定负载 R_L 和动态范围 V_{op-p} 及射极电压 V_E，选择放大器的工作状态。

(1)选择电源电压 E_C：$E_C\geqslant1.5(Vo_{p-p}+V_{CES})+V_E$

(2)确定直流负载 R_C：$\left(\dfrac{E_C-V_E-V_{CES}}{V_{OP}}-2\right)R_L\quad V_{CES}\leqslant1\ \text{V}$

(3)确定静态工作点 Q：$V_{CEQ}=V_{OP}+V_{CES}\quad I_{CQ}=\dfrac{(E_C-V_E-V_{CES})-V_{OP}}{R_C}$

(4)作直流与交流负载线,检验工作状态是否符合要求,若否,可适当修改 E_C。

4. 频率特性:

放大器频率特性定义见实验四。对于低频放大器的设计,高频特性的考虑只要在选择晶体管时,满足 $f_\beta \geqslant f_H$ 即可。重点考虑低频特性满足技术指标的要求。因此,在单独计算耦合电容和旁路电容时,可按公式计算:

$$C1=(3\sim10)\frac{1}{2\pi f_L(R_S+r_{BE})}\quad C2=(3\sim10)\frac{1}{2\pi f_H(R_C+R_L)}\quad C_E=(3\sim10)\frac{(1+\beta)}{2\pi f_L(R_S+R_{BE})}$$

实际上一般的基本放大器的电容 C_1、C_2、C_E 并不是每次都进行计算,而是根据经验和参考一些类似电路酌情选择,通常取 $C_1=C_2=(5\sim20)\mu F$,$C_E=(50\sim200)\mu F$。

5. 设计步骤:

设计一个放大器主要根据技术指标的要求选择晶体管;确定放大器的级数和电路类型;确定各级静态工作点、电源电压和电路元件数值。然后通过实验测试并修改电路参数达到指标要求,其具体步骤为:

(1)根据放大器的下列指标选择晶体管:

①放大器的上限频率 f_H;选择晶体管的 $f_\beta \geqslant f_H$。

②放大器的动态范围,应保证晶体管的 $BV_{CEO} \geqslant Vo_{p-p}$;最大集电极电流 $I_{CM} \geqslant 2I_{CQ}$。

③放大器的输出功率(末级晶体管)应保证晶体管的最大耗散功率 $P_{CM} \geqslant P_O$。

晶体管选定的型号后,应对管子的 β、r_{BE}、BV_{CEO} 等参数进行测量。

(2)根据放大倍数公式 $Av=-(\beta R_L')/r_{BE}$ 估计放大倍数,能满足要求就用单级,否则就选择两级或多级。

(3)根据输出动态范围和发射极电压,可按 $E_C \geqslant 1.5(Vo_{p-p}+V_{CES})+V_E$ 确定电源电压,一般锗管的 V_E 为 1～3 V,硅管的 V_E 为 3～5 V。

(4)选择各级静态工作点:末级应从满足动态范围的要求选择。而前几级可从提高 Av 和减少失真选择,Q 点应高一些;而从降低噪声和减少电源消耗选择,Q 点应低一些。一般输入级 $I_{CQ}=0.2\sim0.5$ mA;而后几级的 $I_{CQ}=1\sim3$ mA。

(5)集电极直流负载电阻 R_C 的选择:R_C 对放大倍数、动态范围、通频带都有影响,应根据主要指标选择。对输出级,R_C 的选择应从动态范围的要求考虑(见上述分析公式);而前几级可从提高放大倍数考虑,在低频放大器中,$R_C=1$ kΩ～10 kΩ。

(6)根据工作点和温度稳定性的要求,计算偏置电路元件 R_{b1}、R_{b2}、R_e 等。

(7)根据下限频率 f_L 的要求,确定耦合电容 C_1、C_2 和旁路电容 C_e。

(8)根据放大倍数公式及 $E_C=Vop+V_{CES}+I_{CQ}(R_C+R_e)$,验算 Av 和 E_C 是否符合要求。

三、实验仪器

1. 计算机 1 台

2. EWB 软件 1 套

四、实验内容

1. 单级共射基本放大器设计:

(1)已知:$Vcc=12$ V,$R_L=5.1$ kΩ,$R_e=50$ Ω,三极管为 9011,β 在 50～110 之间;

(2)性能指标:$Av\approx50$,$R_i \geqslant 2$ kΩ,$Ro \leqslant 3$ kΩ,$f_L \leqslant 200$ Hz,$f_H \geqslant 100$ kHz,动态范围尽量大。

2. 单极共射基本放大器参数测试：

自拟实验步骤测试放大器参数(Q点的调整、测量；放大器的调整、参数测量；动态指标测试)。

3. 电流串联负反馈电路：

在基本放大器基础上，将电路改为电流串联负反馈放大器(去掉Ce)，重新测量放大器参数及动态指标，比较两种电路模型的差别。

五、预习要求

1. 复习理论课相关的内容，参照实验原理，按实验内容设计电路；
2. 拟定实验步骤，并画出实验装置图。

六、实验报告要求

1. 画出设计电路，标明元件参数；
2. 将实验数据和结果列成表格，并与设计时的理论计算进行比较，分析讨论实验结果。

实验十五　多级放大器设计

一、实验目的

1. 学会根据一定的技术指标，设计多级低频放大器；

2. 进一步掌握晶体管放大器工作点的设置与调整方法、放大器基本性能指标（A_V、R_i、R_o、f_H、f_L、V_{op-p}）的测试方法、负反馈对放大器性能指标的影响、放大器的调试技术。

二、实验原理

由实验14的基本放大器设计可见，基本放大器的性能较差，而单级负反馈放大器的性能较好，但放大量有限，远不能满足实际需要，故需要多级放大。然而，当放大器的级数增加后，便出现了单级与整体之间如何配合的问题。如：各级之间选择何种耦合方式？各级电路的模型如何选择？在满足总增益要求时，单级增益如何确定？满足总频率特性要求时，单级频率特性如何确定？各级直流工作点如何选择？如何防止多级放大器自激？等等。

1. 极间耦合方式：

放大器的极间耦合一般采用变压器耦合、直接耦合和阻容耦合三种方式。变压器耦合由于频带较窄、体积较大，一般不宜采用；而直接耦合由于各级间的静态工作点相互影响，设计复杂，主要用于集成电路设计；故主要采用阻容耦合方式。

2. 组态选择：

在一般情况下，多级放大器包括四个部分：输入级、中间级、末前级和末级。其中末前级和末级属于功放级，这里不讨论。对于输入级常有两种不同要求，一为要求高输入阻抗，则应采用共集电路或其他电路；另一种为弱信号放大，要求输入阻抗匹配，以获最小的噪声系数。则采用共射电路。而中间级是决定放大器放大量的部分，为获得尽可能大的增益，最适宜采用共射电路。

3. 总增益与单级增益：

在多级放大器中，不能孤立地计算每个单级的增益，而必须考虑级与级间的相互影响。在阻容耦情况下，下一级的输入电阻是直接与本级的集电极负载电阻相并联。由于共射电路的输入电阻不大，故每个单级的交流负载电阻就近似地等于下一级的输入电阻。由于多级放大器中每一级的电阻都能满足小于1/hoe的条件，故当负载电阻较小且在一定范围内变动时，各级都能获得最大电流增益，每一级都可看成独立的电流放大器。则，对于n级放大器的总电流增益等于各级的电流增益的乘积：

$K_i(n)=\pm(k_1k_2\cdots kn)(h_{fe1}h_{fe2}\cdots h_{fen})$，其中 k_i 为分流系数，一般取0.5～0.8。

而 n 级放大器的总电压增益 $Ku_{(n)}=\pm K_i(n)R_L/h_{ie}$

4. 总频率特性与单级频率特性：

由于多级放大器级连后的总增益为各级增益之积，故总的幅频特性也为多个单级放大器

的幅频特性相乘,故级连后的通频带是缩小。其上限、下限频率为:

$$f_{H(n)}=\frac{f_{H(1)}}{\sqrt{2^{\frac{1}{n}}-1}} \qquad f_{L(n)}=\frac{f_{L(1)}}{\sqrt{2^{\frac{1}{n}}-1}}$$

5. 直流工作点的选择:

直流工作点的选择,要根据各级在多级放大器中所处的地位,从对该级性能影响大的方面选择工作点。

(1)输入级:对多级小信号放大器的输入级,除增益外还应考虑降低噪声系数和提高输入阻抗,故一般将工作点电流 I_{CQ} 和工作点电压 V_{CEQ} 取低一点。一般 I_{CQ} 取 0.5 mA、V_{CEQ} 取 1~2 V,降低 V_{CEQ} 的方法,最好是增大发射极电阻。

(2)中间级:中间级主要是获得尽可能高的稳定性,直流工作点的选择应保证每一级的晶体管具有较大的 h_{fe},同时直流工作点的稳定性比较高,提高整个增益的稳定性。一般小功率管的 I_{CQ} 取 1~3 mA、V_{CEQ} 取 2~3 V。

6. 防止多级放大器自激问题:

多级放大器产生自激的原因是由于存在某种寄生耦合。一种类型是通过公共电源内阻引起的各级之间的寄生耦合。当这种耦合构成正反馈时,将产生一种低频振荡。其消除方法为在放大器各级加去耦电路;另一种类型是由于放大器的布线和结构不合理引起,这种寄生振荡的频率往往很高,其消除方法是将输出与输入引线远离,或同时将输入级屏蔽等。

7. 电压串联负反馈放大器的基本性能:

(1)负反馈使电压增益下降:$A_{vf}=\dfrac{Av}{1+AvFv}$

式中 Av 为无反馈时的电压增益,$Fv=\dfrac{V_F}{V_O}$ 为反馈系数,可见负反馈使放大器增益下降(1+$AvFv$)倍。

当(1+$AvFv$)≫1 时,则 $A_{vf}\approx\dfrac{1}{F_V}$ 即深度负反馈时放大器增益仅由反馈系数 Fv 决定,而跟三极管无关。

(2)负反馈提高了电压增益的稳定性:$\dfrac{dA_{vf}}{A_{vf}}=\dfrac{dAv}{Av}\cdot\dfrac{1}{1+AvFv}$

我们用电压增益的相对变化量来衡量稳定性,上式表明,负反馈使增益的稳定性提高了(1+$AvFv$)倍。

(3)负反馈展宽了通频带:

上限频率 $f_{hf}=(1+AvFv)f_H$

下限频率 $f_{Lf}=\dfrac{f_L}{1+AvFv}$

通频率 $\Delta f_f=f_{Hf}-f_{Lf}\approx f_{Hf}=(1+AvFv)f_H$

故通频带展宽了(1+$AvFv$)倍。

(4)负反馈使输入阻抗增加,使输出阻抗减小:$R_{if}=R_i(1+AvFv)$

式中 R_1 和 R_{if} 均未考虑偏置电路的电路的影响;$R_{of}=\dfrac{R_O}{1+A_{vo}F_V}$

式中 A_{vo} 是基本放大器不接外加负载 R_L 时电压增益。

8. 两级电压串联负反馈放大器的计算方法:

图1是两级电压串联负反馈的原理电路。为了便于计算，图2画出了该电路在无级间反馈时的基本放大器简化的交流等效电路。

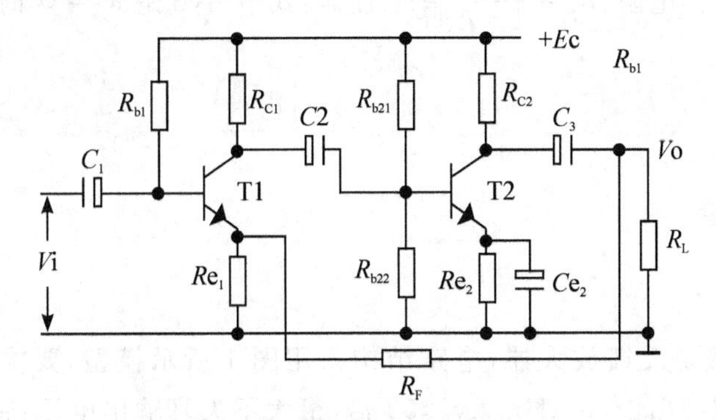

图1　两级电压串联负反馈放大器

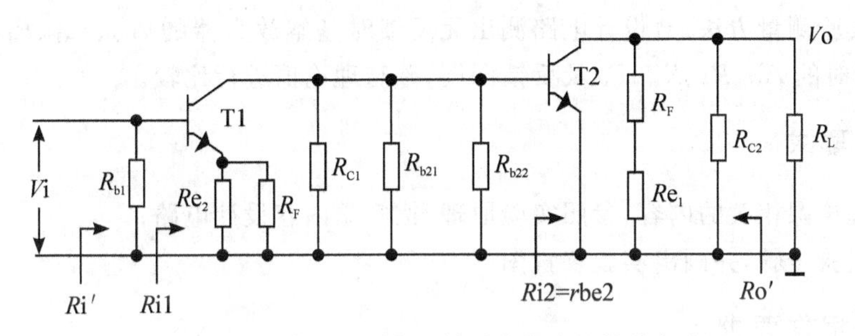

图2　两级电压串联负反馈放电器交流等效电路

根据简化的交流等效电路可求得：

第一级电压放大倍数：$A_{v1}=-\dfrac{\beta_1 R_{L1}}{r_{be}+(1+\beta_1)(R_{01}-R_F)}$

式中 $R_{L1}=R_{c1}/\!/R_{b21}/\!/R_{b22}/\!/r_{be2}$

第二级电压放大倍数：$A_{v2}=-\dfrac{\beta_2 R_{L2}}{r_{be2}}$

式中 $R_{L2}=R_{c2}/\!/(R_F+R_{e1})/\!/R_1$

两级总电压放大倍数：$A_v=A_{v1}\cdot A_{v2}$

反馈系数 $F_v=\dfrac{V_F}{V_O}=\dfrac{R_{e1}}{R_{e1}+R_F}$

则加入级间电压串联负反馈时：$A_{vf}=\dfrac{Av}{1+AvFv}\approx\dfrac{1}{Fv}\approx\dfrac{R_F}{R_{e1}}$

当不接外加负载（$R_L=\infty$）时，第二级电压放大倍数：$A'_{V2}=-\dfrac{\beta_2 R'_{L2}}{r_{be2}}$

式中 $R'_{L2}=R_{c2}/\!/(R_F+R_{e1})$

两级总电压增益：$A_{vo}=A_{v1}\cdot A'_{V2}$

输入电阻：

无反馈时，基本放大器的输入电阻：$R_i=R_{i1}=r_{be1}+(1+\beta_1)(R_{e1}/\!/R_F)$

有负反馈时的输入电阻：$R_{if}=R_i(1+AvFv)$

再考虑偏置电路 R_{b1} 影响时：$R'_{if}=R_{b1}/\!/R_{if}$

输出电阻：

无反馈时基本放大器的输出电阻：$Ro \approx R_{c2} // (R_F + R_{e1})$

有负反馈时的输出电阻：$R_{of} = \frac{R_O}{1 + A_{vo} F_V}$（注意：式中 Avo 是 $R_L = \infty$ 时总电压增益）

三、实验仪器

1. 计算机 1 台
2. EWB 软件 1 套

四、实验内容

1. 设计一个两级负反馈放大器，电路结构采用图 1 所示模型，要求 $R_i \geqslant 10\ \text{k}\Omega$，$Ro \leqslant 3\ \text{k}\Omega$，带宽 $f_L \leqslant 100\ \text{Hz}$，$f_H \geqslant 20\ \text{kHz}$，$Av \geqslant 50$ 倍，最大不失真输出电压：带载时（$R_L = 5.1\ \text{K}$）$V_{O1} \geqslant 1.5\ \text{V}$；

2. 自拟实验测量方法，对设计电路测出无反馈时基本放大器的 A_{vo}、A_{v1}、R_i、R_o 并测出两级串联负反馈时的 A_{vf}、R_{if}、R_{of}、F_v 及反馈深度，并与理论值进行比较。

五、预习要求

1. 复习理论课相关的内容，参照实验原理，按实验内容设计电路；
2. 拟定实验步骤，并画出实验装置图。

六、实验报告要求

1. 画出设计电路，标明元件参数；
2. 将实验数据和结果列成表格，并与设计时的理论计算进行比较，分析讨论实验结果。

实验十六　运算放大器的设计

1. 设计任务：

利用运算放大器设计一个交直流放大器；

2. 设计要求：

(1)输入阻抗 $R_i \geqslant 100\ \mathrm{k\Omega}$。

(2)输出阻抗 $Ro \leqslant 10\ \Omega$。

(3)电压放大倍数 $Av \geqslant 500$。

(4)最大输出电压(峰峰值)$V_{op-p} \geqslant 8$ V。

(5)要求输入信号 V_i 与输出信号 Vo 关系如图 1。

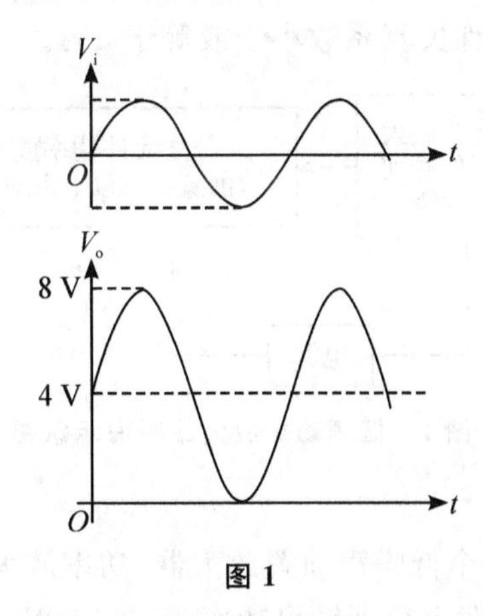

图 1

根据要求画出实验原理图，在 EWB 上搭接电路，测试相关参数，求出输入阻抗 R_i、输出阻抗 R_o、电压放大倍数 Av、最大输出电压(峰峰值)V_o；画出 V_i-V_o 关系图。

实验十七　低频功率放大器的设计

1. 设计任务：

设计一个具有弱信号放大能力的低频功率放大器。其原理示意图如图1所示。

2. 设计要求：

在放大通道的正弦信号输入电压幅度为5～700 mV，等效负载电阻 $R_L=8\ \Omega$ 时，放大应满足：

(1)额定输出功率 $P_0>10$ W。

(2)带宽 $B_W>50\sim10$ kHz。

(3)在 P_0 下的效率>55%。

(4)在 P_0 下和 B_W 内的非线性失真系数小于或等于3%。

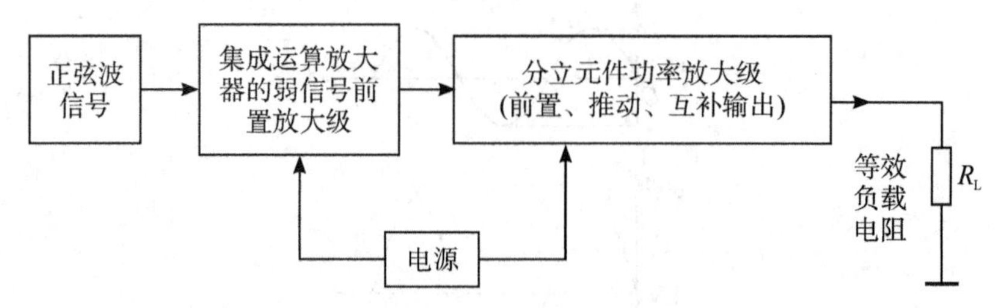

图1　低频功率放大器原理示意图

3. 方案设计：

根据设计要求，需要设计一个低噪声前置放大器、功率放大级主电路。

指标要求在 $R_L=8\ \Omega$ 的负载上得到输出功率 $P_O>10$ W，则输出电压的峰值

$$U_{om}\geqslant\sqrt{2P_O\times R_L}=\sqrt{2\times10\times8}=12.7\text{ V}$$

取输出电压的峰值为13 V。采用OCL电路则电源应大于15 V。

另外，设计要求正弦输入信号幅度为5～700 mV，则放大器总的电压增益

$$A_{Omax}=\frac{13}{5\times10^{-3}}=2.6\times10^{3}(68.3\text{ dB})$$

$$A_{Omin}=\frac{13}{700\times10^{-3}}=18.62(5.4\text{ dB})$$

设功率放大级的增益为20 dB，则前置放大级的增益 $A_{omax}=50$ dB，$A_{omin}=5.4$ dB。

(1)功率放大级的设计：

功率放大级是整个放大器的核心电路，根据指标要求，采用集成功率放大器和分立元件构成的功率放大电路都能实现，此方案中选用分立元件构成的功率放大器。

根据设计要求，输出功率 $P_O>10$ W，且效率>55%，非线性失真系数小于或等于3%，所以采用甲乙类功率输出级。

输出级晶体管的最大耗散功率：

$$P_C = P_o \frac{1-\eta}{\eta} = 10 \times \frac{1-0.55}{0.55} = 8.2\ \text{W}$$

即最大耗散功率应大于 8.2 W。从 EWB 部件箱 TRQNSISTOR 中取出大功率晶体管 BD241 和 BD242 作为输出管满足要求。

推动级及前置放大自己设计选用晶体管。

(2)弱信号前置放大器的设计：

前置放大器选用低噪声集成运算放大器 NE5532。根据最大增益要求大于 50 dB,故采用两级放大,根据对前置放大增益的要求,最大增益和最小增益相差悬殊,此放大器最好做成程控放大器,或者在前置放大器和功率放大器之间增加一级信号衰减电路,此处为了方便,在前置放大器的第一级输出接一可变电阻,根据输入信号大小,调节第二级的输入信号,以控制增益,如图 2 所示。

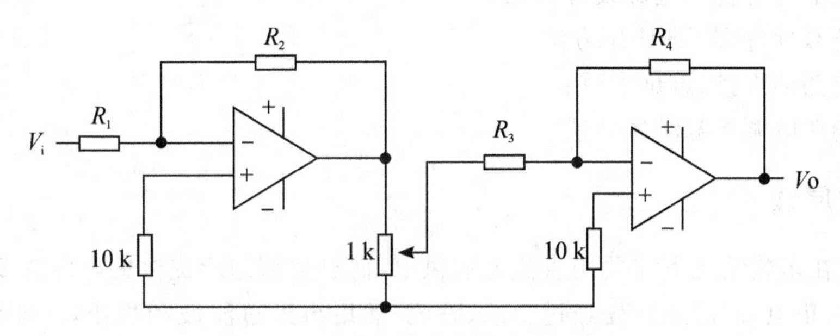

图 2　弱信号前置放大器设计示意图

(3)参数的调试及测试结果。

实验十八　晶体管稳压电源设计

一、实验目的

1. 了解整流,滤波电路的工作原理;
2. 掌握集晶体管稳压电源设计方法;
3. 掌握仿真软件 EWB 使用方法;
4. 掌握电路的焊接、调试方法;
5. 掌握稳压电源参数测试方法。

二、实验原理

电子线路在多数情况下需要用直流电源供电,而电力部门所提供的电源为 50Hz、220V 交流电(通常称为市电)。故应首先经过变压、整流,然后再经过滤波和稳压,才能获得稳定的直流电,直流稳压电源的结构框图如图 1 所示:

市电⟶[变压整流]⟶[滤　波]⟶[稳　压]⟶直流输出

图 1　直流稳压电源的结构框图

1. 变压和整流电路:

市电经过电源变压器降压,达到整流电路所要求的交流电压值。然后再由二极管整流电路将其变换为单向脉动电压。

常用的整流电路如图 2,半波整流(a),全波整流(b)桥式整流(c)等。

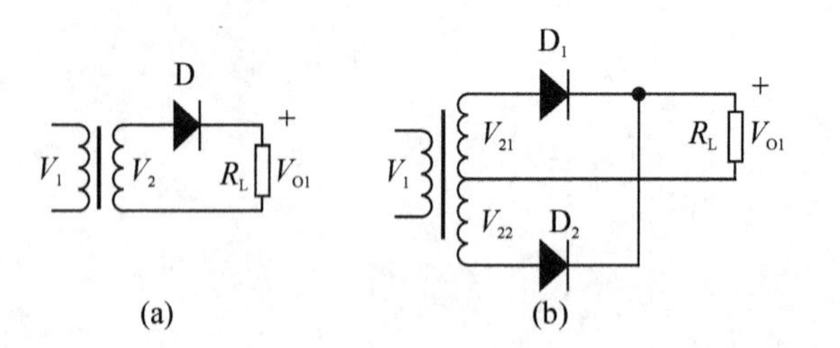

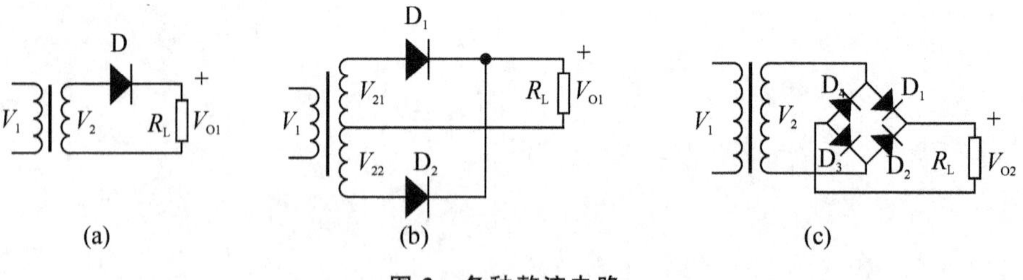

图 2　各种整流电路

目前应用最普遍的是桥式整流电路,其输出电压 Vo 的波形与全波整流相同,如图 3 所示。

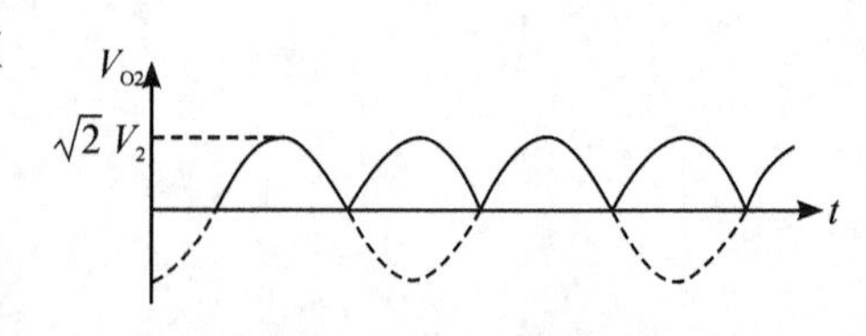

图 3　桥式整流波形

桥式整流电路工作原理:

设变压器副边电压为:$V_2=\sqrt{2}\sin\omega t$ 当 V_2 正半周时,二极管 D1、D3 导通;负半周时,D2、D4 导通,因而在负载上将得到全波整流波形 Vo_2。当忽略二极管的正向压降时,对于这个波形,可用傅立叶级数表达如下:

$$V_{O2}=\sqrt{2}V_2\left(\frac{2}{\pi}-\frac{4}{3\pi}\cos2\omega t-\frac{4}{15\pi}\cos4\omega t+\cdots\right)$$

式中 V_2 是变压器副边交流电压有效值。$\omega=2\pi f$，f 为市电频率。傅立叶级数第一项为平均直流成份，即：$\overline{V_{O2}}=\frac{2}{\pi}\sqrt{2}V_2\approx0.9V_2$

傅立叶级数的第二项 2ω 是最低的谐波频率，常称为基波，基波成分幅值 $\widetilde{V}_{dm}$ 最大，为：$\widetilde{V}_{dm}=\frac{4}{3\pi}\sqrt{2}V_2$

由于其他高次谐波幅值较小，通常我们只考虑基波成分而舍弃幅值较小的高次谐波。基波成分幅值 $\widetilde{V}_{dm}$ 与平均直流成分 $\overline{V_{O2}}$ 之比，定义为电压脉动系数 S_1，即：$S_1\frac{\widetilde{V}_{dm}}{\overline{V_{O2}}}=\frac{2}{3}\approx0.67$ 脉动系数是衡量整流输出波形平滑程度的一个重要指标。由上述分析可知：桥式整流输出电压中，交流成分仍占据相当大的比重，因而必须把整流输出中的交流成分滤去；为此，需在整流电路后面连接一个低通滤波电路。

2. 滤波电路：

实用滤波电路的形式很多，如电容滤波、阻容滤波、电感滤波以及电感、电容滤波等。

电容滤波是小功率整流电路中应用最为广泛的一种滤波器。如图 4(a)所示，在负载电阻 R_L 上并联一只大电容后，即构成了电容滤波。图 4(b)是电容滤波后的输出电压 V_{O2} 的波形。

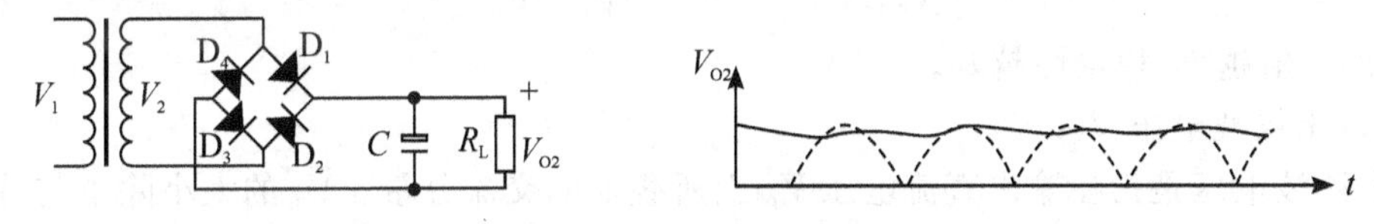

图 4　阻容滤波电路及波形

由于电容放电时间常数 $\tau=R_LC$ 通常较大，所以负载两端输出电压 V_{O2} 的脉动情况比接入电容前明显改善，且平均直流成分也有所提高。

显然，R_LC 越大，V_{O2} 波形的脉动将越小，而直流 V_{O2} 将越大。当 $R_LC\to\infty$ 或 R_L 开路时，V_O $\sqrt{2}V_2$；而 $R_LC\to0$ 或 C 开路时，$V_{O2}=0.9V_2$。工程上，一般按公式选择 $R_LC=(3\sim5)T/2$(市电 $T=20$ ms)，工程上常按：$V_{O1}\approx1.2V_2$ 的关系估算电容滤波器输出直流电压的大小。

3. 串联型晶体管稳压电路框图：

晶体管串联型稳压电源的组成框图如图 5 所示；220 V 交流市电经变压、整流、滤波后得到的脉动直流电压 V_i，它随市电的变化或直流负载的变化而变化，所以，V_i 是不稳定的直流电压。为此，必须增加稳压电路。稳压电路由取样电路、比较电路、基准电压和调整元件等部分组成。

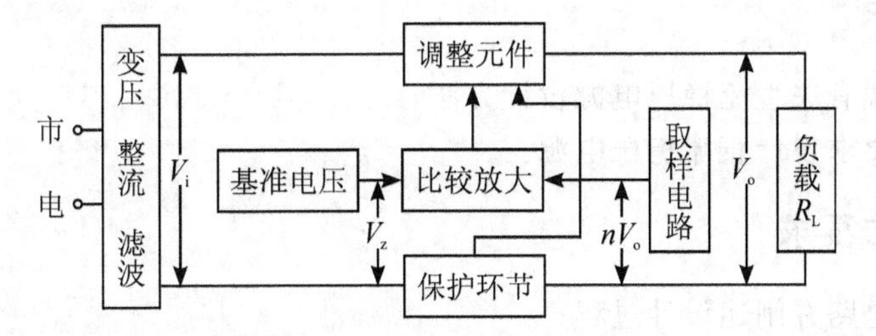

图 5　串联型晶体管稳压电路框图

4. 稳压电路的工作原理：

当输出电压 V_o 发生变化时，取样电路取出部分电压 nV_o，加到比较放大器上与基准电压进行比较放大，通过控制调整元件，调节调整元件上的压降，使 V_o 作相反的变化，从而达到使输出电压 V_o 基本稳定。

5. 稳压电源的主要技术指标：

(1)输出电压 V_o：$V_o \approx \frac{V_z}{n}$式中，$V_z$ 为基准电压，n 为取样电路分压比，一旦稳压管的 V_z 选定后，只要改变 n 就可调节输出电压 V_o；

(2)输出最大电流 I_{omax}：

稳压器最大允许输出电流的大小，主要取决于调整管的最大允许电流 I_{CM} 和功耗 P_{CM}。

要保证稳压器正常工作，必须满足：$I_{omax} \leqslant I_{CM}$ 和 $I_{omax}(V_i - V_o) \leqslant P_{CM}$

(3)输出电阻 Ro：输出电阻表示负载变化时，输出电压维持稳定输出电压的能力。R_o 定义为输入电压不变是，输出电压变化量 ΔV_o 和输出电流变化量 ΔI_o 之比，即：

$$R_o \frac{\Delta V_o}{\Delta I_o} V$$

(4)稳压系数 S：

稳压系数 S 表示输入电压 V_i 变化时，输出电压 V_o 维持稳定的能力。S 定义为负载 R_L 保持不变时，输出电压 V_o 的相对变化量与输入电压 V_i 相对变化量之比，即：

$$S = \frac{\Delta V_o / V_i}{\Delta V_i / V_i} | R_{L不变} = \frac{\Delta V_o}{\Delta V_i} \cdot \frac{V_i}{V_o} | R_{L不变}$$

显然，S 值越小，稳定性越好。

(5)输出纹波电压 $\tilde{V}_o$：

输出纹波电压是指在输出直流电压 V_o 上所叠加的交流分量。$\tilde{V}_o$ 的大小除了与滤波电容有关外，还与稳压系数 S 有关。

为了提高稳压性能，主要措施是提高放大器的增益。一般可选用 β 较大的晶体管。

三、设计要求

1. 输出电压 $V_o = 6 \sim 12$ V
2. 最大允许输出电流 $I_{omax} = 2$ A
3. 输出电阻 $R_o \leqslant 0.4\ \Omega$
4. 稳压系数 $S \leqslant 8 \times 10^{-2}$
5. 输出纹波电压 $\tilde{V}_o \leqslant 10$ mV(当 $I_o = 2$ A)
6. 具有限流保护功能，输出短路电流 > 2 A

四、预习要求

1. 复习并查找有关直流稳压电源设计方法；
2. 根据设计要求设计直流稳压电源。

五、实验报告要求

1. 画出设计电路并阐述设计过程；
2. 画出测量参数装置图，列表整理测量参数；
3. 写出实验心得。

数字电路部分

1000011010101

数字电路实验须知

一、常用仪器设备

数字电路最基本的实验设备是双踪示波器、脉冲信号发生器(TTL 信号)、万用表、直流稳压电源和逻辑实验箱。

二、实验布线技巧

在实验箱上安装数字电路,实际上是一个器件布局和布线问题。实践证明,实验中发生的故障 70%为布线不慎造成;元器件合理的布局、布线整齐而清晰的排列,接触点良好而可靠,是数字电路实验成功的前提。

1. 标明集成电路型号及管脚号:

根据实验电路图(逻辑图一般不标明电源和地线)和所用芯片,在逻辑图上标明所用芯片型号及管脚号。

2. 正确插置元器件:

在面包板上插入双列直插式集成电路时,要认清方向,切勿倒插。要使集成电路每个引脚对准插孔,轻轻用力按下,要特别防止个别引脚弯曲而造成故障隐患。集成电路的引脚标准排列顺序如图 1 所示,以左边缺口或以型号正方向作定位标志,从左下脚开始,逆时针数引脚号,大多数集成电路左上角为电源引脚,右下脚为接地引脚,如图 1(a);有少部分为非标准,如图 1(b),接线时应注意。

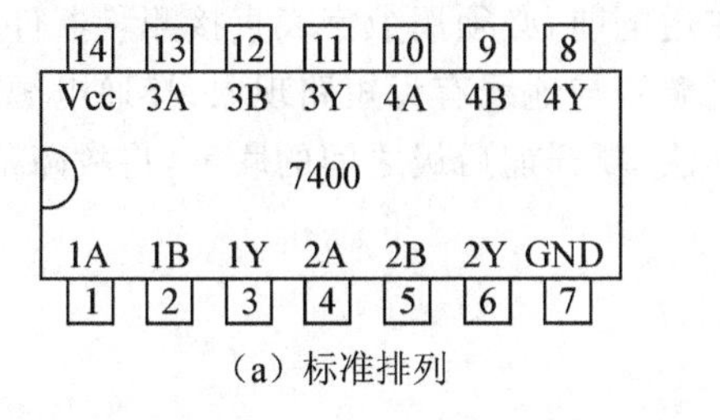

(a) 标准排列

(b) 非标准排列

图 1 集成电路引脚排列

拔取器件时,应采用专用 U 型夹或用小螺丝刀对起芯片的两头,不允许用手硬拔,以免损坏器件引脚。

3. 布线技巧:

布线基本要求是整齐、清晰、可靠、便于查找故障和更换器件。

(1)电源(地)线:电源和地线一般接在面包板的电源插排区,便于公用。当条件允许,最好用红色线作正电源引线,黑色线作为地线(逻辑图中,电源线一般不会标出,但在搭接电路时,芯片的电源一定要接上,否则电路的逻辑功能不能实现)。

(2)按信号流向自左向右或自下而上布线,将操作元件(开关)置于下方,显示器件置于上方。

(3)布线应贴近底板表面,在芯片周围走线,尽量不要覆盖不用的插孔,避免将导线跨越芯片上空。

(4)振荡电路宜布置于电路一角,以免对其他信号(尤其弱信号)的干扰。

(5)布线顺序:布线时应先接电源和地线,再接固定不变的输入线(如异步置"0"、置"1"端,预置端等),最后按信号流向连接输入、输出线和控制线。当条件允许,最好用颜色区分导线不同用途。

(6)布线检查:布线检查最好在布线过程中,边布线边检查(特别是线路复杂,连线多时更要如此)。查线时应用万用表直接测量引脚之间的通或断。

三、调试和排除故障

1. 调试:

调试数字电路的方法一般分为静态测试和动态测试两种。静态测试是指在输入端设置固定电平,用数字表或显示器件观测输出端的高、低电平是否符合逻辑功能要求。动态测试法是指在输入端加上连续脉冲,用示波器观测输出波形与输入波形的同步关系,检查电路的逻辑功能。

调试一般应逐级进行,即先单元电路后系统联调。

2. 故障排除:

如果电路设计正确,而在调试过程中出现问题,不能达到预定的逻辑功能,则必然存在故障。一般地说,电路或系统的输出响应失常即存在故障。常见的故障为:

(1)布线错误:如错接、漏接、碰线、断线等这类故障几乎占实验电路的绝大部分;

(2)电源电压的数值或极性不对,电源线、地线(包括测量仪器的地线)连接不好;

(3)元器件使用不当或损坏;

(4)电路设计错误。

上述故障中,布线错误是最经常发生,因此在通电前,必须用数字表直接测量器件的引脚;接入电源前,应检查电源电压数值及极性,检查电源线与地线有无短路现象;接通电源后,若出现故障,应先根据现象判断故障范围,采用隔离办法,断开前后级之间的联系,将故障范围缩小到最小范围,使问题得以暴露而迅速解决。

实验一　数字电路实验基础

一、实验目的

1. 熟悉多功能实验箱的使用方法；
2. 初步掌握双踪示波器、函数信号发生器及数字万用表的使用方法；
3. 掌握双踪示波器观察多个相关信号的方法。

二、实验原理

如果要动态观察双输入端与非门的逻辑关系，如图 1(a)所示，图中输入端 A 若加 TTL 信号，而 B 输入端加 A 的二分频信号，则输出 Y 与 A、B 之间的工作波形如图 1(b)所示；如何用双踪示波器正确地观察 A、B、Y 的波形呢？

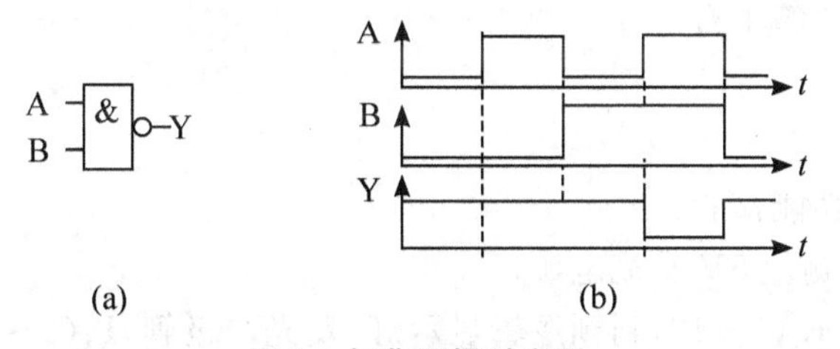

图 1　与非逻辑时序图

由于双踪示波器每次只能观测两个波形，要把三个波形之间正确的相位关系描绘出来，就必须恰当地选取“触发信号”。

如果第一次同时观测 A、B 信号，选取 A 信号作为内“+”触发(即双踪示波器内部产生的扫描信号起点由 A 信号的上升沿决定)，则 A 信号的每一个上升沿均有可能被选作扫描的起始时刻，那么 B 信号的起始时刻将随 A 信号的不同上升沿而改变，因而，对 B 信号而言，其起始时刻将不能确定。当第二次同时观察 A、Y 信号时，仍选 A 信号作为内“+”触发，同理，对 Y 信号来说，其起始时刻也是不确定的。这样画出来的 B、Y 信号波形的相位关系可能发生移动，导致分析出来的 Y 与 A、B 信号间的关系不符合与非关系。

如果第一次同时观测 A、B 信号时，选择 B 信号作为内“+”触发，则在 A 的两个周期内，B 信号只有一个上升沿被选作扫描的起始时刻，那么，B 信号的起始时刻是确定的，

A 信号的起始时刻也就确定了。当第二次同时观测 B、Y 信号时，仍选 B 信号作为内“+”触发，同理 B、Y 信号的波形起始时刻也是确定的，这样画出来的 A、B、Y 信号相位关系就不会发生移动，它们之间的逻辑关系才能符合与非逻辑关系。

综上所述，B 信号的边沿最少(其周期等于系统周期)。扫描的起始时刻最少(一个系统周期内只有一个)。故在观察波形时不会产生信号间的相位移动。因此，若要观测三个或三个以上的相关波形时，必须选择其中边沿数最少的信号作为触发信号，才能准确无误地画出各个波

形之间的时序关系。但是，在内触发情况下，每一次观察都必须固定用一通道观察触发信号，使示波器测试笔不能随意同时观察其他相关信号(无法选择边沿最少信号作触发)，不利波形的描绘。因此，通常采用外触发方式，即把边沿最少的信号作为外触发信号(该信号不在示波器显示)，这样，示波器的两根测试笔就可以随意观测所要观测的信号，因为这时已固定用边沿最少的信号作为触发信号，增加了观测的灵活性，并能准确无误地画出各个波形之间的时序关系。

为了快速准确画出多个信号之间的时序，在选好外触发信号下，通常选择边沿最多的信号作为参照信号，即固定用示波器的一个通道观测边沿最多信号，另一通道分别观测其他信号，便于通过比较，其他信号对应于参照信号的哪个边沿、第几个周期发生变化。同时，为准确画出它们间的关系，示波器最好从扫描起点观察，以免观测时移动出错。

在观测波形时，应合理选择“时基扫描时间”，保证观察触发信号一个周期以上，以免观察波形不完整。

三、实验仪器

1. 示波器 1 台
2. 函数信号发生器 1 台
3. 数字万用表 1 台
4. 多功能电路实验箱 1 台

四、实验内容

1. 多功能实验箱功能检验：

(1)用数字万用表测量 5V 直流电源；

(2)连接逻辑开关 K_i(1～12)到到逻辑显示灯(发光二极管)L_i(5～16)，拨动开关，观察发光管的显示情况(有异常报告老师)；

(3)用导线连接 4 个逻辑开关到数码管的(高位)DCBA(低位)，同时连接 GND 端到实验箱电源的 GND 端；拨动开关，观察数码管显示情况，写出输入代码与输出数码关系表；

(4)连接单脉冲信号 P＋、P－到逻辑显示灯 L_5，按动 P，观察发光管亮灭，了解单脉冲信号的工作情况。

2. 多个相关波形观测：

(1)按图 2 搭接电路；

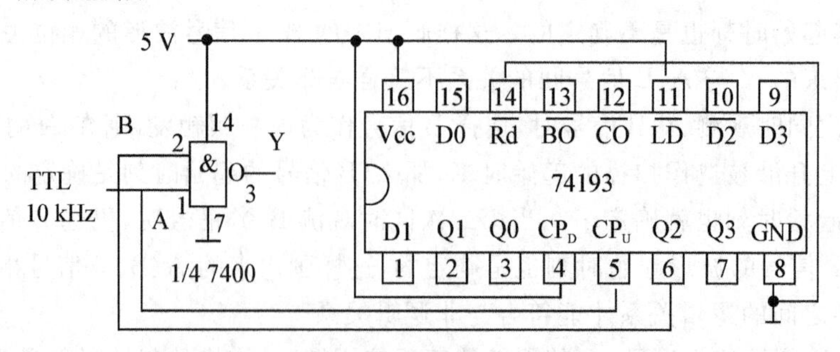

图 2 多个相关信号观测图

(2)信号发生器输出 TTL 信号(f=10 kHz)，作为输入信号 A，信号 B 是 A 信号经 74193

八分频输出的信号；

(3)用双踪示波器观测 A、B、Y 的工作波形：

①选 A 作为内“－”触发；

②选 B 作为内“－”触发；

③选 B 作为外“－”触发。

比较三种不同触发方式所观测的波形有何不同，画出用 B 作为外“－”触发时的工作波形。

五、预习要求

1. 认真阅读实验仪器的使用要求，了解各种仪器的性能及使用方法；
2. 了解示波器观测多个波形时，触发信号选择原则。

六、实验报告要求

1. 总结逻辑箱操作面板的功能；
2. 画出图 2 观测波形，说明示波器触发信号选择原则。

实验二　TTL 与非门电路参数测试

一、实验目的

1. 了解 TTL 与非门参数的物理意义；
2. 掌握 TTL 与非门参数的测试方法；
3. 了解 TTL 与非门的逻辑功能。

二、实验原理

TTL 门电路是一类功能齐全的逻辑电路，其参数可查阅有关参数手册；本实验介绍 TTL 与非门常用参数测试。

7400 是 TTL 型中速二输入端四与非门。图 1 为其内部电路原理图和管脚排列图。

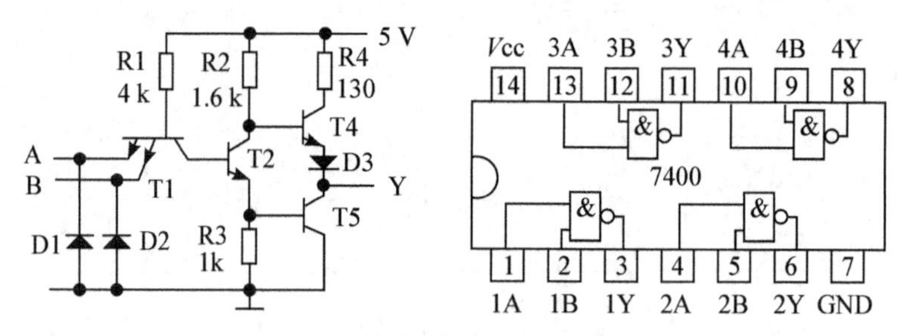

图 1　TTL 内部原理图　管脚排列图

1. 与非门参数：

(1)输入短路电流 I_{IS}：

与非门某输入端接地(其他输入端悬空)时，该输入端流入地的电流。

(2)输入高电平电流 I_{IH}：

与非门某输入端接 Vcc(5 V)，其他输入端悬空或接 Vcc 时，流入该输入端的电流。

TTL 与非门输入特性如图 2 所示：

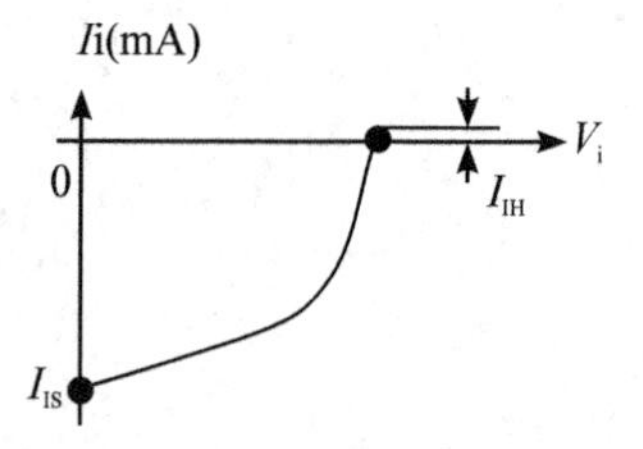

图 2　TTL 与非门输入特性

(3)开门电平 V_{ON}：

使输出端维持低电平 V_{OL} 所需的最小输入高电平，通常以 $V_O=0.4$ V 时的 Vi 定义。

(4)关门电平 V_{OFF}：

使输出端保持高电平 V_{OH} 所允许的最大输入低电平，通常以 $V_o=0.9V_{OH}$ 时的 V_i 定义。

阈值电平 V_T：$V_T=(V_{OFF}+V_{ON})/2$

(5)开门电阻 R_{ON}：

某输入端对地接入电阻(其他悬空)，使输出端维持低电平(通常以 $V_O=0.4$ V)所需的最小电阻值。

(6)关门电阻 R_{OFF}：

某输入端对地接入电阻(其他悬空)，使输出端保持高电平 V_{OH}(通常以 $V_O=0.9V_{OH}$)所允许的最大电阻值。

TTL与非门输入端的电阻负载特性曲线如图3所示：

(7)输出低电平负载电流 I_{OL}：输出保持低电平 $V_O=0.4$ V时允许的最大灌流(如图4)。

(8)输出高电平负载电流 I_{OH}：输出保持高电平 $V_O=0.9V_{OH}$时允许最大拉流(如图5)。

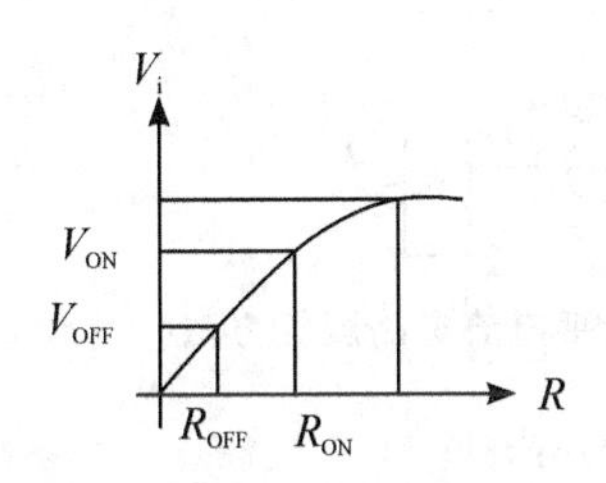

图3　TTL与非门输入电阻特性

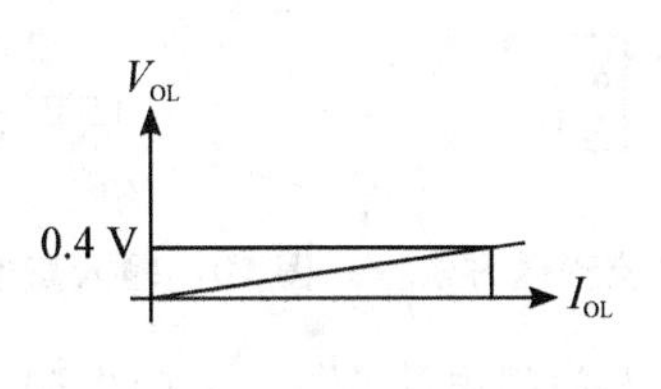

图4　TTL输出低电平特性

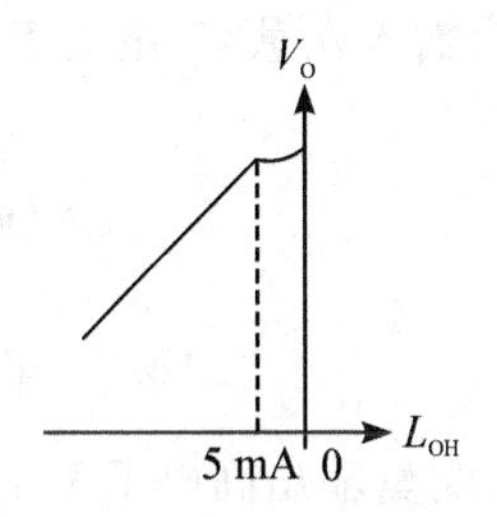

图5　TTL输出高电平特性

(9)平均传输延迟时间 tpd：

开通延迟时间 t_{OFF}：输入正跳变上升到1.5 V相对输出负跳变下降到1.5 V的时间间隔；关闭延迟时间 t_{ON}：输入负跳变下降到1.5 V相对输出正跳变上升到1.5 V的时间间隔；平均传输延迟时间：开通延迟时间与关闭延迟时间的算术平均值，$tpd=(t_{ON}+t_{OFF})/2$。

TTL与非门延迟时间示意图如图6所示：

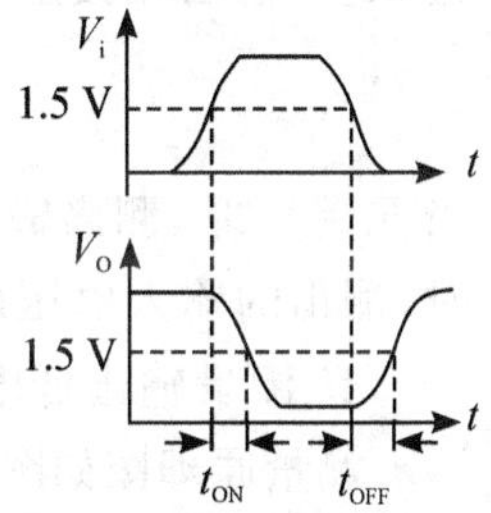

图6　TTL与非门传输延迟时间示意图

2. 与非门电压传输特性：

与非门的电压传输特性是输出电压Vo随输入电压Vi变化的曲线如图7所示：

3. TTL与非门的逻辑特性：

与非门的逻辑特性是：输入有低，输出为高；输入全高，输出为低。

与非门的逻辑特性，既可以用真值表(如表1)表示，也可以用工作波形(如图8)表示。

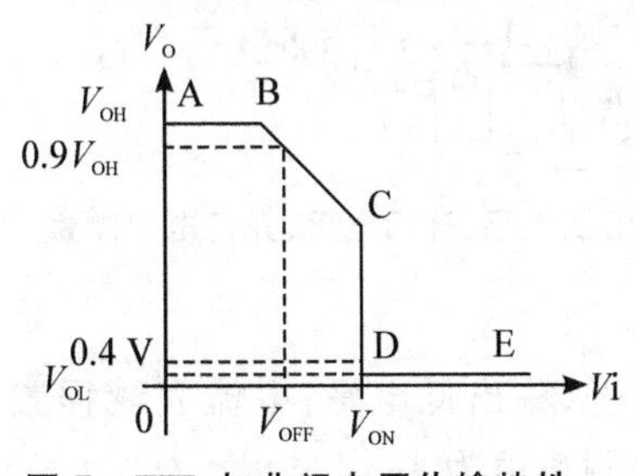

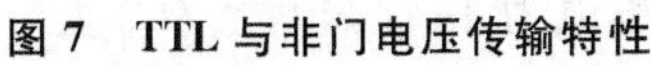

图7　TTL与非门电压传输特性

表1

A	B	Y
0	×	1
×	0	1
1	1	0

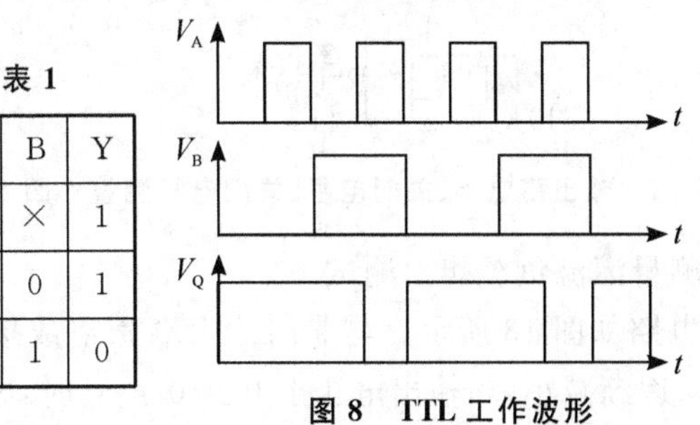

图8　TTL工作波形

三、实验仪器

1. 示波器1台
2. 函数信号发生器1台
3. 数字万用表1台
4. 多功能电路实验箱1台

四、实验内容

1. 测量输入短路电流：

测量原理图如图 9 所示，测量方法是：将与非门的每个输入端依次经过电流表接地，电流表的读数为 I_{IS}。

2. 测量输入高电平电流：

测量原理图如图 10 所示，测量方法是：将与非门的每个输入端依次经过电流表接 5 V 电源，其余输入端悬空，电流表的读数为 I_{IH}。

图 9 短路电流测量方法　　图 10 输入高电平电流电路测量方法

3. 测量输出高电平 V_{OH}、输入关门电平 V_{OFF}、关门电阻 R_{OFF}：

测量原理图如图 11 所示，测量方法是：将任一输入端接 $R_w=10$ k 电位器到地，其余输入端悬空，输出端接上规定的模拟负载 R_L（当扇出系数为 10，要求 $V_{OH}=3.6$ V），则下拉电阻为：

$$R_L=\frac{V_{OH}}{2N\cdot I_{IH}}=\frac{3.6}{2\times10\times50\ \mu A}=3.6\ K$$

当 $R_w=0$ 时，测出输出端电压 V_{OH}；若电位器阻值从零逐渐增大，输出电压下降为 V_{OH} 的 90% 时，测出的输入电压即为关门电平 V_{OFF}，此时电位器阻值即为关门电阻 R_{OFF}。

4. 测量输出低电平 V_{OL}、输入开门电平 V_{ON}、开门电阻 R_{ON}：

测量原理图如图 12 所示。测量方法是：将任一输入端接 $R_w=10$ k 电位器到地，其余输入端悬空，输出端接上规定的模拟负载 R_L（当扇出系数为 10，要求 $V_{OL}=0.4$ V），则上拉电阻为：

$$R_L=\frac{V_{OL}}{N\cdot I_{IL}}=\frac{0.4}{10\times1\ mA}\approx390\ \Omega$$

当 $R_w=10$ k 时，测出输出端电压 V_{OL}；若电位器阻值从 10 k 逐渐减小，当输出电压上升为 0.4 V，测出的输入电压即为开门电平 V_{ON}，此时的电位器阻值即为开门电阻 R_{ON}。

图 11 输出高电平、关门电平、关门电阻测量　图 12 输出低电平、开门电平、开门电阻测量

5*. 测量灌流负载能力测试：

实验电路如图 13 所示。与非门输入端悬空或接高电平，输出低电平；电流表量程置 200 mA 将 Rw 逐渐减小，当输出电压上升到 0.4 V 时，电流表测量值为 I_{OL}。

6*. 测量拉流负载能力测试：

实验电路如图 14 所示。与非门输入端接地，输出高电平；电流表量程置 20 mA，将 Rw 逐渐减小，当输出电压下降到 $0.9V_{OH}$时，电流表测量值为 I_{OH}。

表 1 TTL 参数

参数	I_{IS}	I_{IH}	V_{OH}	V_{OL}	V_{ON}	V_{OFF}	R_{ON}	R_{OFF}	I_{OH}	I_{OL}	t_{pd}
测量值											

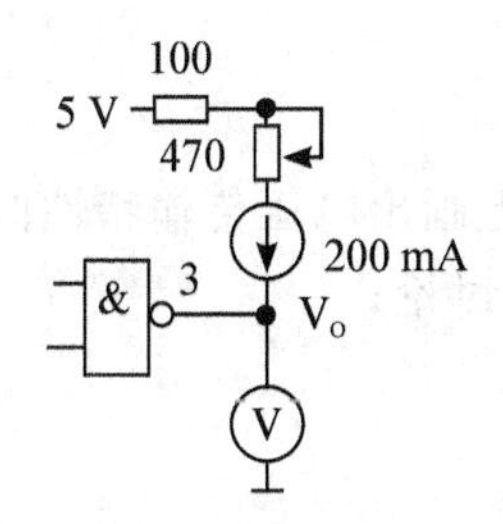

图13　TTL灌流负载能力测量

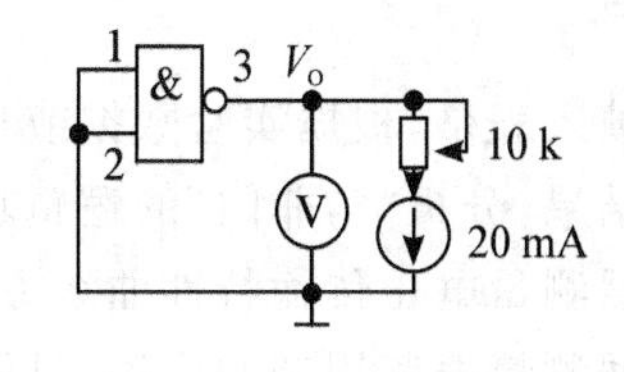

图14　TTL拉流负载能力测量图

7. 测量电压传输特性曲线：

(1)逐点测量方法：测量原理图如图15所示。测量方法是旋动电位器Rw，使门电路的输入电压 V_i 从0值逐渐增加，同时由电压表读出Vo值，测出若干点，填入表2，需要注意的是在输出电压从高电平变为低电平的过度时刻取点要密一些。

表2　电压传输特性曲线逐点测量

V_i											
Vo											

(2)示波器测量方法：测量原理图如图16所示，输入正弦波信号 V_i（f=200Hz，V_{iP-P}=5V、V_{IL}=0 V)，示波器置X－Y扫描。同时，X(CH1)、Y(CH2)置DC耦合，观测并定量画出与非门电压传输特性曲线，用示波器比较法测量 V_{OH}，V_{OL}，V_{OFF}，V_{ON}。并与前面电压表测量数据相比较。

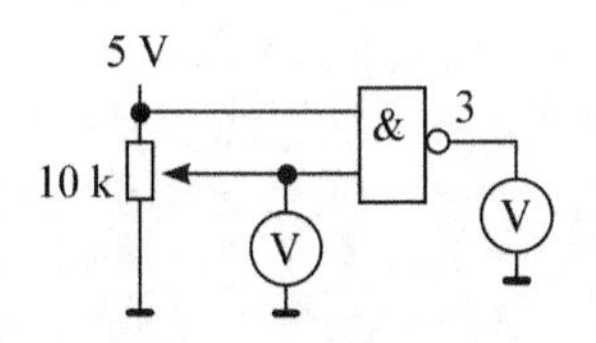

图15　电压传输曲线逐点测量

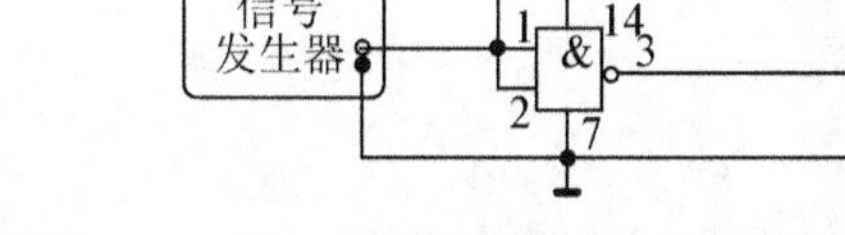

图16　电压传输曲线示波器测量

表3　电压传输特性曲线参数

参数	V_{OH}	V_{OL}	V_{ON}	V_{OFF}
测量值				

8. 平均传输延迟时间的测量：

测量电路如图17所示。三个与非门首尾相接便构成环形振荡器，用示波器观测输出振荡波形，并测出振荡周期T，计算出平均传输延迟时间 $t_{pd}=T/6$。

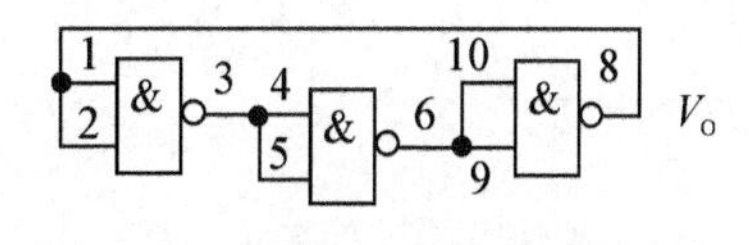

图17　传输延迟时间测量

五、实验预习要求

1. 了解TTL“与非门”的电路原理、逻辑功能及外型结构、引脚；
2. 了解TTL“与非门”的各个参数的物理意义及测试原理；
3. 掌握示波器测量电压传输特性曲线方法；
4. 了解用示波器测量传输延迟时间方法。

六、实验报告

1. 实验数据填入表格，根据实验数据或从示波器上画出电压传输特性曲线；
2. 比较实验结果，分析“与非门”的逻辑功能，并作讨论；
3. 归纳示波器测量电压传输特性曲线方法；
4. 讨论示波器测量振荡周期的应用范围及优缺点。

实验三　CMOS 门电路测试及 TTL 与 CMOS 接口设计

一、实验目的

1. 了解 CMOS 门电路参数的物理意义；
2. 掌握 CMOS 门电路功能测试方法；
3. 学会 CMOS 门电路电路外特性的测试；
4. 比较 CMOS 门和 TTL 门的特点及接口电路设计。

二、实验原理

CMOS 门电路是另一类常用的标准数字集成电路，4000 系列芯片具有较宽的电源电压范围，在＋3 V～＋18 V 都能正常工作。其输入、输出结构均采用单极型三极管结构，凡 CMOS 电路特性均具有 CMOS 门电路相同的特性。

CD4011 是 CMOS 二输入端四与非门。图 1 是它的内部电路原理图和管脚排列图。

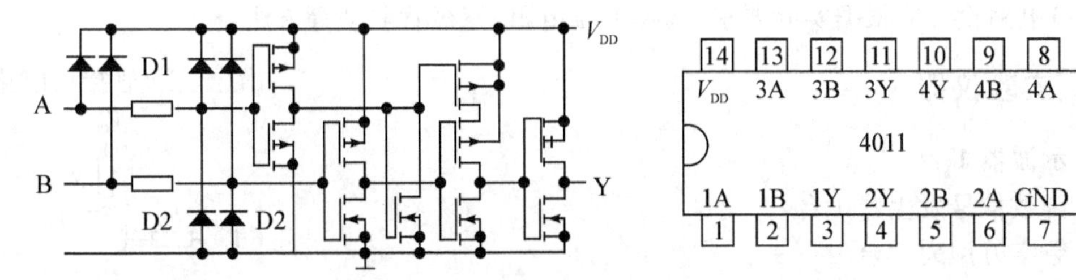

图 1　CMOS 内部原理图　管脚排列图

1. CMOS 门电路的主要参数：

(1)CMOS 门电路的逻辑高、低电平值与 TTL 门电路不同，通常高电平 V_{OH} 为 V_{DD}，低电平 V_{OL} 为 0 V。

(2)由于 CMOS 门电路输入端具有保护电路和输入缓冲，而输入缓冲为 CMOS 反相器，为电压控制器件，故当输入信号介于 0～V_{DD} 时，$I_i=0$。多余输入端不允许悬空。

(3)输出低电平负载电流 I_{OL}：使输出保持低电平 $V_O=0.05$ V 时允许的最大灌流。

(4)输出高电平负载电流 I_{OH}：使输出保持高电平 $V_O=0.9V_{OH}$ 时允许的最大拉流。

(5)平均传输延迟时间 t_{pd}：同 TTL 门电路定义相同(见实验二)。

2. CMOS 门电路的电压传输特性：

CMOS 与非门的电压传输特性是描述输出电压 V_o 随输入电压 V_i 变化的曲线，如图 2 所示。从 V_i～V_o 曲线中形象地显示出 V_{OH}、V_{OL}、V_T 之间的关系。

3. TTL 电路与 CMOS 电路的接口设计：

由于 TTL 与 CMOS 电路均有门类齐全的标准集成电路。但由于 CMOS 电路具有静态功耗低、电源电压范围宽而 TTL 电路具有输出带载能力强、工作速度快等优点；因而在数字系统设计中，经常采用核心逻辑用 CMOS 而在输出中采用 TTL 电路，显然，在设计中，不可避免地存在 TTL 与 MOS 电路之间的接口问题，接口电路示意图如图 3 所示。

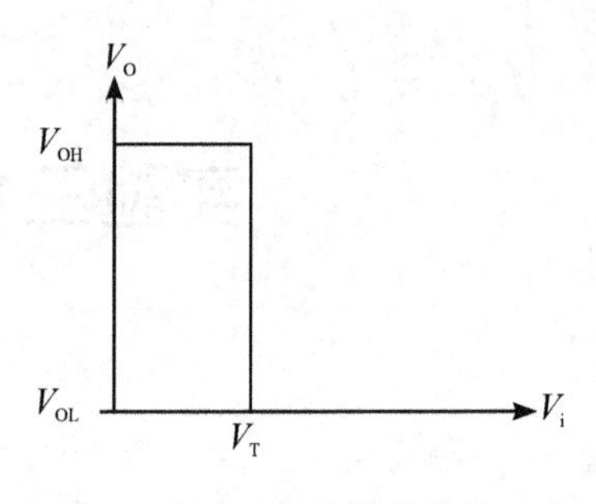

图 2　CMOS 电压传输特性

1)接口条件：

驱动门　　负载门

$V_{OH}(\min) \geqslant V_{IH}(\min)$

$V_{OL}(\max) \leqslant V_{IL}(\max)$

$I_{OH}(\max) \geqslant nI_{IH}(\max)$

$I_{OL}(\max) \leqslant mI_{IL}(\max)$

2)接口电路示意图：

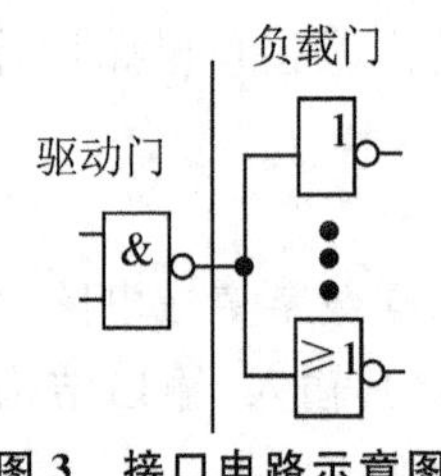

图 3　接口电路示意图

3)接口电路设计方法：

接口电路设计应根据实际要求，选择上拉电阻、三极管驱动等方法。

三、实验仪器

附：三极管接口电路模型

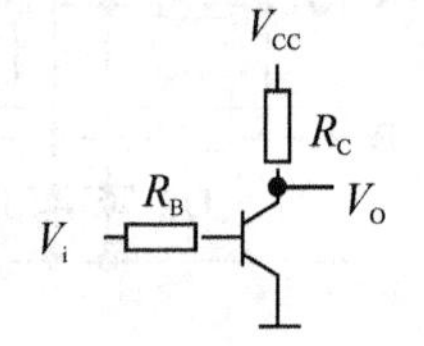

图 4　三极管接口电路模型

1. 示波器 1 台
2. 函数信号发生器 1 台
3. 数字万用表 1 台
4. 多功能电路实验箱 1 台

四、实验内容

1. 测量 CD4011 逻辑功能：

测量原理如图 5 所示。在 A、B 两端加不同的逻辑电平，用电压表测量相应的输出端 Y，将结果列成真值表(CMOS 门电路多余输入端不允许悬空)(表 1)。

2*. 测量灌流负载能力测试：

实验电路如图 6 所示。与非门输入端悬空或接高电平，输出低电平；电流表量程置 20 mA，将 Rw 逐渐减小，当输出电压上升到 0.05 V 时，电流表测量值为 I_{OL}。

3*. 测量拉流负载能力测试：

实验电路如图 7 所示。与非门输入端接地，输出高电平；电流表量程置 20 mA，将 Rw 逐渐减小，当输出电压下降到 $0.9V_{OH}$ 时，流表测量值为 I_{OH}。

4. 平均传输延迟时间的测量：

测量电路如图 8 所示。三个与非门首尾相接便构成环形振荡器，用示波器观测输出振荡波形，并测出振荡周期 T，计算出平均传输延迟时间 $t_{pd}=T/6$。

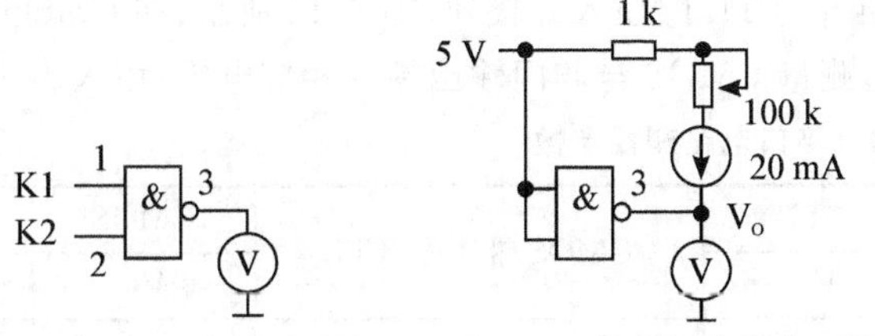

图 5　CD4011 功能测试　图 6　CMOS 灌流负载能力测量　　图 7　CMOS 拉流负载能力测量图

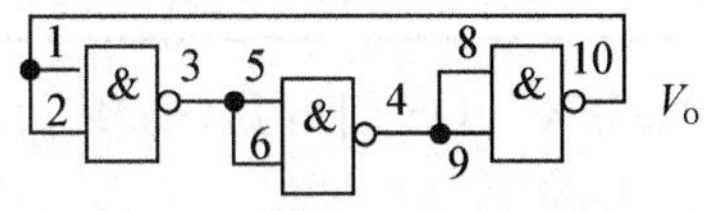

图 8　传输延迟时间测量

表 1　CMOS 参数

参数	V_{OH}	V_{OL}	I_{OH}	I_{OL}	t_{pd}
测量值					

5. 测量电压传输特性曲线：

1)测量原理图如图 9 所示。测量方法是旋动电位器 R_w，使门电路的输入电压 V_i 从 0 值逐渐增加，同时由电压表读出 Vo 值，测出若干点，填入表 2，需要注意的是在输出电压从高电平变为低电平的过度时刻取点要密一些。

表 2　电压传输特性曲线逐点测量

Vi										
Vo										

2)示波器测量方法：测量原理图如图 10 所示。输入正弦波信号 V_i($f=200$ Hz，$V_{iP-P}=5$ V、$V_{IL}=0$ V)，示波器置 X－Y 扫描。同时，X(CH1)、Y(CH2)置 DC 耦合，观测并画出与非门电压特性曲线，用示波器比较法测量 V_{OH}，V_{OL}。并与电压表测量数据相比较。表 3 为电压传输特征曲线参数表。

表 3　电压传输特性曲线参数

参数	V_{OH}	V_{OL}	V_T
测量值			

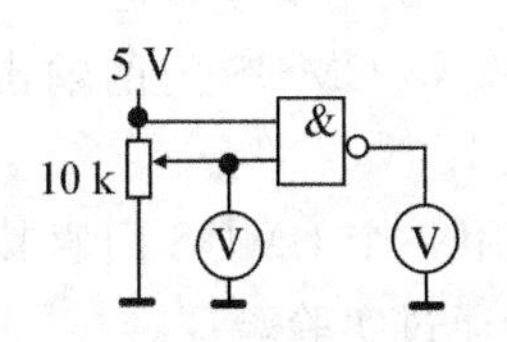

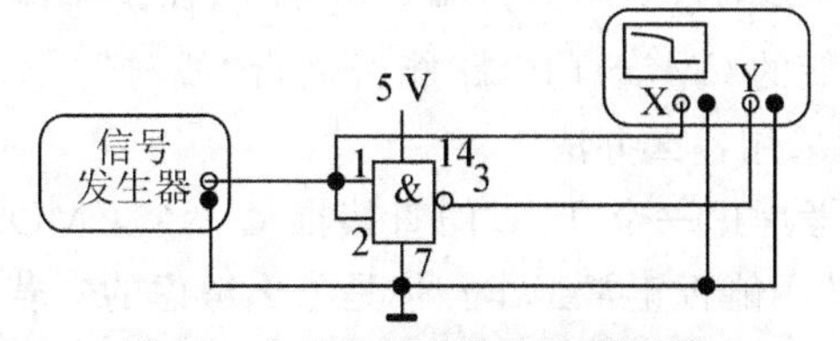

图 9　电压传输曲线逐点测量　　图 10　电压传输曲线示波器测量

6. 观测 CMOS 门电路(CD4011)带 TTL 门电路(74LS00)负载(当电源电压均为 5 V 时)的情况：

(1)当 CMOS 门带一个 TTL 门时；CMOS 门输入端分别为高电平(5 V)或低电平(0 V)时，测量 CMOS 与非门输出端电平。

(2)当 CMOS 输出带四个 TTL 门(四个 TTL 门输入并接)时如图 11 所示；在 CMOS 输入端分别输入高电平(5 V)或低电平(0 V)时，测量 CMOS 与非门输出端的相应电平，填入表 4。

表 4　接口电路测量参数

CMOS 带 1 个 TTL		CMOS	TTL	CMOS 带 4 个 TTL		CMOS	TTL
		V_O	V_O			V_O	V_O
V_{IL}	0 V			V_{IL}	0 V		
V_{IH}	5 V			V_{IH}	5 V		

7. 观测 TTL 门电路(74LS00)带 CMOS 门电路(CD4011)负载(当电源电压分别为 5 V、12 V)的情况：

测量电路如图 12，在 A 端加入 TTL 信号(f=10 kHz)，用示波及器观察记录 A、B、D 各点的波形，试说明此电路有何问题？试在 B、C 之间利用三极管设计一接口电路，使输出 D 的波形与输入 A 反相。(三极管 9011 参数：β=100、V_{BES}=0.7 V、V_{CES}=0.2 V、I_{CM}=30 mA)。

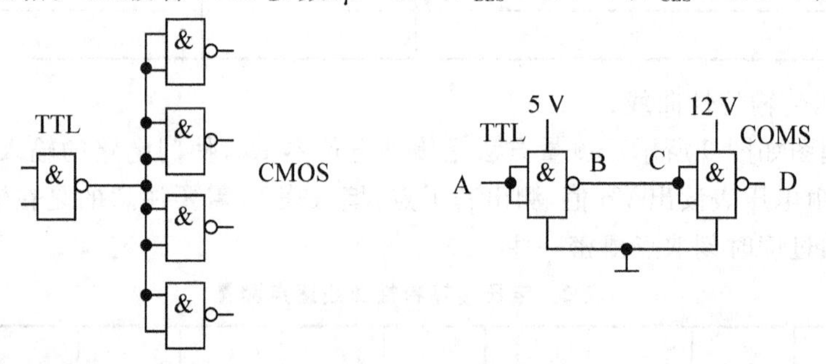

图 11　CMOS 输出带四个 TTL 门　　　　图 12　TTL 带 CMOS 门

8. 若要使 D 与 A 同相，最简电路应如何设计？

五、实验预习要求

1. CMOS 电路多余输入端在使用时不允许悬空，其理由是什么？试通过实验测定 CMOS 门悬空端的电平值，分析所测值是否正确？

2. 若将 CMOS 门 CD4001 芯片的 A 端按下列各种情况连接：

(1)接 $+V_{DD}$；(2)接 GND；(3)经 1 M 电阻接地；(4)经 510 Ω 电阻接地；(5)经 100 k 电阻接 $+V_{DD}$。

用电压表测定另一输入端 B 电压值，你认为各应为多少伏？试用实验验证。

3. 一般的 CMOS 门电路能否进行“线与”？为什么？若要将 CMOS 门的输出进行逻辑与，你认为采用什么办法？

4. 若考虑用一个 TTL 门直接推动一个 CMOS 门，或者用一个 CMOS 门直接推动一个 TTL 门，试问能否正常工作？你是怎么考虑的？若有条件，请通过实验验证。

5. 说明图 12 电路输出波形原因？

六、实验报告

1. 实验数据填入表格，根据实验数据或从示波器上画出电压传输特性曲线；

2. 按实验步骤 7 设计接口电路；

3. 按步骤 8 设计最简电路。

实验四　基本逻辑门的研究

一、实验目的

1. 熟悉各种门电路的逻辑功能；

2. 掌握数字逻辑实验电路的连接方法和检测手段，学会识别各种集成逻辑门的管脚序号和门电路多余输入端的处理方法；

3. 学会基本逻辑门之间的变换方法；

4. 了解总线结构的工作原理。

二、实验原理

1. 基本逻辑门电路：

常用的基本逻辑门电路有“与门”、“或门”、“非门”、“与非门”、“或非门”、“异或门”“与或非门”等集成电路；但在实际逻辑设计中，为便于设计电路的统一及现有的芯片，常常需要将设计后的逻辑表达式变换为同一种类型。常用的表达式之间的转换为：

(1)与或式转换为与非式：

方法：两次求反，一次反演(反演时将乘积项看成因子)。

(2)与或式化为与或非式：

方法：

①先将函数变换为反函数，并求反函数的最简与或式；

②在反函数最简与或式下，求其反即得原函数的与或非式，此方法在设计电路中应用较广，容易从真值表中直接得到反函数表达式。

(3)与或式化为或非式：

方法：

①利用上述方法求出函数的与或非式；

②在与或非式的每一乘积项取两次反，并取其中一次反演。

2. 集电极开路门(OC 门)：

(1)集电极开路门简介：

集电极开路门，简称 OC 门，是为了解决普通 TTL 门存在输出端不能并接、输出电平固定，不能驱动大电流、大电压负载而产生的一类特殊门电路。

74LS01 是具有集电极开路的双输入端与非门，图 1 是其内部电路原理图和管脚排列图。

(2)集电极开路门外接电阻选择：

由于 OC 门输出端集电极开路，在使用 OC 门时应外接上拉电阻 R，以确保输出高电平；

上拉电阻的选择，必须满足负载电路所需的高、低电平要求及 OC 门的参数限制：当 OC 门带多个 TTL 门时如图 2 所示，上拉电阻可按下式选择：

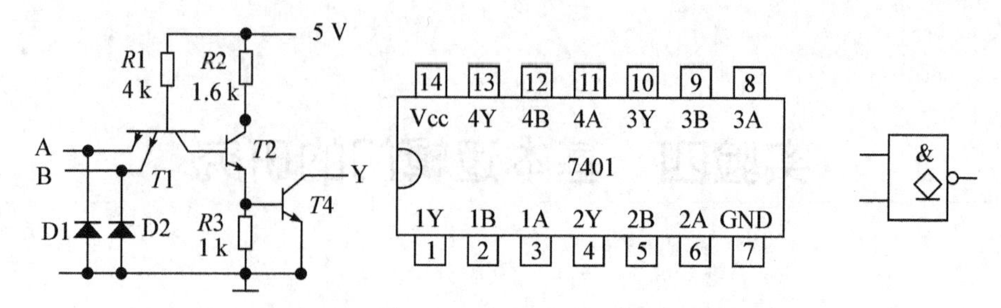

图 1 74LS01 集电极开路门内部电路及管脚图、逻辑符号

$$\frac{Vcc-V_{OLmax}}{I_{OLmax}-m\cdot I_{IL}}\leqslant R\leqslant\frac{Vcc-V_{OHmin}}{n\cdot I_{CEO}+m'\cdot I_{IH}}$$

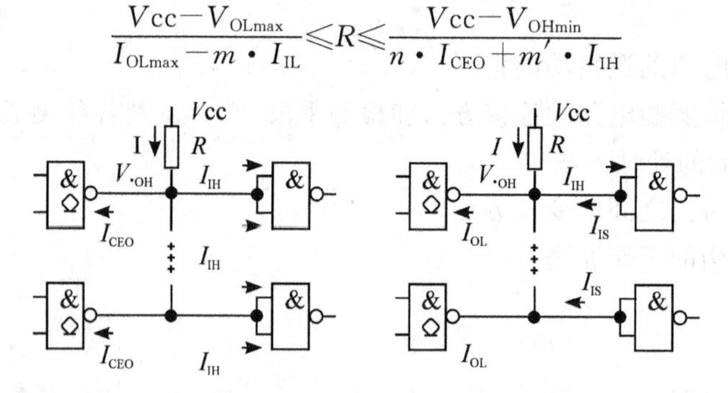

图 2 OC 门上拉电阻选择示意图

其中:Vcc:外接电源电压值;　　I_{CEO}:OC 门输出三极管截止时的漏电流;

n:输出并接的 OC 门个数;　　m:TTL 负载门输入短路电流个数;

m'各负载门接 OC 门输出端的输入端总和。

R 值的大小将影响输出波形的转换时间,当工作频率较高时,R 应选接近最小值。

(3)集电极开路门的应用:

①实现电平转换:通过选择外加电源和上拉电阻,满足负载需求。如图 3 所示:

②利用电路的“线与特性”,能方便地实现某些特定的逻辑功能。如图 4 所示:

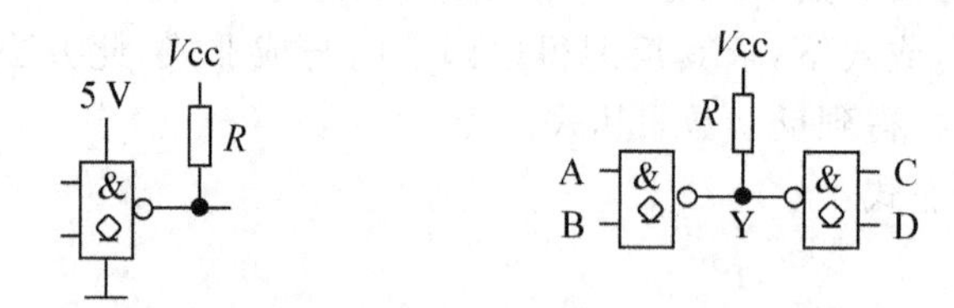

图 3 OC 门实现电平转换　图 4 OC 门实现线与

3. 三态传输缓冲门:

(1)三态门简介:

三态门,简称 TSL 门,是在普通门电路基础上,附加使能($\overline{EN}$)控制端和控制电路构成,其除通常输出的高、低电平外,还具有第三种输出状态——高阻态。以实现多路信号公用一个传输通道(总线)传输,节省硬件资源。

74LS125 是四位三态缓冲门,图 5 是其内部原理图及管脚图、逻辑符号。

(2)三态缓冲器的应用:

三态缓冲器主要用途是实现总线传输。总线传输的方式为:

①单向总线传输:利用相互排斥信号控制三态门的使能端,实现信号分时向总线传送;如

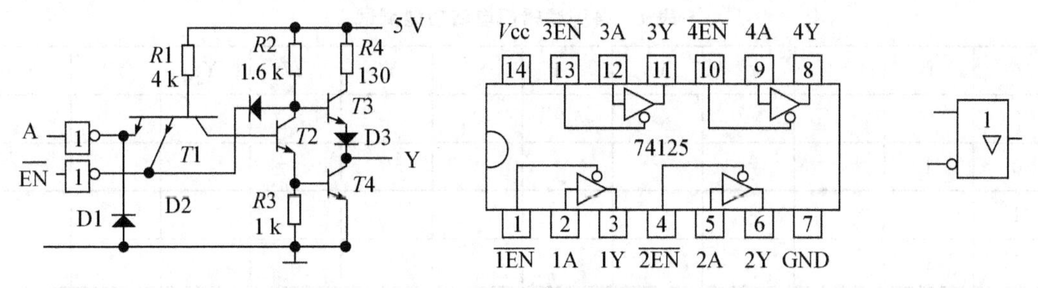

图 5　74125 三态缓冲门内部电路及管脚图、逻辑符号

图 6 所示：

②双向总线传输：利用相互排斥有效的使能端接受控制信号，实现电路和总线双向信号传送；如图 7 所示：

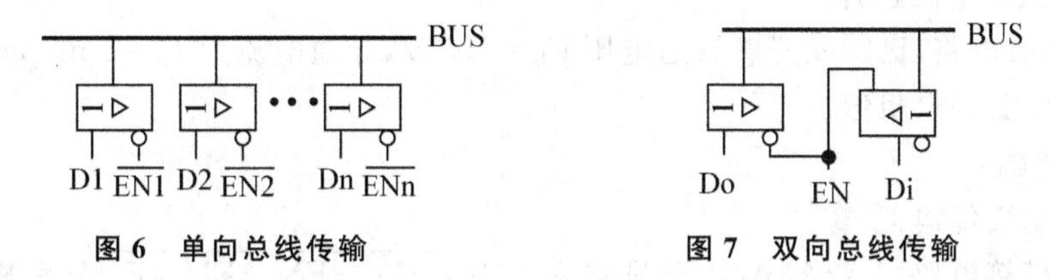

图 6　单向总线传输　　图 7　双向总线传输

三、实验仪器

1. 数字万用表 1 台
2. 多功能电路实验箱 1 台

四、实验内容

1. 集成逻辑门功能测试：

将被测门电路插在多孔插座板上，缺口标记朝左，然后将电源线、地线、输入线、输出线按规定接到指定的管脚，经检查无误后接通电源进行测试，输入端的低电平“0”和高电平“1”用逻辑开关提供，输出端可用逻辑指示灯或万用表显示。逻辑指示灯亮表示高电平“1”，逻辑指示灯不亮表示低电平“0”。

(1)按图 8 选择对应的门电路，输入端接入不同电平，记录其相应的输出电平，填入表 1，列成真值表，由真值表判断被测门的逻辑功能，并写出其逻辑功能表达式；

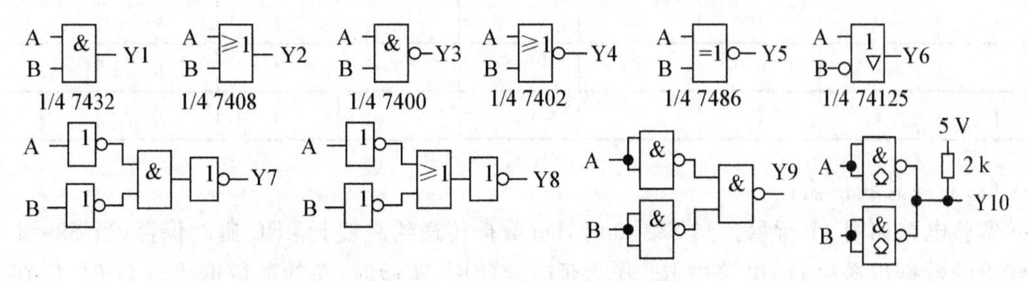

图 8　各种逻辑门电路功能测试

表 1　各种逻辑门电路功能测试

A	B	Y1	Y2	Y3	Y4	Y5	Y6	Y7	Y8	Y9	Y10
0	0										
0	1										
1	0										
1	1										

(2)表达式：

根据真值表写出 Y5、Y7 的逻辑表达式，并将 Y5 分别变换为与非、或非表达式，通过实验填写真值表，检查所变换的表达式逻辑功能是否一致。

2. OC 门上拉电阻选择：

按图 9 搭接电路，已知发光管导通电压 $V_D = 1.5\ V$，导通电流为 $I_D = 1\ mA$，试设计使发光管亮时，电路所需的电阻值。

3. 数据传输：

(1)单向总线传输：

按图 10 搭接电路，1A2A3A4A 分别输入 1010，$\overline{1EN}$、$\overline{2EN}$、$\overline{3EN}$、$\overline{4EN}$分别输入有效电平(不能同时有效)，输出接指示灯，观察总线输出记录在表 2。

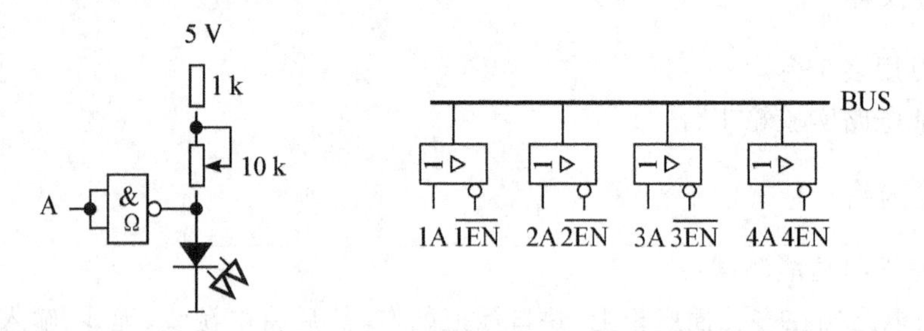

图 9　OC 门上拉电阻选择测试　　　　图 10　单向总线传输测试

表 2　单向总线传输测试

$\overline{1EN}$	$\overline{2EN}$	$\overline{3EN}$	$\overline{4EN}$	1A	2A	3A	4A	Y
0	1	1	1	1	0	1	0	
1	0	1	1	1	0	1	0	
1	1	0	1	1	0	1	0	
1	1	1	0	1	0	1	0	

(2)双向总线传输：

实验电路如图 11 所示。当 $S9=0$ 时，Do 数据传送给总线，经 RC 延时保存；当 $S9=1$ 时，总线上的数据传送给 D_i；电路中 RC 作为延时线使用；实验时，总线的数据传送 D_i 时，应在 RC 延时时间范围内，否则，数据将丢失(见表 3)。

表 3　双向总线传输测试

$\overline{EN}$使能端	输入	输出	
	D0	L3	L4
S9＝“1”	0		
S9＝“0”			
S9＝“1”	1		
S9＝“0”			

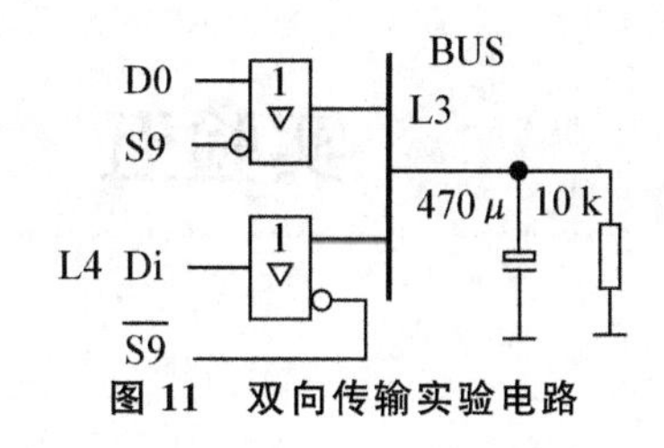

图 11　双向传输实验电路

五、预习要求

1. 复习有关逻辑门、OC 门和三态门原理及应用；
2. 掌握逻辑门之间的相互转换及测试原理；
3. 画出实验电路并拟定记录表格。

六、实验报告要求

1. 画出实验电路及测量线路图；
2. 实验数据及波形记录；
3. 分析实验结果。

七、思考题：

1. TTL 门电路中多余输入端该如何处理？如不进行处理(悬空)将产生什么后果？
2. 在三态门构成的总线传输电路中，为什么各个$\overline{EN}$不能同时为“0”？

实验五　编码译码及显示

一、实验目的

1. 了解编码、译码及数码显示器的工作原理；
2. 掌握组合逻辑电路的实验分析方法。

二、实验原理

编码、译码电路是数字系统中常用的逻辑器件；将文字、数字、符号、状态、指令等编制为对应的二进制代码称为编码；用来完成编码工作的数字电路称为编码器。对于 2^n 个状态，可用 n 位二进制码来表示，故编码器常称为 2^n 线～n 线编码器。

译码是编码的逆过程，将多位二进制代码的原意“翻译”出来的过程称为译码；用来完成译码工作的数字电路称为译码器。对于 n 位二进制代码，可翻译出 2^n 个状态，故译码器常称为 n 线～2^n 线译码器。

1. 编码器：

对于特殊需要的编码器可用 SSI 器件设计，也可用标准的 MSI 器件设计实现。常见的标准 MSI 器件有：二进制编码器；二～十进制(BCD)编码器及普通相互排斥编码器和优先编码器；对于不同的需要，编码器还具有入“0”、入“1”有效和出“0”、出“1”有效选择。

编码器除了用于编码之外，还可根据需要，作为一些特殊逻辑关系的实现。

八线～三线相互排斥编码器的真值表如表 1：

表 1

十进制数	输入								输出		
	I7	I6	I5	I4	I3	I2	I1	I0	Y2	Y1	Y0
0	0	0	0	0	0	0	0	1	0	0	0
1	0	0	0	0	0	0	1	0	0	0	1
2	0	0	0	0	0	1	0	0	0	1	0
3	0	0	0	0	1	0	0	0	0	1	1
4	0	0	0	1	0	0	0	0	1	0	0
5	0	0	1	0	0	0	0	0	1	0	1
6	0	1	0	0	0	0	0	0	1	1	0
7	1	0	0	0	0	0	0	0	1	1	1
	其他								×	×	×

由于输入相互排斥，除 0～7 行外，其他组合无效，视为任意态，故由真值表可写出逻辑函数表达式为：根据表达式可画出用与非门实现的编码器逻辑电路如图 1。

$$Y2=I4+I5+I6+I7=\overline{\overline{I4}\cdot\overline{I5}\cdot\overline{I6}\cdot\overline{I7}}$$

$$Y1=I2+I3+I6+I7=\overline{\overline{I2}\cdot\overline{I3}\cdot\overline{I6}\cdot\overline{I7}}$$

$$Y0=I1+I3+I5+I7=\overline{\overline{I1}\cdot\overline{I3}\cdot\overline{I5}\cdot\overline{I7}}$$

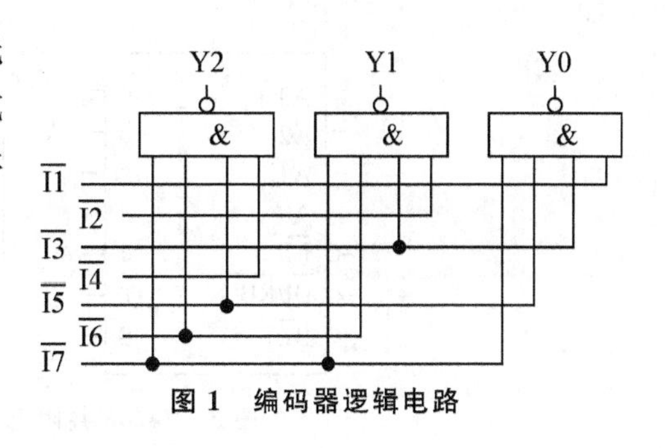

图 1　编码器逻辑电路

2. 译码器：

对于简单需要的译码可用 SSI 器件设计，如：计数器编程等；也可选用标准 MSI 器件设计实现。常用的标准 MSI 器件为：变量译码器（三线～八线、四线～十六线译码器等）、二～十进制译码器（四线～十线译码器或称 BCD 译码器）、七段字型译码器、地址译码器。对于不同的需要，译码器还具有出“0”、出“1”有效选择。

译码器除了用于译码之外，还可根据需要，配合 SSI 器件，实现任何逻辑函数。

(1)74LS138（三线～八线译码器）：其惯用符号及管脚图如图 2 所示，表 2 为其功能表：

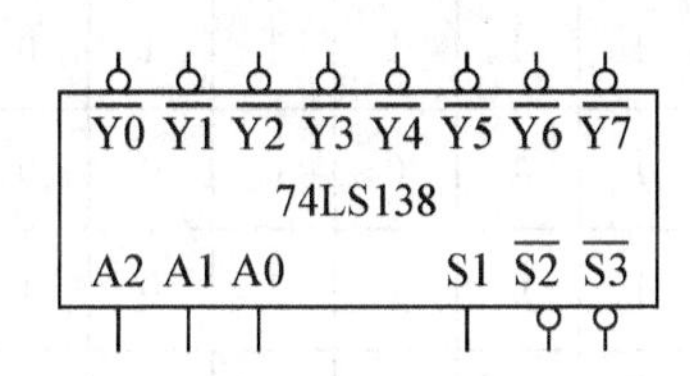

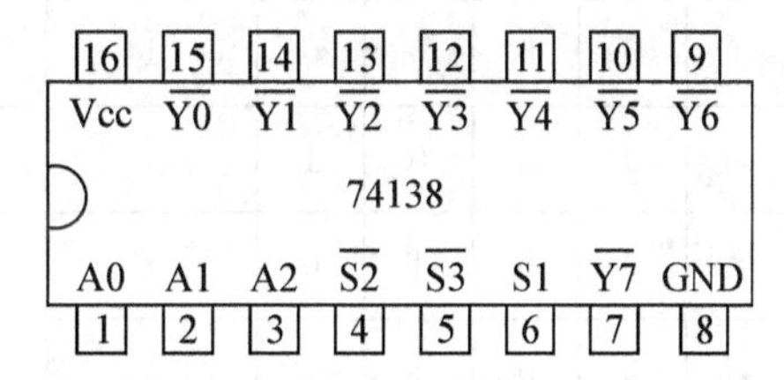

图 2　74LS138 三线～八线译码器惯用符号及管脚图

表 2　74LS138 功能表

输入					输出							
S1	$\overline{S2}+\overline{S2}$	A2	A1	A0	$\overline{Y0}$	$\overline{Y1}$	$\overline{Y2}$	$\overline{Y3}$	$\overline{Y4}$	$\overline{Y5}$	$\overline{Y6}$	$\overline{Y7}$
0	×	×	×	×	1	1	1	1	1	1	1	1
×	1	×	×	×	1	1	1	1	1	1	1	1
1	0	0	0	0	0	1	1	1	1	1	1	1
1	0	0	0	1	1	0	1	1	1	1	1	1
1	0	0	1	0	1	1	0	1	1	1	1	1
1	0	0	1	1	1	1	1	0	1	1	1	1
1	0	1	0	0	1	1	1	1	0	1	1	1
1	0	1	0	1	1	1	1	1	1	0	1	1
1	0	1	1	0	1	1	1	1	1	1	0	1
1	0	1	1	1	1	1	1	1	1	1	1	0

(2)74248 为共阴七段数码译码器：其惯用符号及管脚图如图 3 所示，表 3 为其功能表：

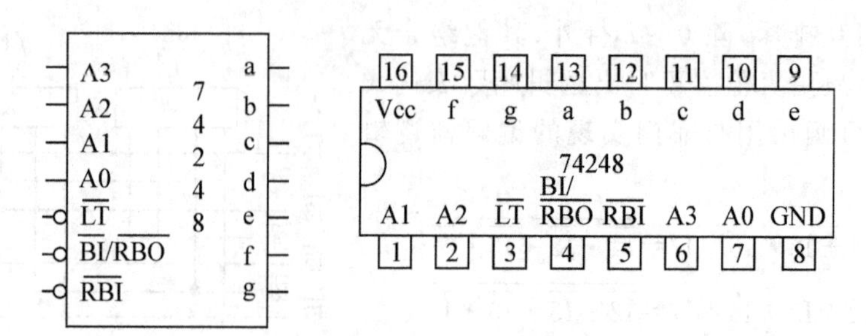

图 3 74248 共阴七段数码译码器惯用符号及管脚图

表 3 74248 功能表

输入							输出								
数字	$\overline{LT}$	$\overline{RBI}$	A3	A2	A1	A0	BI/RBO	Ya	Y_b	Yc	Y_d	Ye	Y_f	Yg	字型
灭灯	×	×	×	×	×	×	0(输入)	0	0	0	0	0	0	0	
试灯	0	×	×	×	×	×	1	1	1	1	1	1	1	1	
灭零	1	0	×	×	×	×	0	0	0	0	0	0	0	0	
0	1	1	0	0	0	0	1	1	1	1	1	1	1	0	
1	1	×	0	0	0	1	1	0	1	1	0	0	0	0	
2	1	×	0	0	1	0	1	1	1	0	1	1	0	1	
3	1	×	0	0	1	1	1	1	1	1	1	0	0	1	
4	1	×	0	1	0	0	1	0	1	1	0	0	1	1	
5	1		0	1	0	1	1	1	0	1	1	0	1	1	
6	1		0	1	1	0	1	0	0	1	1	1	1	1	
7	1		0	1	1	1	1	1	1	1	0	0	0	0	
8	1		1	0	0	0	1	1	1	1	1	1	1	1	
9	1		1	0	0	1	1	1	1	1	0	0	1	1	
10	1		1	0	1	0	1	0	0	0	1	1	0	1	
11	1		1	0	1	1	1	0	0	1	1	0	0	1	
12	1		1	1	0	0	1	0	1	0	0	0	1	1	
13	1		1	1	0	1	1	1	0	0	1	0	1	1	
14	1		1	1	1	0	1	0	0	0	1	1	1	1	
15	1	×	1	1	1	1	1	0	0	0	0	0	0	0	灭

3. 显示器件：

(1)发光二极管(LED)

发光二极管为小型的固体显示器件，其利用注入式场致发光现象，把电能转换为可见光(光能)的特殊半导体器件，其结构和半导体二极管相同；其最大特点为工作电压低、寿命长、体积小、重量轻、响应快等，还可由 TTL、CMOS 电路直接驱动，应用广泛。

不同的半导体材料构成的发光二极管，其颜色不同，常见的有红、黄、绿、橙等颜色。

发光二极管的符号如图 4 所示，其导通电压约为 1.6～2 V，反向电压比一般二极管低，约 4～5V，发光二极管导通后，电流急剧增加，故需用限流电阻以防止损坏。

(2)LED 数字显示器

一个发光管只是一个发光单元，用其构成数字显示器件时，需用若干个 LED 按照数字显示要求集合组成图案，形成 LED 数字显示器。对于显示 0～9 十个数字，常见的为型显示器件，其分为共阴和共阳两种类型。如图 5 所示：

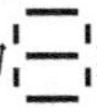

组合逻辑电路的实验分析方法：

组合逻辑电路的实验分析方法，即按逻辑电路，选择芯片，按照芯片管脚在逻辑图上标明，搭接电路；在相应的输入端加上不同的逻辑电平，通过显示器件或电压表测出相应的输出电平，列出真值表，通过真值表说明电路功能。

图 4　发光二极管符号

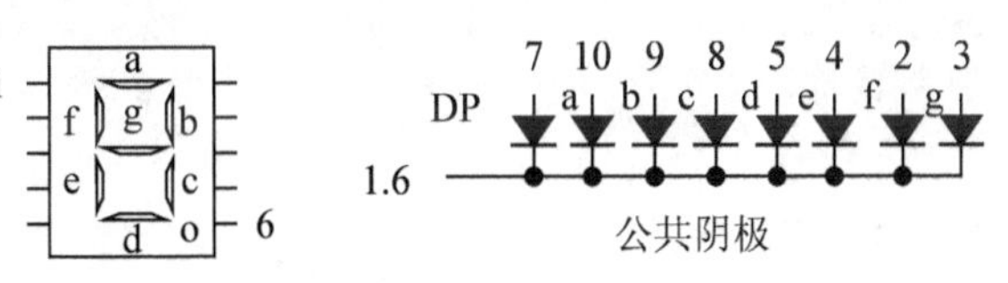

图 5　共阴 LED 数字显示器

三、实验仪器

1. 多功能电路实验箱 1 台
2. 数字万用表 1 台

四、实验内容

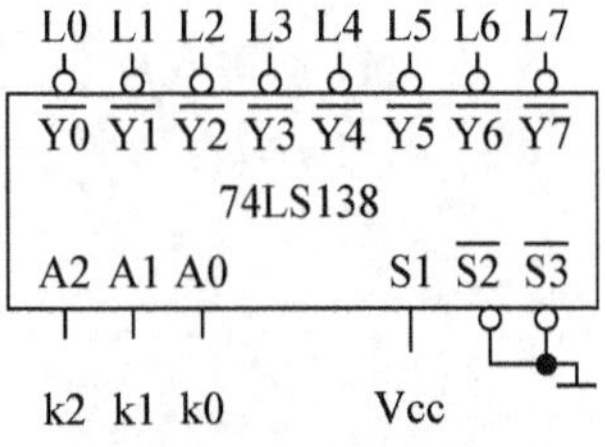

1. 编码器功能检验：

按图 1 搭接电路，令 K7～K0 分别作为 I7～I0，Y2～Y0 接逻辑显示器 L2～L0；根据表 1 检验编码器功能；

2. 译码器功能检验：

按图 6 搭接电路，令 K2～K0 分别作为 A2～A0，$\overline{Y7}$～$\overline{Y0}$接逻辑显示器 L7～L0；根据表 2 检验 74LS138 译码器功能；

图 6　74LS138 功能检验

3. 译码显示器功能检验：

按图 7 搭接电路，令 K3～K0 分别作为 A3～A0，根据表 3 检验译码显示器功能。

五、实验预习

1. 复习有关编码器、译码器原理；
2. 掌握实验方法分析组合电路。

六、实验报告

1. 列表给出实验结果；

2. 讨论并总结译码器实现逻辑函数的方法。

七、思考题

1. 显示系统中 R 的作用？如何调整其阻值大小，显示会有何变化？

2. 归纳组合逻辑电路的实验分析方法。

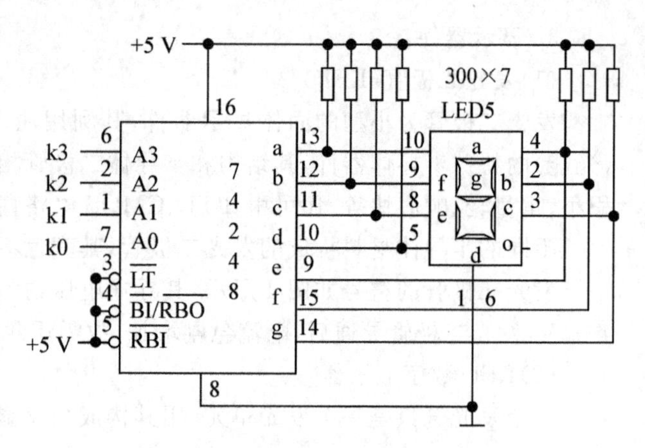

图 7　显示译码器及显示器件检验

实验六　组合逻辑电路的分析和设计(一)

一、实验目的

1. 掌握用基本逻辑门电路进行组合逻辑电路的设计方法；

2. 通过实验，论证设计的正确性。

二、实验原理

1. 组合逻辑电路的分析：

所谓组合逻辑电路分析，即通过分析电路，说明电路的逻辑功能。

通常采用的分析方法是从电路的输入到输出，根据逻辑符号的功能逐级写出逻辑函数表达式，最后得到表示输出与输入之间关系的逻辑函数式。然后利用公式化简法或卡诺图化简法将得到的函数化简或变换，以使逻辑关系简单明了。为了使电路的逻辑功能更加直观，有时还可以把逻辑函数式转换为真值表的形式。

2. 组合逻辑电路的设计：

根据给出的实际逻辑问题，求出实现这一逻辑功能的最简单逻辑电路，称为组合逻辑电路的设计。其通常分为 SSI 设计和 MSI 设计。

3. SSI 设计：SSI 设计通常采用如下步骤：

①逻辑抽象；分析事件的因果关系，确定输入和输出变量。一般把引起事件的原因定为输入变量，而把事件的结果作为输出变量。

②定义逻辑状态的含义：以二值逻辑的 0、1 两种状态分别代表输入变量和输出变量的两种不同状态。

③根据给定的因果关系列出逻辑真值表。

④写出逻辑表达式，利用化简方法进行化简，并根据选定器件进行适当转换。

⑤根据化简、变换后的逻辑表达式，画出逻辑电路的连接图。

⑥实验仿真，结果验证。

4. 设计举例：

(1)按照少数服从多数原则，设计四人表决电路，用双输入端与非门实现。

①逻辑抽象：四人分别用 A1、A2、A3、A4 表示，作为逻辑变量，表决结果用 Y 表示，作为逻辑函数。

②定义逻辑状态的含义：当赞成时用逻辑“1”表示；反对用逻辑“0”表示，根据少数服从多数原则，当赞成人数等于或超过 3 人时，结果成立，用逻辑“1”表示；当赞成人数少于 3 人时，结果不成立时用逻辑“0”表示。

③根据给定的因果关系列出逻辑真值表。

A4	0	0	0	0	0	0	0	0	1	1	1	1	1	1	1	1
A3	0	0	0	0	1	1	1	1	0	0	0	0	1	1	1	1
A2	0	0	1	1	0	0	1	1	0	0	1	1	0	0	1	1
A1	0	1	0	1	0	1	0	1	0	1	0	1	0	1	0	1
Y	0	0	0	0	0	0	0	1	0	0	0	1	0	1	1	1

④利用卡诺图化简，并根据选定器件进行适当转换。

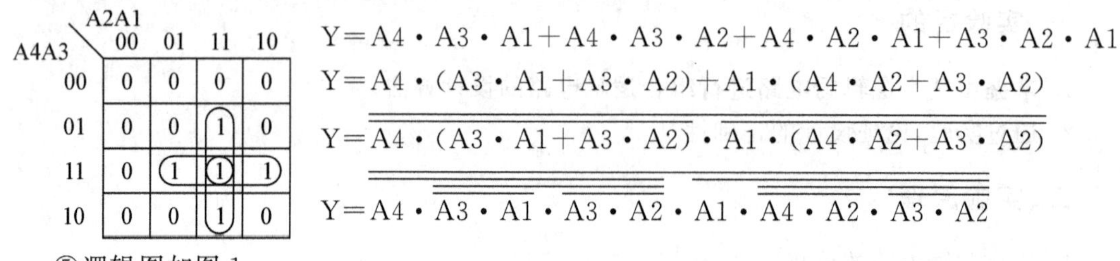

$$Y = A4\cdot A3\cdot A1 + A4\cdot A3\cdot A2 + A4\cdot A2\cdot A1 + A3\cdot A2\cdot A1$$

$$Y = A4\cdot(A3\cdot A1 + A3\cdot A2) + A1\cdot(A4\cdot A2 + A3\cdot A2)$$

$$Y = \overline{\overline{A4\cdot(A3\cdot A1 + A3\cdot A2)}\cdot\overline{A1\cdot(A4\cdot A2 + A3\cdot A2)}}$$

$$Y = \overline{\overline{A4\cdot\overline{\overline{A3\cdot A1}\cdot\overline{A3\cdot A2}}}\cdot\overline{A1\cdot\overline{\overline{A4\cdot A2}\cdot\overline{A3\cdot A2}}}}$$

⑤逻辑图如图 1。

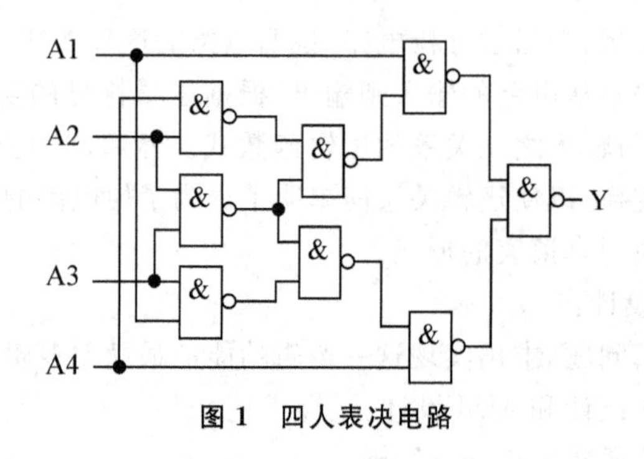

图 1 四人表决电路

三、实验仪器

1. 多功能电路实验箱 1 台
2. 数字万用表 1 台

四、实验内容

1. 联锁器电路分析：

所谓联锁器即为电子锁，电路如图 2 所示，其输入为 S1、S2、S3 开关，报警和解锁输出分别为 F1、F2。其中 S1、S2、S3 为单刀双掷开关，根据拨动可分别置“1”或“0”。当 F1＝“1”，表示不报警，否则报警。当 F2＝“1”，表示解锁，否则闭锁。现要求：

(1)当联锁器处于起始态(S1＝S2＝S3＝“1”)，则 F1＝“1”、F2＝“0”即：闭锁且不报警；

(2)试用所学知识分析电路，找出解锁并不报警的开关拨动顺序。

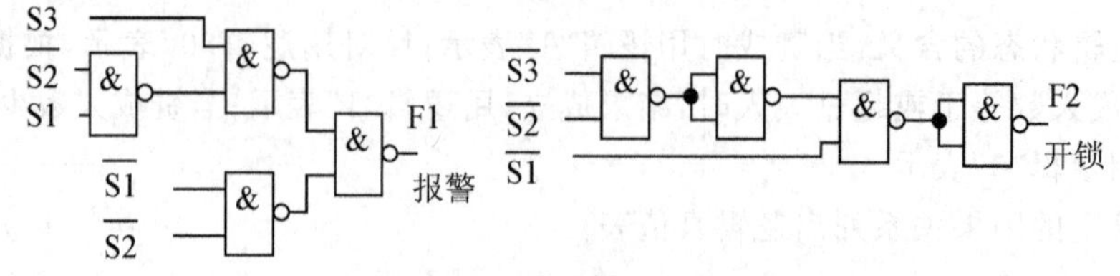

图 2 联锁器电路

2. 用 SSI 设计组合电路：

(1)设计四人表决电路(用双输入端与非门实现)。

(2)设计两位二进制数比较电路(用双输入端与非门实现)。

(3)设计四位二进制数码转换成格雷码(用异或门实现)。

(4)设计 5421BCD 码转换为 8421BCD 码(用双输入端与非门实现)。

(5)某工厂有三个车间 A、B、C 和一个自备电站，站内有二台发电机 M、N，N 的发电能力是 M 的二倍，如果一个车间开工，启动 M 就可以满足要求；如果二个车间开工，启动 N 就可以满足要求；如果三个车间均开工，启动 M、N 才能满足要求，试设计一个控制电路，由车间的开工情况控制 M、N 的启动(用异或门和双输入端与非门实现)。

(6)设 A、B、C、D 代表四位二进制变量，函数 $X=8A-4B+2C+D$，试设计一个组合逻辑电路，判断当函数值介于 $4<X<15$ 时，输出变量 Y 为“1”，否则为“0”(用与非门实现)。

3. 根据教师要求选择上述内容设计电路：

(1)写出设计过程，画出逻辑图。

(2)选择逻辑开关作为逻辑变量输入，选择逻辑指示灯作为逻辑函数显示。

(3)按照设计要求连接电路验证功能，若出现故障(不满足设计要求)，请检查并排除。

五、预习要求

1. 了解组合逻辑电路的特点，掌握组合逻辑电路的分析、设计方法；

2. 根据实验内容 2，设计要求的组合逻辑电路。

六、实验报告要求

1. 写出联锁器电路真值表，并说明解锁的开关顺序；

2. 按照要求写出所设计组合电路的过程。

附：四位自然二进制数、5421BCD、格雷码的码表

十进制	四位自然二进制码				5421BCD 码				格雷码			
	B3	B2	B1	B0	D3	D2	D1	D0	G3	G2	G1	G0
0	0	0	0	0	0	0	0	0	0	0	0	0
1	0	0	0	1	0	0	0	1	0	0	0	1
2	0	0	1	0	0	0	1	0	0	0	1	1
3	0	0	1	1	0	0	1	1	0	0	1	0
4	0	1	0	0	0	1	0	0	0	1	1	0
5	0	1	0	1	0	1	0	1	0	1	1	1
6	0	1	1	0	0	1	1	0	0	1	0	1
7	0	1	1	1	0	1	1	1	0	1	0	0
8	1	0	0	0	1	0	1	1	1	1	0	0
9	1	0	0	1	1	1	0	0	1	1	0	1
10	1	0	1	0	伪码				1	1	1	1
11	1	0	1	1					1	1	1	0
12	1	1	0	0					1	0	1	0
13	1	1	0	1					1	0	1	1
14	1	1	1	0					1	0	0	1
15	1	1	1	1					1	0	0	0

实验七　组合逻辑电路的分析和设计(二)

一、实验目的

1. 掌握用中规模集成电路设计组合逻辑电路的方法；

2. 通过实验，论证设计的正确性。

二、实验原理

1. 组合逻辑电路的分析设计：

根据 MSI 器件功能，列出电路表达式，由表达式列出真值表，说明电路功能。

2. 组合逻辑电路的分析设计：

根据给出的实际逻辑问题，求出实现这一逻辑功能的最简单逻辑电路，称为组合逻辑电路的设计。

(1)MSI 设计：MSI 设计通常采用如下步骤。

①逻辑抽象：分析事件的因果关系，确定输入和输出变量。

②定义逻辑状态的含义：以二值逻辑的 0、1 两种状态分别代表输入变量和输出变量的两种不同状态。

③根据给定的因果关系列出逻辑真值表。

④写出逻辑表达式。

⑤根据表达式查找合适的 MSI 器件。

⑥通过比较表达式或真值表，利用适当的设计实现所需功能。

⑦画出逻辑电路的连接图。

⑧实验仿真，结果验证。

(2)设计举例：

试设计一个全减器。

①逻辑抽象：全减器为带借位信号的一位二进制数减法，故有三个变量分别设为：A(被减数)、B(减数)、B_I(低位借位)、两个函数分别设为：T(差)、Bo(借位)。

②定义逻辑状态的含义：按入“1”出“1”有效。

③真值表：

A	0	0	0	0	1	1	1	1
B	0	0	1	1	0	0	1	1
B_I	0	1	0	1	0	1	0	1
T	0	1	1	0	1	0	0	1
Bo	0	1	1	1	0	0	0	1

④写出逻辑表达式。

$T=\overline{A}\cdot\overline{B}\cdot B_I+\overline{A}\cdot B\cdot\overline{B_I}+A\cdot\overline{B}\cdot\overline{B_I}+A\cdot B\cdot B_I=m1+m2+m4+m7=\overline{\overline{m1}\cdot\overline{m2}\cdot\overline{m4}\cdot\overline{m7}}$

$Bo=\overline{A}\cdot\overline{B}\cdot B_I+\overline{A}\cdot B\cdot\overline{B_I}+\overline{A}\cdot B\cdot B_I+A\cdot B\cdot B_I=m1+m2+m3+m7=\overline{\overline{m1}\cdot\overline{m2}\cdot\overline{m3}\cdot\overline{m7}}$

⑤根据表达式查找合适的MSI器件。

选择译码器74LS138和四输入端双与非门实现；由于74LS138表达通式为：$\overline{Yi}=\overline{mi}$

⑥通过比较表达式或真值表，利用适当的设计实现所需功能。

比较74LS138和全减器表达式，只要令$A=A2$、$B=A1$、$B_I=A0$；

$T=\overline{\overline{m1}\cdot\overline{m2}\cdot\overline{m4}\cdot\overline{m7}}=\overline{\overline{Y1}\cdot\overline{Y2}\cdot\overline{Y4}\cdot\overline{Y7}}$

$Bo=\overline{\overline{m1}\cdot\overline{m2}\cdot\overline{m3}\cdot\overline{m7}}=\overline{\overline{Y1}\cdot\overline{Y2}\cdot\overline{Y3}\cdot\overline{Y7}}$

故只要用四输入端与非门将$\overline{Y1}$、$\overline{Y2}$、$\overline{Y4}$、$\overline{Y7}$相与非实现差，四输入端与非门将$\overline{Y1}$、$\overline{Y2}$、$\overline{Y3}$、$\overline{Y7}$相与非实现借位。

⑦画出逻辑电路的连接图如图1。

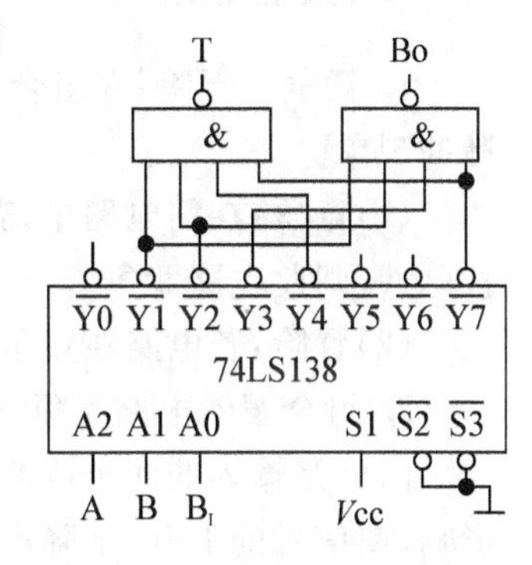

图1　74LS138实现全减器

三、实验仪器

1. 数字万用表1台
2. 多功能电路实验箱1台

四、实验内容

1. 分析三位二进制数比较器：

按图2搭接电路，用逻辑开关作为X2、X1、X0和Y2、Y1、Y0输入，用逻辑显示器显示比较结果；列出真值表，说明电路功能。

2. 用MSI器件设计组合逻辑电路：

(1)设计联锁器；(用74LS138和与非门实现)

(2)设计全加器；(用74LS138和与非门实现)

(3)设计实现 $Y=A\cdot B\cdot C+\overline{A}\cdot(B+C)$(用74LS151或74LS138和与非门实现)。

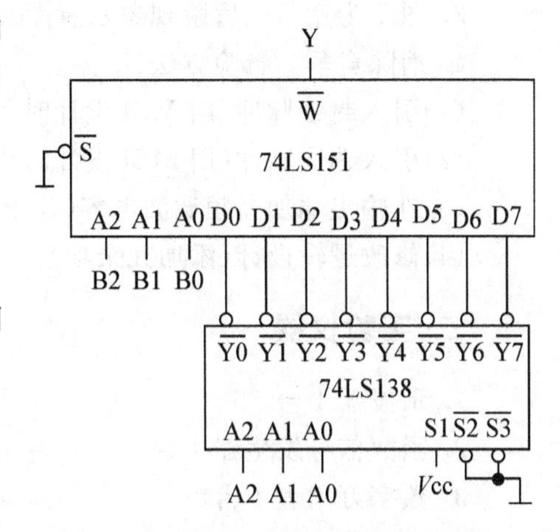

图2　三位数码比较器

五、预习要求

1. 复习有关常用组合逻辑电路功能；
2. 根据实验内容2，写出设计全过程并画出逻辑图。

六、实验报告要求

1. 写出三位二进制数比较器真值表；
2. 写出预习要求2设计过程及检验结果。

实验八　组合逻辑电路的竞争—冒险

一、实验目的

1. 通过实验观察组合逻辑电路的竞争—冒险现象；

2. 通过实验手段消除竞争—冒险现象。

二、实验原理

1. 竞争—冒险：在组合逻辑电路中，当输入信号动态变化时，输出端可能出现的过渡干扰脉冲现象。

(1)竞争：在门电路中，若两个或两个以上输入信号同时向相反方向变化时，输出端产生干扰脉冲，则此电路竞争。

(2)冒险：若电路在竞争后产生干扰脉冲，则称为冒险。

2. 组合逻辑电路竞争—冒险产生原因：

门电路输入的两个或两个以上输入信号，由于传输途径不同，且信号在传输中分布电容的影响，使信号的上升、下降沿变差，故在信号变化过程中，到达阈值电平的时间不同，可能产生竞争—冒险现象。

3. 图 1 为竞争—冒险现象示意图。

4. 消除竞争—冒险方法：

(1)引入封锁脉冲(用 MSI 设计时用)。

(2)引入选通脉冲(用 MSI 设计时用)。

(3)在输出端加高频滤波电容(几十～几百 p)。

(4)修改逻辑设计(添加冗余项)。

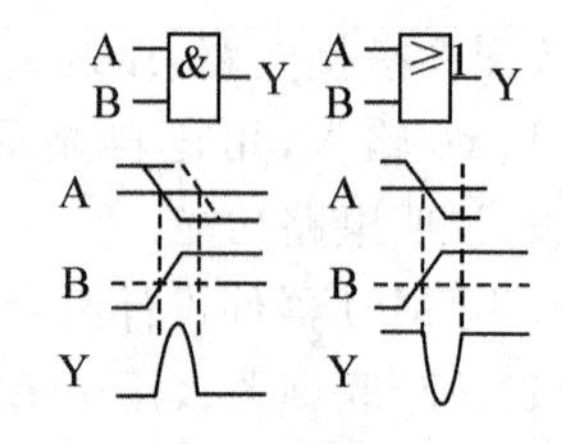

图 1　竞争—冒险现象示意图

三、实验仪器

1. 示波器 1 台

2. 函数信号发生器 1 台

3. 数字万用表 1 台

4. 多功能电路实验箱 1 台

四、实验内容

1. 八位串行奇偶校验电路竞争冒险现象的观察及消除：

图 2 为八位串行奇偶校验电路。

(1)按图 2 搭接电路，测试电路的逻辑功能，A、B、…、G、H 分别接逻辑开关 K1～K8，Z 接逻辑显示器，改变逻辑开关 K1～K8 的状态，观察并记录 Z 的变化。

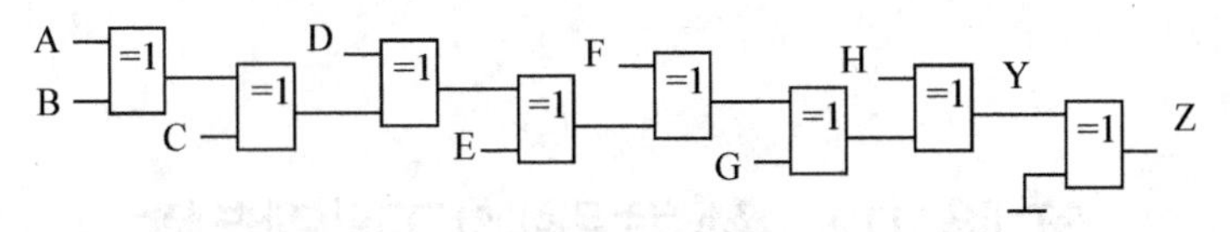

图 2　八位串行奇偶校验电路

(2)A 接信号发生器 TTL 信号(f=1 MHz),B、…、G、H 分别接高电平,用双踪示波器观察并记录 A、Z 端的波形并测出信号经过七级异或门的延迟时间。

(3)A、H 端接同一 TTL 信号(f=1 MHz),B、…、G 分别接高电平,用双踪示波器观察并记录 A、Z 端的波形有何异常现象。

(4)若采用加电容的方法消除异常现象,则电容 C 应接在何处?

(5)测出门电路的阈值电平 V_T,若设门的输出电阻 $Ro \approx 100\ \Omega$,则,估算电容 C 的大小?

(6)用实验方法测出消除上述异常现象所需的电容值,说明产生误差的原因有哪些?

2. 组合电路竞争一冒险现象的观察及消除:

组合逻辑电路如图 3 所示。

(1)测试电路功能,将结果列成真值表形式。

(2)用实验方法测定,在信号变化过程中,竞争一冒险在何处:什么时刻可能出现?

(3)用修改逻辑(增加冗余项法消除竞争一冒险,则电路应怎样修改?画出修改后的电路,并用实验检验结果。

(4)若采用增加滤波电容方法消除竞争一冒险,则电容 C 应加在何处?容值约为多大?试通过实验验证。

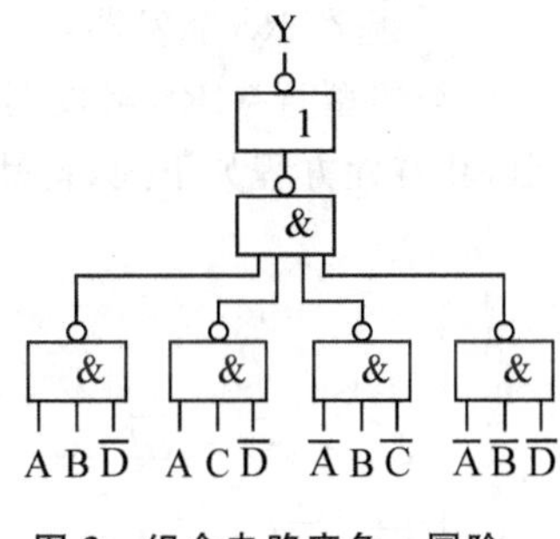

图 3　组合电路竞争一冒险

五、预习要求

1. 复习组合逻辑电路竞争一冒险相关内容;

2. 实验中你认为较为简单的消除竞争一冒险现象的方法是哪种?使用时应注意什么问题?

六、实验报告要求

1. 写出七位串行奇偶校验器真值表,画出消除竞争一冒险现象电路;

2. 写出组合逻辑电路真值表,在不改变电路功能基础上修改逻辑,画出消除竞争一冒险电路;

3. 说明组合逻辑电路中竞争一冒险产生原因及消除措施。

实验九　触发器的工作特性

一、实验目的

1. 掌握并验证基本 RS 触发器、维阻 D 触发器和主从 JK 触发器的逻辑功能；
2. 掌握触发器之间的转换。

二、实验原理

1. 基本 RS 触发器：

与非型直接 RS 触发器是最简单的触发器，其由两个与非门交叉耦合而成，电路如图 1 所示，其特性方程如下式，特性表如表 1 所示。

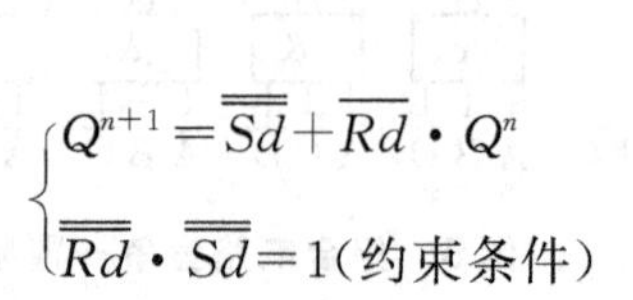

$$\begin{cases} Q^{n+1}=\overline{\overline{Sd}}+\overline{Rd}\cdot Q^{n} \\ \overline{\overline{Rd}}\cdot\overline{\overline{Sd}}=1\text{（约束条件）} \end{cases}$$

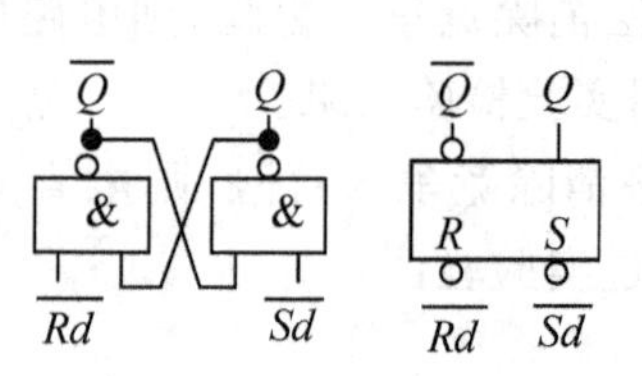

图 1　RS 触发器电路

表 1　RS 触发器特性表

$\overline{Rd}$	$\overline{Sd}$	Q^{n+1}
1	1	Q^{n}
1	0	1
0	1	0
0	0	未定义

2. 维阻 D 触发器：

维阻 D 触发器的逻辑符号如图 2 所示，其逻辑功能表如表 2 所示。

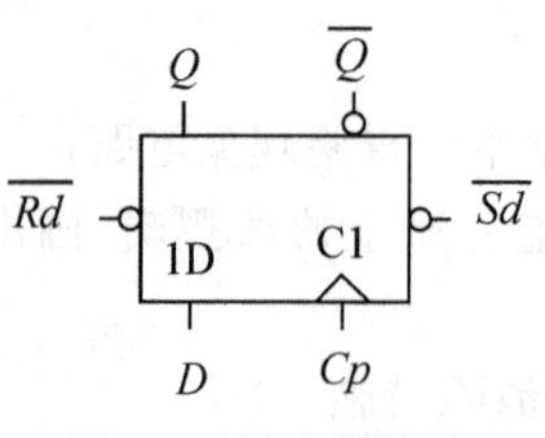

图 2　D 触发器符号

表 2　D 触发器功能表

$\overline{Rd}$	$\overline{Sd}$	D	Cp	Q^{n+1}
0	1	×	×	0
1	0	×	×	1
1	1	0	↑	0
1	1	1	↑	1

(1)低电平异步预置：

D 和 Cp 状态任意，$\overline{Rd}=0$，$\overline{Sd}=1$，$Q=0$；$\overline{Rd}=1$，$\overline{Sd}=0$，$Q=1$。

(2)上升沿边沿触发特性：

当 Cp 上升沿来时，输出 Q 按输入 D 的状态而变化，即 $Q^{n+1}=D^{n}$。

3. 主从 JK 触发器：

主从 JK 触发器的逻辑符号如图 3 所示，其逻辑功能表如表 3 所示。

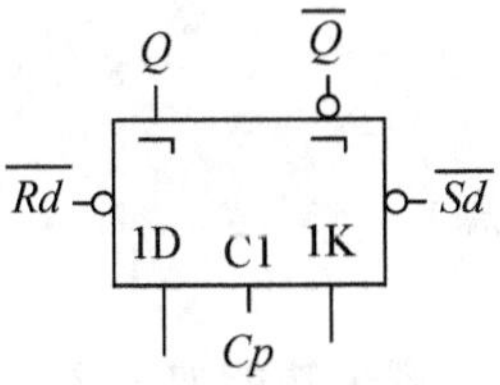

图 3　主从 JK 触发器符号

表 3　J、K 触发器功能表

$\overline{Rd}$	$\overline{Sd}$	J	K	Cp	Q^{n+1}
0	1	×	×	×	0
1	0	×	×	×	1
1	1	0	0	↓	Q^n
1	1	0	1	↓	0
1	1	1	0	↓	1
1	1	1	1	↓	$\overline{Q^n}$

(1)低电平异步预置：

J、K 和 Cp 状态任意，$\overline{Rd}=0$，$\overline{Sd}=1$，Q=0；$\overline{Rd}=1$，$\overline{Sd}=0$，Q=1。

(2)下降沿电平触发特性：

当 Cp 下降沿来时，输出 Q 按 $Cp=1$ 期间的 JK 状态变化($Cp=1$ 期间，JK 变化时，主触发器有一次翻转问题)，即：$Q^{n+1}=J\overline{Q^n}+\overline{K}Q^n$。

4. 触发器间的转换：

(1)转换：根据已有触发器(D、JK)和适当的逻辑门获得待求触发器。

(2)步骤：

①写出已有触发器和待求触发器状态方程。

②变换待求触发器方程，使之形式与已有触发器形式一样。

③根据逻辑函数相等原则，若变量相同，则：系数相等。

④画出转换电路。

三、实验仪器

1. 示波器 1 台
2. 函数信号发生器 1 台
3. 数字万用表 1 台
4. 多功能电路实验箱 1 台

四、实验内容

1. 基本 RS 触发器：

按图 1 搭接电路，$\overline{Rd}$、$\overline{Sd}$分别接逻辑开关 K1、K2，用 L1 显示 1Q，用 L2 显示$\overline{1Q}$，按照表 1 验证基本 RS 触发器功能。

2. 维阻 D 触发器：

SN74LS74 是 TTL 型集成双 D 维阻触发器，它的管脚图如图 4 所示。

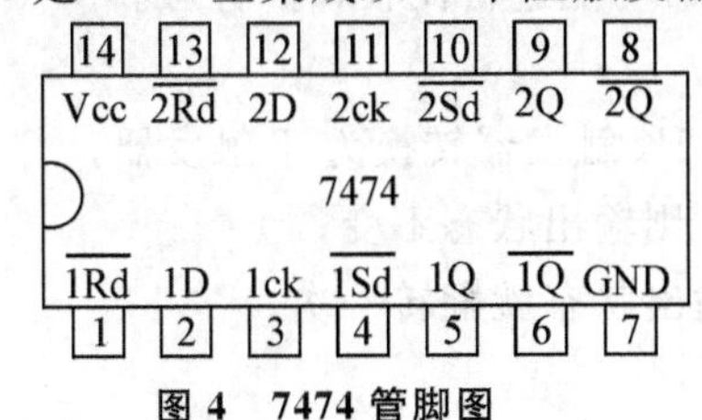

图 4　7474 管脚图

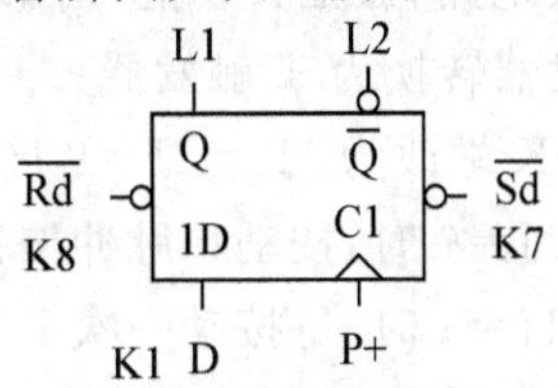

图 5　D 触发器测试图

(1)根据图 4 管脚、按图 5 连接电路：先接电源 $Vcc=5$ V 和地线，用 LI 显示 1Q，用 L2 显示$\overline{1Q}$，用 K1(A)作 1D，用 K8(A)作 1 $\overline{Rd}$，用 K7(A)作 1 $\overline{Sd}$，用 P+作 1Cp。

(2)验证$\overline{Rd}$和$\overline{Sd}$的低电平异步预置功能：

当$\overline{Rd}=0$，$\overline{Sd}=1$ 时，L1 灯灭，L2 灯亮；

当$\overline{Rd}=1$，$\overline{Sd}=0$ 时，LI 灯亮，L2 灯灭。(D 和 Cp 任意)

(3)验证上升沿触发特性和逻辑功能表：

当$\overline{Rd}=\overline{Sd}=1$ 时，按动单脉冲按钮 P+，验证 D 触发器逻辑功能如表 2。

3. 主从 JK 触发器：

SN7476 是 TTL 型集成双 JK 主从触发器，它的管脚图如图 6 所示：

(1)根据图 6 管脚、按图 7 连接电路：先接电源 $Vc=5$ V 和地线，用 L1 显示 1Q，用 L2 显示$\overline{1Q}$，用 K1(A)作 1J，用 K2(A)作 1K，用 K8(A)作 1 $\overline{Rd}$，用 K7(A)作 1 $\overline{Sd}$，用 P+作 1Cp。

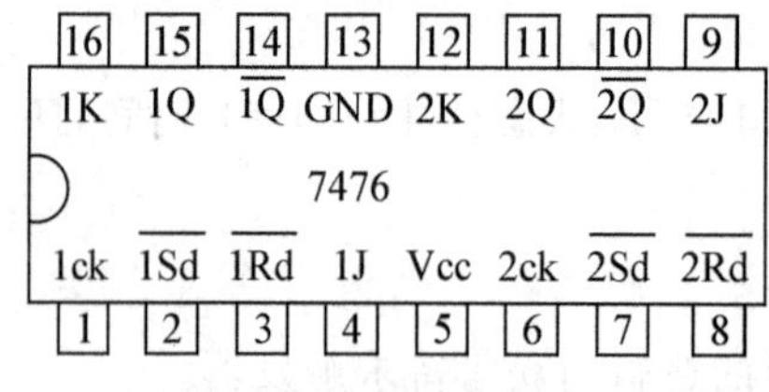

图 6 7476 管脚图

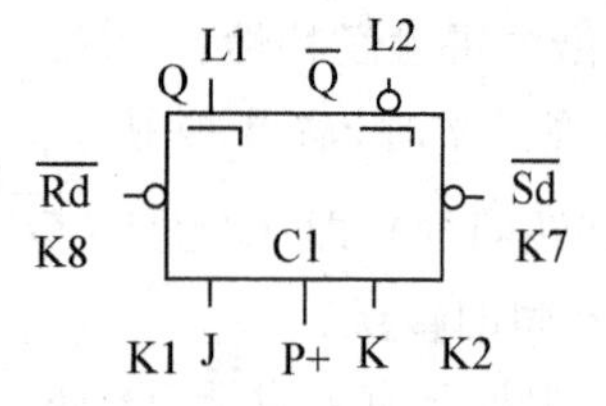

图 7 主从 JK 测试图

(2)验证$\overline{Rd}$和$\overline{Sd}$的低电平异步预置功能：

当 1 $\overline{Rd}=0$，1 $\overline{Sd}=1$ 时，L1 灯灭，L2 灯亮；

当 1 $\overline{Rd}=1$，1 $\overline{Sd}=0$ 时，L1 灯亮，L2 灯灭。(J、K 和 Cp 任意)

(3)验证下降沿触发特性和逻辑功能表：

当 1 $\overline{Rd}=1$，$\overline{Sd}=1$ 时，令 JK 分别为 00、01、10、11，按动单脉冲按钮 P+，验证 JK 触发器的逻辑功能如表 3。

(4)验证 $Cp=1$ 期间(即将 Cp 从 P+改接为 P−)，当 JK 变化时主触发器的"一次翻转"问题。即 Q^{n+1} 的状态，由 $Cp=1$ 期间，使主触发器发生翻转的那个 JK 输入决定。如果 $Cp=1$ 期间主触发器未发生翻转，那么 Q^{n+1} 的状态，由 $Cp=1$ 下降沿到来前的 JK 输入决定。

4. 触发器之间的转换：

(1)D 触发器转换为 T′触发器：

将图 5 中 1D 端接线改为 1D 和$\overline{1Q}$连接，则 D 触发器转换为 T′触发器。

①按动单脉冲按钮 P+，则每输入一个 Cp 上升沿，T′触发器就翻转一次；

②用信号发生器 TTL 信号作 Cp(去掉 P+)，用双线示波器观察 T′触发器的二分频工作波形 Cp 和 Q。

(2)D 触发器转换为 JK 触发器：

按图 8 搭接电路，验证其功能，与 JK 触发器功能进行比较；有何区别？

(3)JK 触发器转换为 T 触发器：

将图 7 中 1K 端改为 1K=1J=K1(A)，则 JK 触发器转换为 T 触发器。

①令 1K=1J=0 时，按动单脉冲按钮 P+，则输出状态不变；

②令 1K=1J=1 时，每按动一次 P+，则输出状态就翻转一次。

(4)JK 触发器转换为 D 触发器：

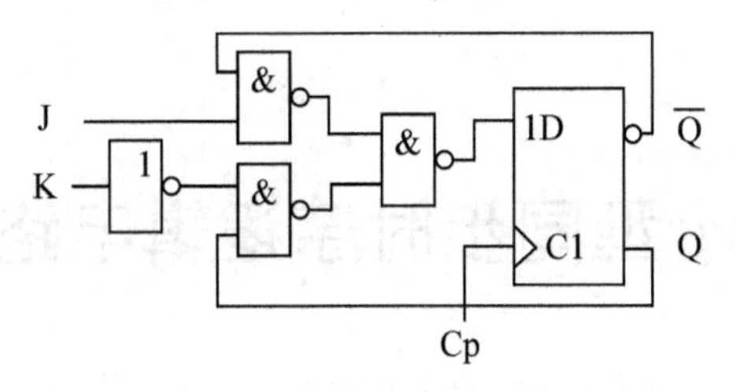

图 8　D 触发器转换为 JK 触发器

按图 9 搭接电路，验证其功能，与 D 触发器功能进行比较；有何区别？

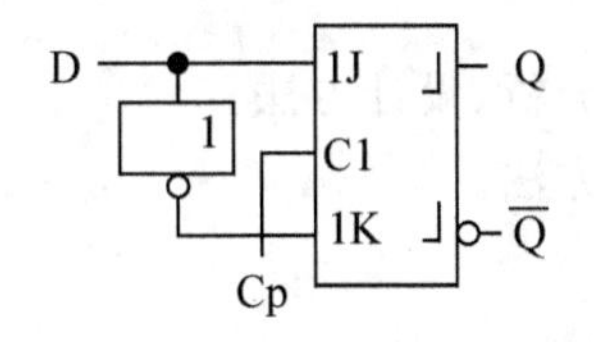

图 9　JK 触发器转换为 D 触发器

五、预习要求

1. 复习基本 RS 触发器、维阻 D 触发器和主从 JK 触发器的有关内容；
2. 了解集成触发器$\overline{Rd}$、$\overline{Sd}$功能；
3. 掌握触发器之间的转换。

六、实验报告要求

1. 总结基本 RS 触发器、D 触发器和 JK 触发器的逻辑功能；
2. 写出实验 3 各种触发器转换过程。

实验十　Moore 型同步时序逻辑电路的分析与设计

一、实验目的

1. 掌握同步时序逻辑电路的分析、设计方法；
2. 掌握时序逻辑电路的测试方法。

二、实验原理

1. Moore 型时序逻辑电路的分析方法：

时序逻辑电路的分析，按照电路图(逻辑图)，选择芯片，根据芯片管脚，在逻辑图上标明管脚号；搭接电路后，根据电路要求输入时钟信号(单脉冲信号或连续脉冲信号)，求出电路的状态转换图或时序图(工作波形)，从中分析出电路的功能。

2. Moore 型同步时序逻辑电路的设计方法：

(1)分析题意，求出状态转换图。

(2)状态化简：确定等价状态，电路中的等价状态可合并为一个状态。

(3)重新确定电路状态数 N，求出触发器数 n，触发器数按下列公式求：$2^{n-1}<N<2^n$(N 为状态数、n 为触发器数)。

(4)触发器选型(D、JK)。

(5)状态编码，列出状态转换表，求状态方程、驱动方程。

(6)画时序电路图。

(7)时序状态检验，当 $N<2n$ 时，应进行空转检验，以免电路进入无效状态而不能自启动。

(8)功能仿真、时序仿真。

3. 同步时序逻辑电路设计举例：

试用 D 触发器设计 421 码模 5 加法计数器。

(1)分析题意：由于是模 5(421 码)加法计数器，其状态转换图如图 1 所示。

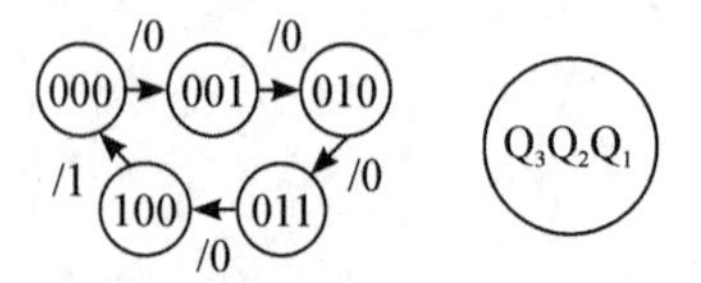

图 1　模 5(421 码)加法计数器

(2)状态化简：由题意得，该电路无等价状态。

(3)确定触发器数：根据 $2^{n-1}<N<2^n$，$n=3$。

(4)触发器选型：选择 D 触发器。

(5)状态编码：Q3、Q2、Q1 按 421 码规律变化。

(6)列出状态转换表，如表 1。

表 1　模 5(421 码)加法计数器状态转换表、激励表

Q_3^n	Q_2^n	Q_1^n	Q_3^{n+1}	Q_2^{n+1}	Q_1^{n+1}	D_3	D_2	D_1	Y
0	0	0	0	0	1	0	0	1	0
0	0	1	0	1	0	0	1	0	0
0	1	0	0	1	1	0	1	1	0
0	1	1	1	0	0	1	0	0	0
1	0	0	0	0	0	0	0	0	1
其他	×	×	×	×	×	×	×		

(7)利用卡诺图如图 2,求状态方程、驱动方程。

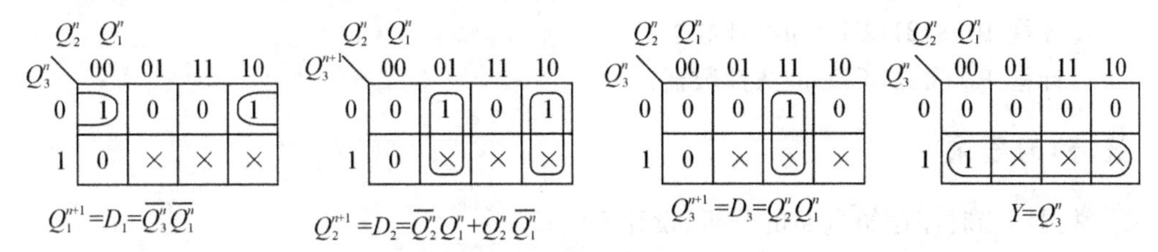

图 2　模 5(421 码加法计数器卡诺图)

(8)自启动检验:将各无效状态代入状态方程,分析状态的转换情况,画出完整状态转换图,如图 3 所示,检查能否自启动。

表 2　模 5(421 码)加法计数器自启动检验

Q_3^n	Q_2^n	Q_1^n	Q_3^{n+1}	Q_3^{n1}	Q_3^{n1}	D_3	D_2	D_1	Y
1	0	1	0	1	0	0	1	0	1
1	1	0	0	1	0	0	1	0	1
1	1	1	1	0	0	1	0	0	1

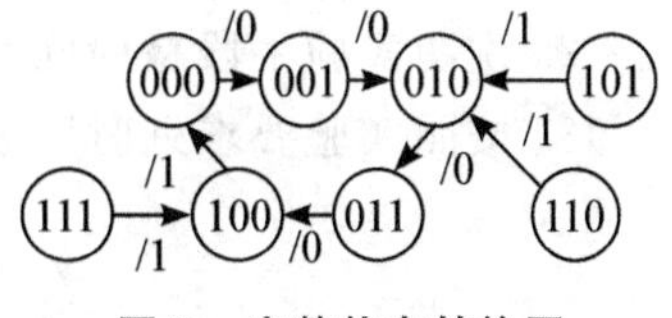

图 3　完整状态转换图

(9)画出逻辑图,如图 4 所示。

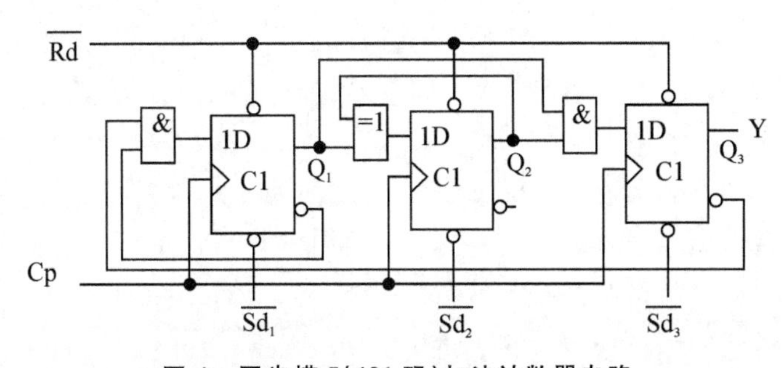

图 4　同步模 5(421 码)加法计数器电路

三、实验仪器

1. 示波器 1 台
2. 函数信号发生器 1 台

3. 数字万用表1台

4. 多功能电路实验箱1台

四、实验内容

1. 模5(421码)加法计数器功能检验：

按图4搭接电路，Cp接单脉冲信号P+，$Q_3Q_2Q_1$分别接逻辑指示灯L3L2L1，$\overline{Rd}$接逻辑开关K12，$\overline{Sd1}$、$\overline{Sd2}$、$\overline{Sd3}$分别接逻辑开关K1、K2、K3；接通电源后，利用$\overline{Rd}$使计数器复位后，加单脉冲，观察计数器工作情况，写出时序表，各无效态利用$\overline{Sd1}$、$\overline{Sd2}$、$\overline{Sd3}$置数后，加单脉冲观察其次态，画出完整状态转换图；

2. 模5(421码)加法计数器时序图观测：

将Cp改接TTL信号(f=10 kHz)，用双踪示波器观察并记录Cp、Q_1、Q_2、Q_3波形。

3. 设计模10(8421BCD)加法计数器；

4. 设计模10(5421BCD)加法计数器。

五、预习要求

1. 掌握同步时序逻辑电路的分析、设计方法；

2. 通过实验手段熟悉时序逻辑电路的检测方法；

3. 掌握双踪示波器观察多个波形方法。

六、实验报告要求

1. 归纳同步时序逻辑电路设计方法；

2. 说明实验手段检验同步时序逻辑电路；

3. 按照实验要求列时序表和画出时序图。

实验十一　Mealy 型同步时序逻辑电路的分析与设计

一、实验目的

1. 掌握同步时序逻辑电路的分析设计方法；
2. 了解时序逻辑电路自启动设计方法；
3. 了解同步时序电路状态编码对电路优化的作用；
4. 掌握时序逻辑电路的测试方法。

二、实验原理

1. Mealy 型时序逻辑电路的分析方法：

时序逻辑电路的分析，根据电路图(逻辑图)，选择芯片，根据芯片管脚，在逻辑图上标明管脚号；搭接电路后，根据电路要求输入信号及时钟信号(单脉冲信号或连续脉冲信号)，求出电路的状态转换图或时序图(工作波形)，从中分析出电路的功能。

2. Mealy 型同步时序逻辑电路的设计方法：

(1)分析题意，求出状态转换图。

(2)状态化简：确定等价状态，电路中的等价状态可合并为一个状态。

(3)重新确定电路状态数 N，求出触发器数 n，触发器数按下列公式求：$2^{n-1}<N<2^{n}$(N 为状态数、n 为触发器数)。

(4)触发器选型(D、JK)。

(5)状态编码，列出状态转换表，求状态方程、驱动方程。

(6)画时序电路图。

(7)时序状态检验，当 $N<2n$ 时，应进行空转检验，以免电路进入无效状态而不能自启动。

(8)功能仿真、时序仿真。

三、实验仪器

1. 示波器 1 台
2. 函数信号发生器 1 台
3. 数字万用表 1 台
4. 多功能电路实验箱 1 台

四、实验内容

1. Mealy 型同步时序逻辑电路分析：

(1)按图 1 搭接电路，Cp 接单脉冲信号 P+，Q_2Q_1 分别接逻辑指示灯 L_2L_1，X 接逻辑开关 K1；接通电源后，先令 K_1＝“0”，加单脉冲，观察电路工作情况，写出时序表；再令 K_1＝“1”，加单脉冲观察电路的工作情况写出时序表，画出完整状态转换图。

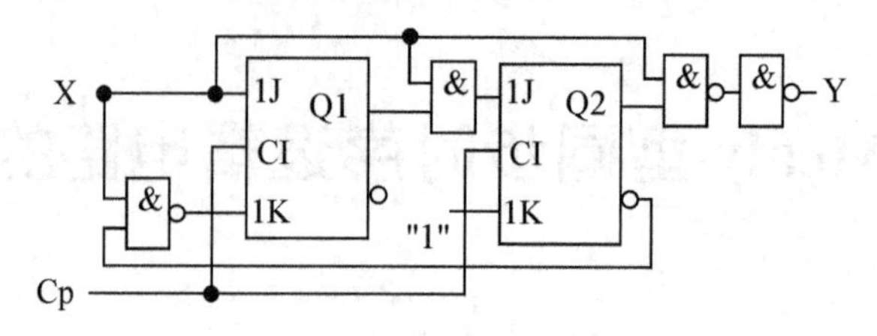

图 1　Mealy 同步时序电路分析

(2)若电路存在不能自启动状态，能否修改逻辑，使电路能自启动？

2. Mealy 型同步时序逻辑电路设计：

(1)图 2 所示为某同步时序逻辑电路的状态转换图，图中 A、B 为输入变量，Y、Z 为输出变量；若用两个 JK 触发器来实现该电路，且 $S_0 \sim S_3$ 的状态分别取 Q_2、Q_1 为 00、01、10、11 表示，试设计该时序电路，画出设计电路。

(2)按设计电路完成连接，自拟实验步骤进行设计验证是否满足设计要求。

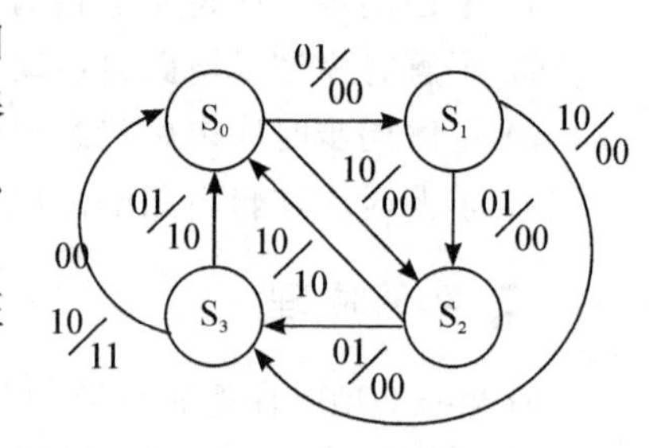

图 2　状态转换图

五、预习要求

1. 掌握同步时序逻辑电路的分析、设计方法，如何修改逻辑使同步时序电路能自启动？

2. Mealy 同步时序逻辑电路的特点是什么？比较 Mealy 与 Moore 同步时序逻辑电路的测试方法有何不同。

3. 若仅在电路的时钟端加脉冲，电路的状态和输出都不变化，是否能确定该电路一定处于无效状态情况下。

4. 同步时序电路在设计时，怎样确定电路的状态编码？试改变一下本实验 2 电路设计中 $S_0 \sim S_3$ 的状态编码，重新设计电路，使设计电路为最简电路。

六、实验报告要求

1. 归纳 Mealy 同步时序逻辑电路的分析设计方法；
2. 说明实验手段检验 Mealy 同步时序逻辑电路；
3. 画出 Mealy 同步时序逻辑电路分析的完整状态转换图；
4. 按照实验要求设计 Mealy 同步时序逻辑电路。

实验十二　同步时序逻辑电路设计

一、实验目的

1. 进一步掌握同步时序逻辑电路的设计方法；
2. 进一步掌握时序逻辑电路的测试方法。

二、实验原理

实验原理同实验十一。

三、实验仪器

1. 示波器 1 台
2. 函数信号发生器 1 台
3. 数字万用表 1 台
4. 多功能电路实验箱 1 台

四、实验内容

1. 试设计步进电机正转驱动电路；

设计要求：

(1)用"1"表示电机线圈导通，用"0"表示线圈截止，电机正转时三组线圈 ABC 的状态转换图如图 1 所示。

(2)设计电路能自启动。

(3)采用 D 触发器设计。

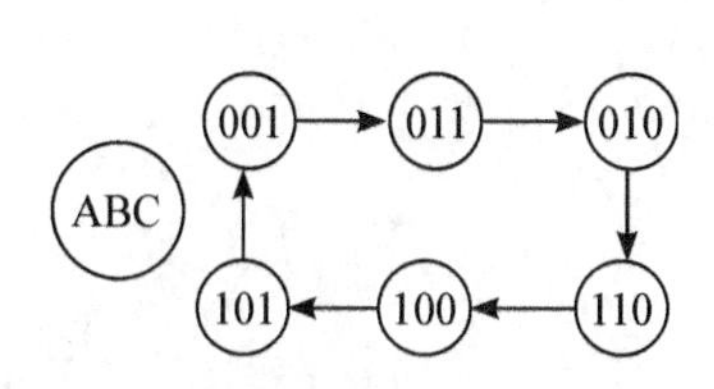

图 1　电机正转状态转换图

2. 设计步进电机反转驱动电路：

设计要求：

(1)在上述电路基础上改动，电机反转时三组线圈 ABC 的状态转换图如图 2 所示。

(2)设计电路能自启动。

(3)采用 D 触发器设计。

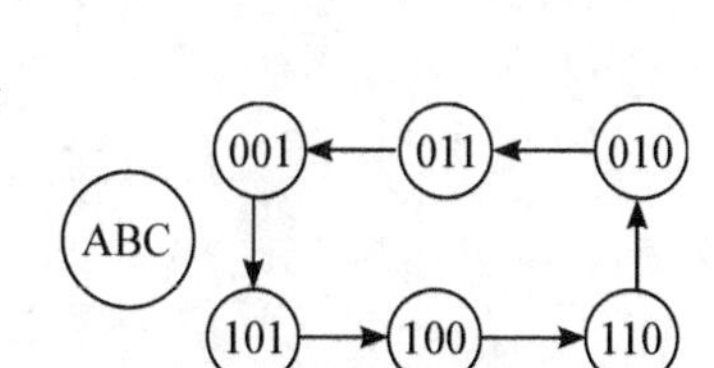

图 2　电机反转状态转换图

3. 设计步进电机正、反转可控驱动电路：

在上述两电路基础上，通过增加控制端 K，使电路能够正反转，状态转换图如图 3；当 K="1"，电机正转；当 K="0"，电机反转。

五、预习要求

1. 进一步了解同步时序逻辑电路的测试方法；

2. 如何修改逻辑使同步时序电路能自启动?

六、实验报告要求:

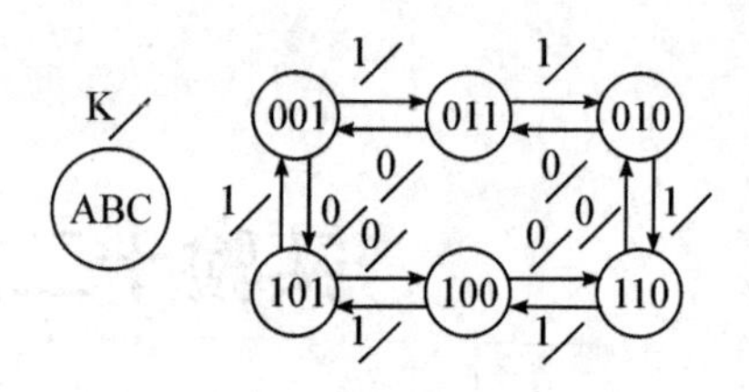

图 3 电机正、反转状态转换图

1. 设计三相六态脉冲分配器;
2. 自拟实验步骤检测,画出电路的时序图。

实验十三　异步时序逻辑电路的分析设计及编程

一、实验目的

1. 了解异步时序逻辑电路的工作特性；
2. 了解异步时序逻辑电路设计、测试方法；
3. 掌握计数器的编程方法。

二、实验原理

1. 异步时序逻辑电路工作特点：

异步时序逻辑电路由于结构简单，常常用于信号的分频；然而，由于异步时序逻辑电路中每个触发器的时钟不同时接受时钟源触发，因而，计数器只能工作在频率较低的场合。同时，由于各个触发器时钟不统一，导致各个触发器动作不一致，严重的将影响电路的正常工作。

2. 异步四位二进制加法计数器（行波计数器）设计：

异步四位二进制加法计数器时序表如表1所示：

表1　异步四位二进制加法计数器时序表

Cp	0	1	2	3	4	5	6	7	8	9	10	11	12	13	14	15
Q_0	0	1	0	1	0	1	0	1	0	1	0	1	0	1	0	1
Q_1	0	0	1	1	0	0	1	1	0	0	1	1	0	0	1	1
Q_2	0	0	0	0	1	1	1	1	0	0	0	0	1	1	1	1
Q_3	0	0	0	0	0	0	0	0	1	1	1	1	1	1	1	1

从时序表可见，每个时钟源有效边沿将导致 Q_0 翻转，而每个 Q_1 翻转都对应 Q_0 的下降沿，同理，每个 Q_2 翻转都对应 Q_1 的下降沿，每个 Q_3 翻转都对应 Q_2 的下降沿，故异步四位二进制加法计数器可由4个T′触发器组成，如图1所示，图2为该电路时序图。

3. D触发器组成的异步四位二进制加法计数器：

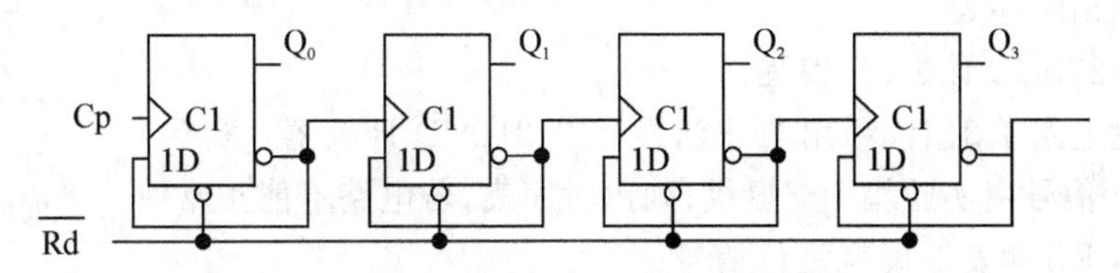

图1　异步四位二进制加法计数器电路

4. 计数器编程：

计数器编程是通过对计数器输出状态进行译码（译码态），产生反馈信号加给计数器复位

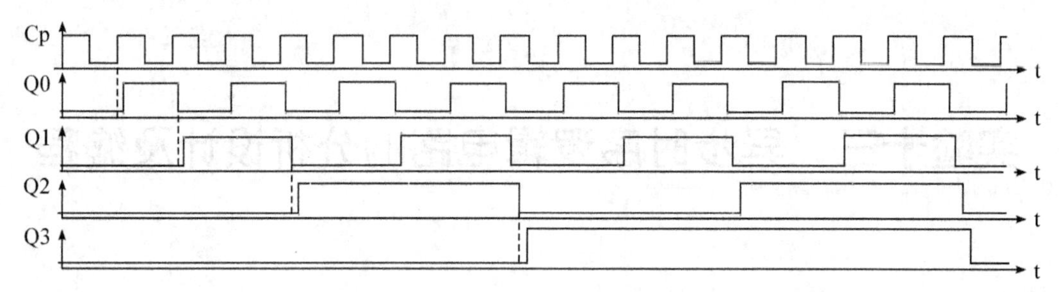

图 2　异步四位二进制加法计数器时序图

端,达到改变计数器时序的方法。由于该电路复位端为异步入"0"有效,故可用与非门作为译码电路,对计数器输出状态进行译码,当计数器计到译码状态时,经与非门产生复位信号,使计数器复位,由于门电路延迟时间很小,计数器在译码状态只存在短暂时间,故译码态为计数器的过度状态(非有效态);由于复位端为异步复位,故复位信号为一窄负脉冲,考虑到异步计数器中各个触发器翻转时间不一,该信号对异步计数器的复位可能不可靠,可利用基本 RS 触发器展宽该信号,以保证电路的可靠复位。

三、实验仪器

1. 示波器 1 台
2. 函数信号发生器 1 台
3. 数字万用表 1 台
4. 多功能电路实验箱 1 台

四、实验内容

1. 异步四位二进制加法计数器观察开关触点的颤动现象:

按图 1 搭接电路,用逻辑开关 K1 作为时钟信号 Cp,K2 作为复位信号$\overline{Rd}$;用逻辑显示器 L4～L1 或数码管(DCBA)作为 Q_3～Q_0 的显示;接通电源后,拨动 K2 使计数器复位后,然后通过拨动 K1 给计数器加时钟使计数器计数,由于开关的颤动,每拨动一次开关,可能产生多个有效边沿,计数器将不能准确进行加 1;若假设每次拨动开关,其颤动次数小于 16,试采样 10 次,求出开关触点的颤动次数(即计数器复位后,通过给计数器加时钟,记录计数器读数,求 10 次的平均值)。

2. 观察 RS 触发器消除开关颤动现象:

按图 3 搭接基本 RS 触发器电路,将将基本 RS 触发器输出 Q 接计数器时钟,观察计数器的工作情况,列出时序表。

3. 设计 8421BCD 计数器(编程):

(1)在上述电路基础上,利用与非门设计 8421BCD 计数器,参考电路如图 4;Cp 信号由实验箱 P+提供;列出时序表,若电路不能正常工作,请加基本 RS 触发器展宽复位信号;

(2)将 Cp 改接 TTL 信号(f=10 kHz),用双踪示波器观测 Cp、Q_0、Q_1、Q_2、Q_3、$\overline{Rd}$波形。

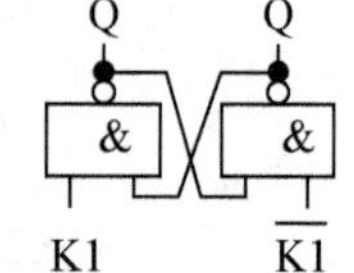

图 3　基本 RS 触发器消除开关颤动

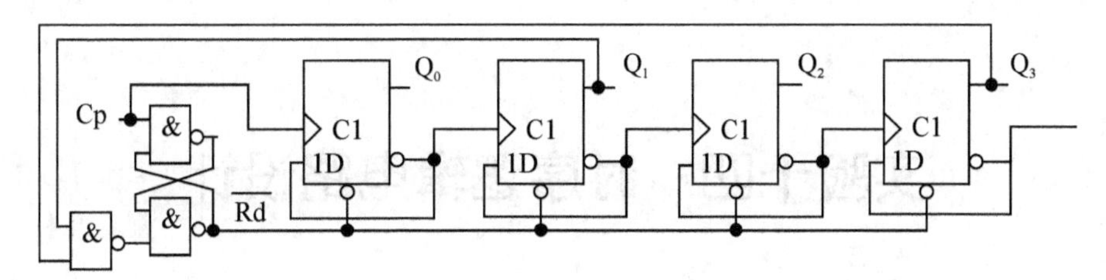

图 4　8421BCD 加法计数器

五、预习要求

1. 了解异步时序逻辑电路的设计、分析测试方法；
2. 掌握计数器的编程方法。

六、实验报告要求

1. 按实验步骤 1 计算开关颤动次数；
2. 完成 8421BCD 计数器编程及列出时序表、画出观察波形。

实验十四　时序逻辑电路设计

一、实验目的

1. 进一步掌握异步时序逻辑电路的设计方法；
2. 进一步掌握异步时序逻辑电路的测试方法。

二、实验原理

1. 试设计汽车方向等的控制电路：

设计要求：

(1)用两个逻辑开关 K_L(K12)、K_R(K1)模拟汽车的左、右转向开关(接通为“1”)，用 K_Z(单脉冲 P+)模拟汽车的脚踏制动开关(制动为“1”)；用 L_L(L_{L1}、L_{L0})、L_R(L_{R1}、L_{R0})分别模拟汽车左、右方向灯。

(2)当驾驶员拨动左、或右方向灯开关时，对应的方向灯 L_L(L_{L1}、L_{L0})、L_R(L_{R1}、L_{R0})按图 1 要求周期性显示。

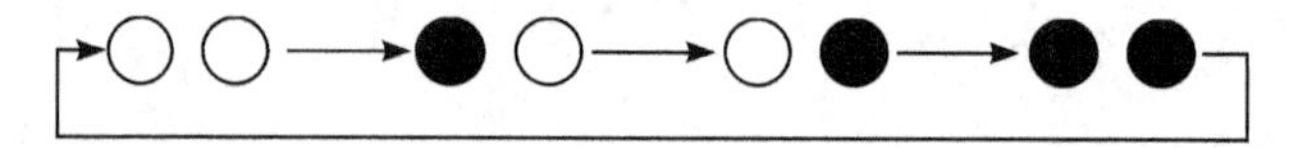

图 1　汽车方向灯显示

图中：●表示灯灭，○表示灯亮。

(3)若驾驶员不慎将左右两个开关都接通，则两侧的方向灯均作同样的周期性显示。

(4)若驾驶员接通制动开关(方向灯控制开关状态全断或通)，四个方向灯均连续显示。

(5)若在制动情况下，同时具有单方向转弯控制，则对应方向的车灯按图 1 显示，另一方向的车灯连续显示。

2. 设计方法：

(1)从图 1 汽车方向灯显示要求可得，其显示规律与两位二进制计数器的时序变化(时序表见表 1)相同，可用二进制计数器的输出控制，由于车灯显示变化的频率很低(1 Hz)，可采用异步计数器实现；两位二进制计数器的设计方法见实验十三，其电路如图 2 所示，其输出 Q_1、Q_0 作为方向灯按图 1 显示的控制信号。

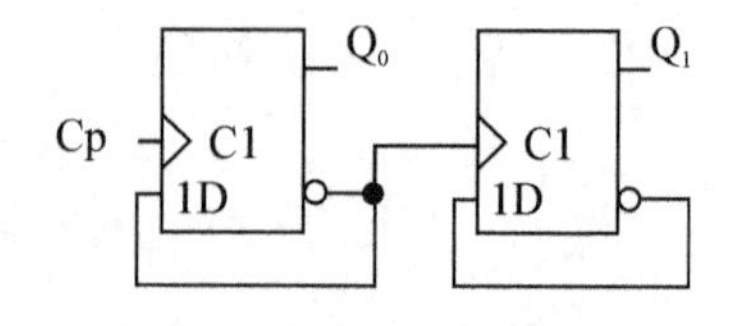

图 2　两位二进制异步计数器

表 1　两位二进制数时序表

Cp	0	1	2	3
Q_1	0	0	1	1
Q_0	0	1	0	1

(2)方向灯显示控制逻辑设计：

根据设计要求，左方向灯 L_L(L_{L1}、L_{L0})显示与汽车的左、右转向开关 K_L(K12)、K_R(K1)及制动开关 K_Z(P+)关系如下：

①左方向灯 L_L按图 1 周期性显示的条件为：K_L＝“1”。

②左方向灯 L_L常亮的条件如表 2。

表中 K_Z＝“1”、K_L＝“1”时，L_L灯应按图 1 周期性显示，故常亮条件为“0”。

表 2　左方向灯 L_L常亮的条件

K_Z	0	0	0	0	1	1	1	1
K_R	0	0	1	1	0	0	1	1
K_L	0	1	0	1	0	1	0	1
L_L	0	0	0	0	1	0	1	0

由卡诺图如图 3 化简可得：

左方向灯 L_L常亮的条件：$K_Z \cdot \overline{K_L} + K_Z \cdot K_R$

K_Z \ K_RK_L	00	01	11	10
0	0	0	0	0
1	1	0	1	1

图 3　左方向灯卡诺图

③按照上述分析左侧两个方向灯亮的关系为：

$$L_{L1} = K_L \cdot Q_1^n + K_Z \cdot \overline{K_L} + K_Z \cdot K_R = \overline{\overline{K_L \cdot Q_1^n} \cdot \overline{K_Z \cdot \overline{K_L}} \cdot \overline{K_Z \cdot K_R}}$$

$$L_{L0} = K_L \cdot Q_0^n + K_Z \cdot \overline{K_L} + K_Z \cdot K_R = \overline{\overline{K_L \cdot Q_0^n} \cdot \overline{K_Z \cdot \overline{K_L}} \cdot \overline{K_Z \cdot K_R}}$$

④同理可得：右方侧两个向灯亮的关系为：

$$L_{R1} = K_R \cdot Q_1^n + K_Z \cdot \overline{K_R} + K_Z \cdot K_L = \overline{\overline{K_R \cdot Q_1^n} \cdot \overline{K_Z \cdot \overline{K_R}} \cdot \overline{K_Z \cdot K_L}}$$

$$L_{R0} = K_R \cdot Q_0^n + K_Z \cdot \overline{K_R} + K_Z \cdot K_L = \overline{\overline{K_R \cdot Q_0^n} \cdot \overline{K_Z \cdot \overline{K_R}} \cdot \overline{K_Z \cdot K_L}}$$

(3)逻辑图(与非门实现)如图 4 所示：

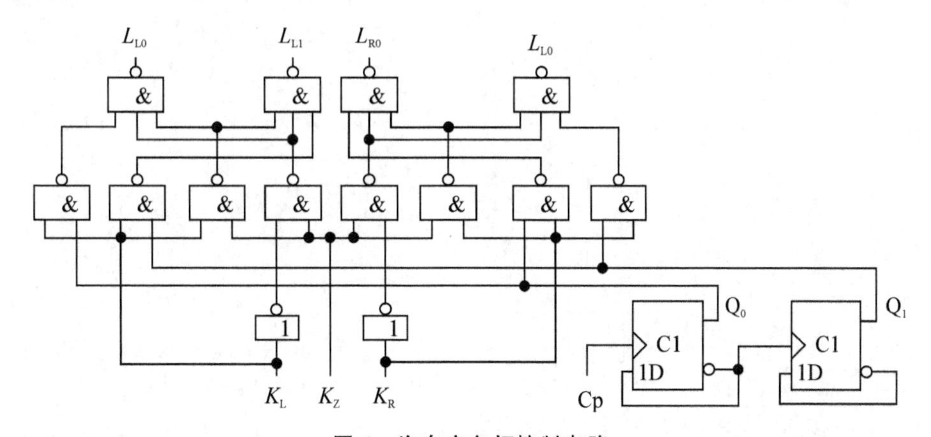

图 4　汽车方向灯控制电路

三、实验仪器

1. 数字万用表 1 台
2. 多功能电路实验箱 1 台

四、实验内容

1. 搭接电路：

按图 4 搭接电路；K_L用逻辑开关 K12 表示，K_R用逻辑开关 K1 表示，K_Z用单脉冲 P＋表示，左方向灯 L_{L1}、L_{L0}分别用逻辑显示器 L16、L15 表示，右方向灯 L_{R1}、L_{R0}分别用逻辑显示器 L5、L4 表示；

2. 功能验证：

接通电源，根据实验要求验证设计的正确性。

五、预习要求

1. 进一步了解异步时序逻辑电路的测试方法。

六、实验报告要求

1. 自拟实验步骤检测，列出检验结果。

实验十五　集成二～五～十计数器应用

一、实验目的

1. 掌握集成二～五～十进制计数器的逻辑功能；
2. 学会集成二～五～十进制计数器的应用。

二、实验原理

1. 集成二～五～十进制计数器 7490 简介：

集成二～五～十进制计数器内部电路如图 1 所示，其由四个 J、K 触发器及控制门电路组成。其中 FF0 为 T′触发器，在 CP_0作用下，Q_0完成一位二进制计数；FF3～FF1 组成异步五进制计数器，在 CP_1作用下，$Q_3Q_2Q_1$按 421 码完成五进制计数；在计数基础上，集成计数器还附加 S_{91}、S_{92}两个置 9 功能端和 R_{01}、R_{02}两个置 0 功能端，当 $S_{91}S_{92}=1$ 时，计数器 $Q_3Q_2Q_1Q_0$完成置 9 功能；$S_{91}S_{92}=0$、$R_{01}R_{02}=1$ 时，计数器 $Q_3Q_2Q_1Q_0$完成置 0 功能。

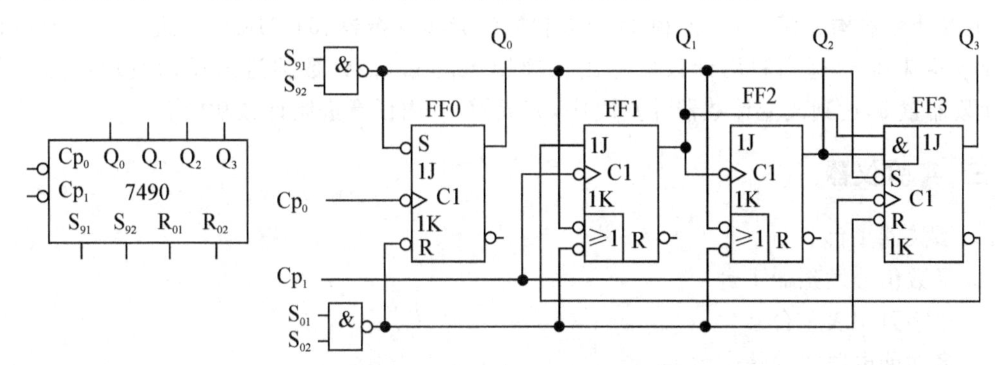

图 1　集成二～五～十进制计数器内部电路

2. 集成二～五～十进制计数器 7490 功能表：

$S_{91}S_{92}$	$R_{01}R_{02}$	Cp_0	Cp_1	Q_3^{n+1}	Q_2^{n+1}	Q_1^{n+1}	Q_0^{n+1}
0	1	×	×	0	0	0	0
1	×	×	×	1	0	0	1
0	0	↓	0	Q_3^n	Q_2^n	Q_1^n	0～1(一位二进加法)
0	0	0	↓	000～100(421 码五进制加法)			Q_0^n

3. 集成二～五～十进制计数器 7490 的应用：

(1)构成 8421BCD 十进制加法异步计数器：

由于集成二～五～十进制计数器内的二～五进制计数器均为下降沿触发，故在构成十进制计数器时，只需将 421 码五进制加法计数器的时钟 CP_1 接二进制计数器的输出 Q_0，则当 Q_0

从 1 返回 0 时，CP_1 得到下降沿，使 $Q_3Q_2Q_1$ 进行加 1 计数，故 CP_0 在时钟信号作用下，$Q_3Q_2Q_1Q_0$ 完成 8421BCD 十进制加法异步计数器功能；连接图如图 2 所示。

(2)构成 5421BCD 十进制加法异步计数器：

集成二～五～十进制计数器构成 5421BCD 十进制加法异步计数器连接图如图 3 所示。当 CP_1 在时钟信号作用下，$Q_3Q_2Q_1$ 按 421 码完成五进制计数；在 Q_3 从 1 返回 0 时，CP_0 得到下降，沿 Q_0 按一位二进制计数；故 CP_1 在时钟信号作用下，$Q_0Q_3Q_2Q_1$ 完成 5421BCD 十进制加法异步计数器功能。

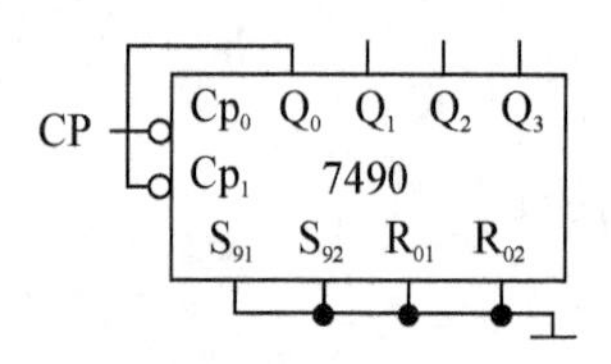

图 2 构成 8421BCD 计数器

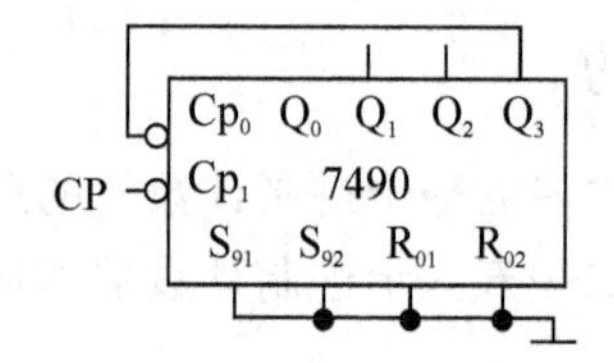

图 3 构成 5421BCD 计数器

(3)构成模 10 以内任意进制计数器：

①反馈置 0 法：由于集成二～五～十进制计数器具有附加异步"入 1"复位端 R_{01}、R_{02}，因此在将集成计数器构成模 10(8421BCD 十进制加法异步计数器、5421BCD 十进制加法异步计数器)计数器基础上，适当利用计数器输出反馈回 R_{01}、R_{02}，使计数器进入反馈端输出为 1 状态时，计数器复位，达到改变计数器计数时序，完成模 10 内任意进制计数功能；

②反馈置 9 法：由于集成二～五～十进制计数器具有附加异步"入 1"置 9 端 S_{91}、S_{92}，因此在将集成计数器构成模 10(8421BCD 十进制加法异步计数器、5421BCD 十进制加法异步计数器)计数器基础上，适当利用计数器输出反馈回 S_{91}、S_{92}，使计数器进入反馈端输出为 1 状态时，计数器置 9，达到改变计数器计数时序，完成模 10 内任意进制计数功能。

三、实验仪器

1. 示波器 1 台
2. 函数信号发生器 1 台
3. 数字万用表 1 台
4. 多功能电路实验箱 1 台

四、实验内容

1. 二～五～十进制计数器功能验证：

7490 管脚图如图 4 所示，根据功能表，画出验证集成二～五～十进制计数器的测试图，自拟实验步骤进行验证。

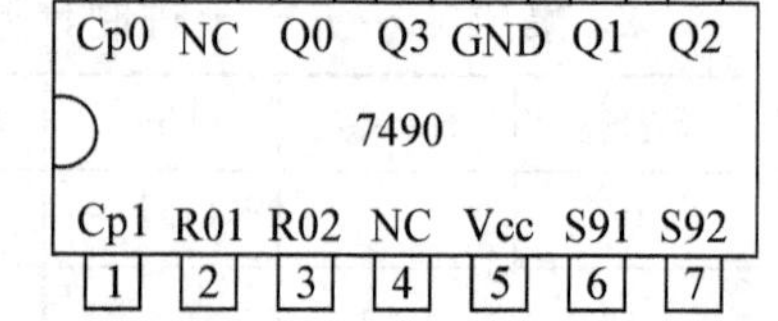

图 4 7490 管脚图

2. 构成 8421BCD 十进制加法异步计数器：

按图 2 搭接电路，用单脉冲 P1(一)作 CP_0 时钟，用数码管显示 8421BCD 十进制加法异步计数器，验证其计数功能，写出计数时序表。

3. 设计模 6 计数器：

在上述 8421BCD 十进制加法异步计数器，利用"反馈置 0 法"设计模 6 计数器，并自拟实验步骤用单脉冲作为时钟进行验证；然后用频率为 10kHz 的 TTL 信号作时钟，用双线示波器观察并记录 CP_0、Q_0、Q_1、Q_2、Q_3 波形。

4. 构成 5421BCD 十进制加法异步计数器：

按图 3 搭接电路，用单脉冲 P1(一)作 CP_1 时钟，用发光管 L8L7L6L5 显示 5421BCD 十进制加法异步计数器，验证其计数功能，写出计数时序表。

5. 设计模 7 计数器：

在上述 5421BCD 十进制加法异步计数器，利用“反馈置 9 法”设计模 7 计数器，并自拟实验步骤用单脉冲作为时钟进行验证；然后用频率为 10kHz 的 TTL 信号作时钟，用双线示波器观察并记录 CP_0、Q_1、Q_2、Q_3、Q_0 波形。

6. 设计二位五进制计数器、十进制计数器：

用两片 7490 设计二位五进制、十进制计数器；画出逻辑图，并用实验方法验证。

7. 设计 24 进制计数器(8421BCD)：

用两片 7490 设计 24 进制计数器(8421BCD)，画出逻辑图，并用实验方法验证。

8. 设计 60 进制计数器(8421BCD)：

用两片 7490 设计 60 进制计数器(8421BCD)，画出逻辑图，并用实验方法验证。

五、预习要求

1. 根据图 1 电路，写出电路接成 8421BCD 异步加法计数器的时钟方程，并求出时序表；
2. 利用反馈“置 0 法”设计一个 8421BCD 六进制计数器；
3. 根据图 1 电路，写出电路接成 5421BCD 异步加法计数器的时钟方程，并求出时序表；
4. 利用反馈“置 9 法”设计一个 5421BCD 七进制计数器；
5. 设计二位五进制计数器、十进制计数器；
6. 设计 24 进制计数器(8421BCD)；
7. 设计 60 进制计数器(8421BCD)。

六、实验报告要求

1. 画出验证二～五～十进制计数器功能的测试图，列表总结二～五～十进制计数器功能；
2. 写出 8421BCD、5421BCD 计数器时序表；
3. 画出所设计的六进制 8421BCD、5421BCD 计数器逻辑图；
4. 分别画出六进制 8421BCD、5421BCD 计数器工作波形；
5. 画出二位五进制计数器、十进制计数器逻辑图；
6. 画出 24 进制计数器(8421BCD)逻辑图；
7. 画出 60 进制计数器(8421BCD)逻辑图。

实验十六　(N－1/2)分频器

一、实验目的

1. 掌握 74193 同步四位二进制可逆计数器的逻辑功能；
2. 用 74193 设计可编程计数器和(N－1/2)分频器。

二、实验原理

1. 74193 逻辑功能：

74193 是同步四位二进制可逆计数器；其功能如表 1，其惯用符号和管脚图如图 1 所示；

表 1　74193 功能表

Cp_U	Cp_D	Rd	$\overline{LD}$	D_3	D_2	D_1	D_0	Q_3^{n+1}	Q_2^{n+1}	Q_1^{n+1}	Q_0^{n+1}	$\overline{Co}$	$\overline{Bo}$
×	×	1	×	×	×	×	×	0	0	0	0	1	×
×	×	0	0	D3	D2	D1	D0	D3	D2	D1	D0	×	×
↑	1	0	1	×	×	×	×	四位二进制加法计数				⊔↑	1
1	↑	0	1	×	×	×	×	四位二进制减法计数				1	⊔↑

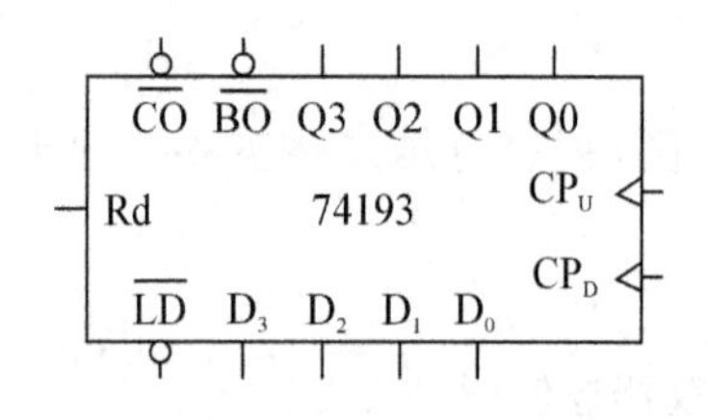

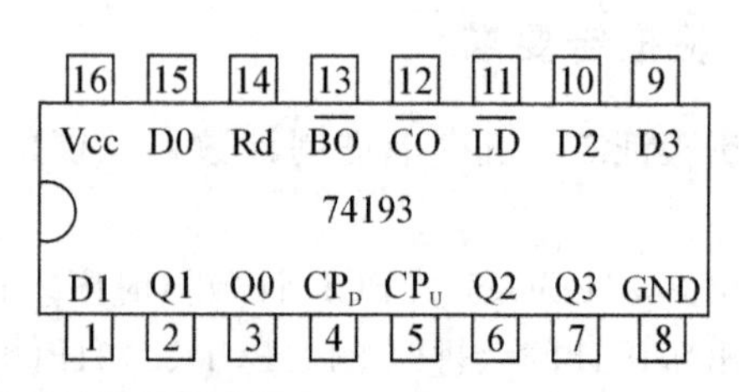

图 1　74193 惯用符号及管脚图

其中：

(1)进位信号$\overline{Co}$：$\overline{Co}=\overline{Q_3^n \cdot Q_2^n \cdot Q_1^n \cdot Q_0^n \cdot \overline{C_{pu}}}$即：计数器状态从“1111”向“0000”转换时，当 C_{pu}的上升沿到来时，$\overline{Co}$输出一个上升沿作为进位信号；

(2)借位信号$\overline{Bo}=\overline{\overline{Q_3^n} \cdot \overline{Q_2^n} \cdot \overline{Q_1^n} \cdot \overline{Q_0^n} \cdot \overline{C_{PD}}}$即：计数器状态从“0000”向“1111”转换时，当 C_{PD} 的上升沿到来时，$\overline{Bo}$输出一个上升沿作为借位信号。

2. 用 74193 组成可编程计数器：

(1)图 2 为 74193 组成可编程计数器示意图：当 C_{PD} ＝“1”，从 C_{pu} 输入时钟脉冲，用与非门对计数器输出 Q_3^n、Q_2^n、Q_1^n、Q_0^n 进行译码，并将译码输出反馈给$\overline{LD}$端。

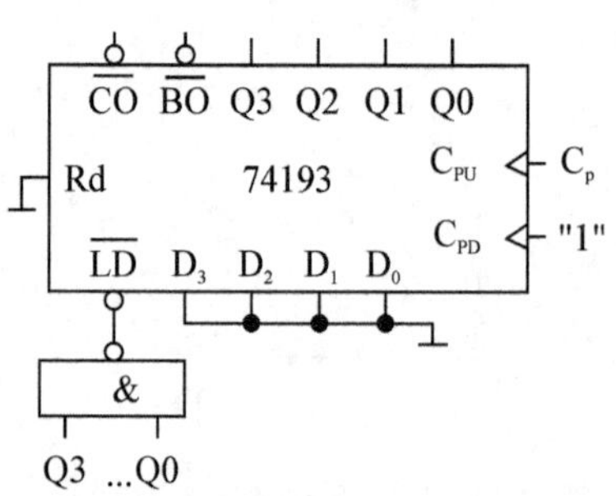

图 2　74193 组成可编程计数器

当 $D_3D_2D_1D_0$ ＝“0000”时，计数器即为 8421 码可编程 N 进制(N＝2～16)加法计数器；改变译码逻辑，便改变了进制数 N，N 与化简了的译码逻辑关系如表 2 所示。

表 2　计数器 N 进制与化简译码逻辑关系

N	2	3	4	5	6	7	8	9
$\overline{LD}$	$\overline{Q_1^n}$	$\overline{Q_1^nQ_0^n}$	$\overline{Q_2^n}$	$\overline{Q_2^nQ_0^n}$	$\overline{Q_2^nQ_1^n}$	$\overline{Q_2^nQ_1^nQ_0^n}$	$\overline{Q_3^n}$	$Q_3^nQ_0^n$
N	10	11	12	13	14	15	16	
$\overline{LD}$	$\overline{Q_3^nQ_1^n}$	$\overline{Q_3^nQ_1^nQ_0^n}$	$\overline{Q_3^nQ_2^n}$	$\overline{Q_3^nQ_2^nQ_0^n}$	$\overline{Q_3^nQ_2^nQ_1^n}$	$\overline{Q_3^nQ_2^nQ_1^nQ_0^n}$		1

(2)当 C_{pu} ＝“1”，从 C_{PD} 输入时钟脉冲，用与非门对计数器输出 Q_3^n、Q_2^n、Q_1^n、Q_0^n 进行译码(译码逻辑表达式自行推导)，并将译码输出反馈给 $\overline{LD}$ 端。

当 $D_3D_2D_1D_0$ ＝“1111”时，计数器即为 8421 码偏权码可编程减法计数器；改变译码逻辑，便改变了进制数 N；请设计一个十进制减法计数器，译码逻辑不必化简。

(3)当 C_{PD} ＝“1”，从 C_{pu} 输入时钟脉冲，把进位信号 $\overline{Co}$ 反馈到 $\overline{LD}$ 端，改变 $D_3D_2D_1D_0$ 便可组成 8421 偏权码可编程加法计数器；电路的有效状态为预置态 $D_3D_2D_1D_0$(半个时钟周期)～“1111”态(半个时钟周期)，请设计一个十进制加法计数器。

(4)当 C_{pu} ＝“1”，从 C_{PD} 输入时钟脉冲，把借位信号 $\overline{Bo}$ 反馈到 $\overline{LD}$ 端，改变 $D_3D_2D_1D_0$ 便可组成 8421 偏权码可编程加法计数器；电路的有效状态为预置态 $D_3D_2D_1D_0$(半个时钟周期)～“0000”态(半个时钟周期)，请设计一个十进制减法计数器。

3. 74193 组成(N－1/2)分频器：

74193 组成(N－1/2)分频器电路如图 3 所示：

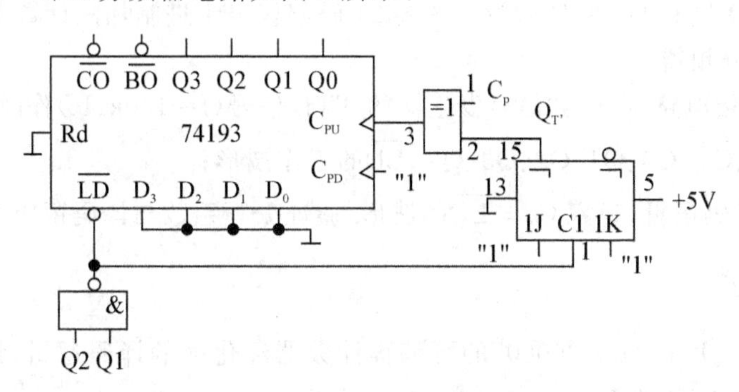

图 3　(N－1/2)分频器

(1)74193 可编程计数器每循环一次，译码器输出一个负脉冲给 $\overline{LD}$ 端，同时该负脉冲触发 T′触发器，使 $Q_{T'}$ 翻转一次。

(2)$Q_{T'}$ 和 C_p 异或输出作为可编程计数器时钟 C_{pu}，即：$C_{pu}=Q_{T'}\oplus C_p$，则：

①当 $Q_{T'}$ ＝“0”时，$C_{pu}=C_p$，可编程计数器在 C_p 的上升沿触发翻转。

②当 $Q_{T'}$ ＝“1”时，$C_{pu}=\overline{C_p}$，可编程计数器在 C_p 的下降沿触发翻转。

显然，在计数器的两个相邻循环中，一个循环是在 C_p 的上升沿翻转；另一个循环是在 C_p 的下降沿翻转。从而使可编程计数器的进制数 N 比原来减 1/2，达到(N－1/2)分频。

(3)当当 $D_3D_2D_1D_0$ ＝“0000”时，分频系数(N－1/2)中 N 与译码逻辑关系如表 2。

三、实验仪器

1. 示波器 1 台
2. 函数信号发生器 1 台
3. 数字万用表 1 台
4. 多功能电路实验箱 1 台

四、实验内容

1. 74193 功能测试：

自拟实验步骤，按照 74193 功能表验证其功能；

2. 74193 组成可编程计数器：

(1)构成 8421 码六进制加法计数器：

按图 2 搭接电路，令：$\overline{LD}=\overline{Q2 \cdot Q1}$，$D_3D_2D_1D_0$＝“0000”时，从 C_{pu} 输入单脉冲 P＋(C_{PD}＝“1”)，用发光管显示输出，列出编程计数器的时序表；同理，按表 2 改变译码逻辑进行验证。

(2)* 构成 8421 码减法计数器：

在图 2 电路基础上，令：$D_3D_2D_1D_0$＝“1001”时，从 C_{PD} 输入单脉冲 P＋(C_{pu}＝“1”)，用数码管显示输出，按预习所设计的 $\overline{LD}$ 端译码逻辑，验证所设计的 8421BCD 码十进制减法计数器的正确性。

(3)8421 码偏权码加法计数器：

在图 2 基础上，令：$\overline{LD}=\overline{Co}$，从 C_{pu} 输入单脉冲 P＋(Cp_D＝“1”)，用发光管显示输出，按预习要求所设计的 $D_3D_2D_1D_0$，验证所设计的 8421 码偏权码十进制加法计数器的正确性。

3. (N－1/2)分频器：

(1)按图 3 搭接电路，用函数信号发生器的 TTL 信号(f＝100kHz)作时钟 C_p，用双踪示波器观察并记录 C_p、C_{pu}、Q0、Q1、Q2、Q3、$Q_{T'}$、$\overline{LD}$ 的工作波形；

(2)改变 $\overline{LD}$ 译码逻辑，观察 C_p 与 $\overline{LD}$ 的波形，验证分频系数与译码逻辑关系表。

五、预习要求

1. 表 2 是当 $D_3D_2D_1D_0$＝“0000”的可编程计数器经化简的译码逻辑，请写出未经化简的译码逻辑与进制数 N 的关系；

2. 按实验原理 2 中要求，设计出 8421 码偏权码十进制加法和减法计数器。

六、实验报告要求

1. 总结 74193 的逻辑功能；
2. 写出预习要求的设计内容；
3. 画出实验内容 3 的工作波形，并说明电路是如何产生(N－1/2)分频器。

实验十七　m脉冲发生器

一、实验目的

1. 掌握74193组成可编程计数器的方法；

2. 掌握m脉冲发生器的工作原理和检测方法。

二、实验原理

1. 74193组成可编程计数器：

可编程计数器的设计方法参见实验十六。图1为74193组成可编程偏权码加法计数器的示意图。改变预置数 $D_3D_2D_1D_0$，便改变了分频系数N，计数的有效状态为：$D_3D_2D_1D_0$～1110（实际上为预置态 $D_3D_2D_1D_0$ 和1111态各占半个时钟周期），预置数 $D_3D_2D_1D_0$ 与分频系数N之间的关系如表1所示。

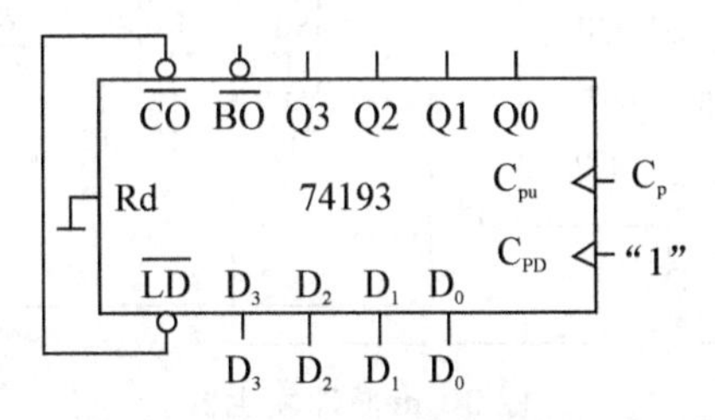

图1　74193编程计数器示意图

表1　进制数N与预置数的关系表

$D_3D_2D_1D_0$	0000	0001	0010	0011	0100	0101	0110
N	15	14	13	12	11	10	9
$D_3D_2D_1D_0$	0111	1000	1001	1010	1011	1100	1101
N	8	7	6	5	4	3	2

2. 脉冲发生器：

脉冲发生器是指可控脉冲输出器，当电路输入启动信号 K_Q，允许脉冲输出；当电路输入禁止信号（Kz），不允许脉冲输出，其电路如图2所示。其工作原理如下：

（1）当启动信号 K_Q（⌊⌈）输入时，$Q_{T'}$＝"1"，G2＝Ck：

①若Ck＝"0"，G3＝G4＝"1"，则：G5＝"0"；

②若Ck＝↑，由于Ck直接加给G4，故使G4＝↓，G5＝↑；同时使G3＝"1"，而Ck经G1、G2延迟后加给G3，这就避免了G3、G4组成的基本RS触发器出现不定状态；

③当 $Q_{T'}$＝"1"，Y与Ck输出同相脉冲。

(2)当禁止信号 Kz(⊔)输入时，$Q_{T'}$ =↓，即：$Q_{T'}$ = “0”，则：G2≡“1”：

①若 Ck=“0”，G4=“1”，则：G3=“0”、G5=“0”；

②若 Ck=↑，由于 G3=“0”，因此，G4=“1”、G5=“0”；

③当 $Q_{T'}$ =“0”，Y≡“0”，无脉冲输出。

3. m 脉冲发生器：

所谓 m 脉冲发生器，是指电路启动一次，电路 Y 输出 m 个完整的脉冲，然后停止，等待下一次再启动。

将图 1 和图 2 组合在一起，便组成 m 脉冲发生器，如图 3 所示。

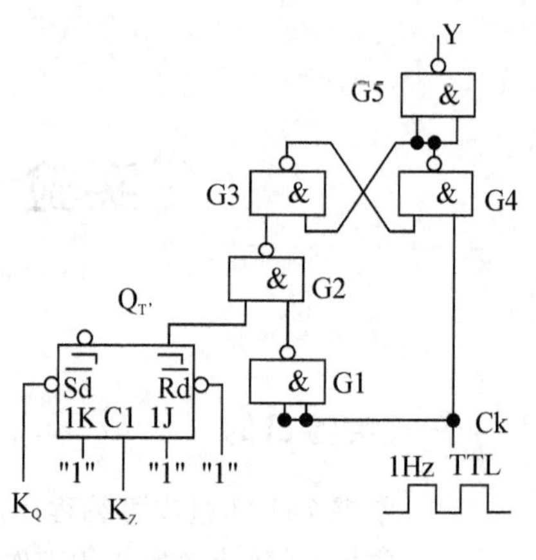

图 2 脉冲发生器

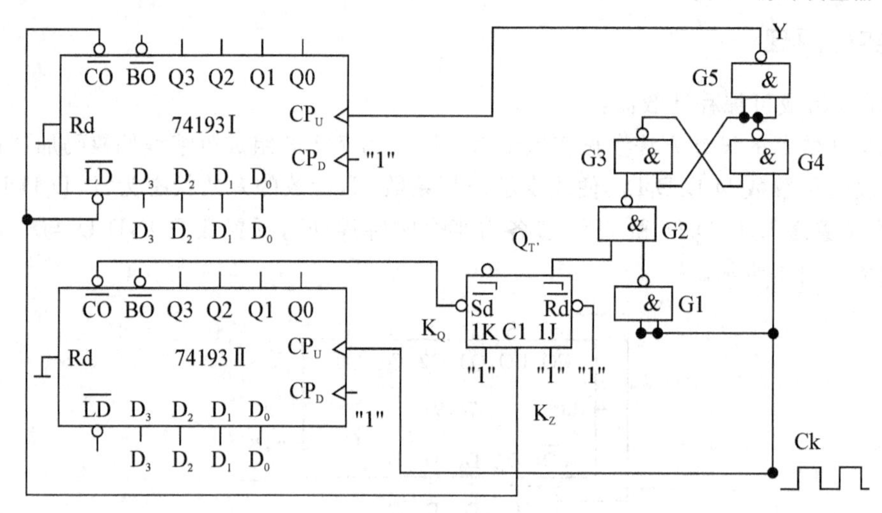

图 3 m 脉冲发生器

(1)启动信号的下降沿↓使 $Q_{T'}$ =“1”，此时 Ck 端正脉冲经 G4、G5 从 Y 端输出。将 Y 端的脉冲送给编程计数器 74193 的 C_{pu} 作计数脉冲。计数脉冲的个数 m 取决于可编程计数器的分频系数 N，当 m=N 时，计数器的状态 $Q_3Q_2Q_1Q_0$ =“1111”，直到最后一个 Ck 的下降沿↓到时，编程计数器 74193 的进位端$\overline{Co}$输出一个负脉冲↓。

①进位端$\overline{Co}$输出的负脉冲↓送$\overline{LD}$，使编程计数器 74193 返回预置态；

②进位端$\overline{Co}$输出的负脉冲↓送禁止端 Kz，使 $Q_{T'}$ =“0”，禁止 Ck 从 Y 输出，等待重新启动，重复上述过程。

(2)基本 RS 触发器(G3、G4)可保证 Y 输出第一个正脉冲的完整性：

①若在 Ck=“0”期间，启动信号使 $Q_{T'}$ =↑，解除了对 G2 的封锁，Ck 正脉冲来时，可以从 Y 输出；

②若在 Ck=“1”期间，启动信号使 $Q_{T'}$ =↑，但由于 Ck=“1”，G1=“0”，仍封锁住 G2，因此基本 RS 触发器 G3、G4 并不马上翻转，Y=“0”，Ck 的这个正脉冲不能传送到输出端，下一个 Ck 正脉冲才能传送到输出端，从而保证了输出第一个正脉冲的完整性；

③进位端$\overline{Co}$输出的负脉冲↓保证了 Y 输出最后一个正脉冲的完整性：

因为进位端$\overline{Co}$输出的负脉冲↓是出现在最后一个 Ck 的下降沿↓到来时，即当 Y 输出最后一个正脉冲结束时，$\overline{Co}$输出的负脉冲⌊才使 $Q_{T'}$ ＝“0”，从而封锁脉冲发生器；因此 Y 输出最后一个正脉冲也是完整的。

三、实验仪器

1. 示波器 1 台
2. 函数信号发生器 1 台
3. 数字万用表 1 台
4. 多功能电路实验箱 1 台

四、实验内容

1. 74193 组成可编程计数器验证：

按图 1 搭接电路，按表 1 验证可编程计数器的工作情况。

2. 脉冲发生器验证：

按图 2 搭接电路；用 K12 作启动信号 K_Q，用单脉冲 P＋作禁止信号 Kz，用函数信号发生器 TTL(f＝1Hz)作 Ck，用逻辑显示器 L5 作 Y；检验脉冲发生器工作情况是否正常。

3. m 脉冲发生器验证：

(1)按图 3 搭接电路(将图 2 的 Y 接图 1 的 Cpu，Kz 改接到图 1 进位端$\overline{Co_{II}}$，74193Ⅱ暂不接入)；检验 m 脉冲发生器的工作情况是否正常；

(2)为了用示波器观察工作波形，需要一个周期性的启动信号，因此，用 74193Ⅱ的进位端$\overline{Co_{II}}$输出产生启动信号代替手动的启动信号，即将启动端改接 74193Ⅱ的进位端$\overline{Co_{II}}$。

①当 74193I 的 $D_3D_2D_1D_0$＝“0101”时，用双踪示波器观察：Ck、$\overline{Co_{II}}$、Y、$\overline{Co_{I}}$、Q_0、Q_1、Q_2、Q_3 的工作波形(观察 17 个 Ck 周期)；

②用双踪示波器同时观察$\overline{Co_{II}}$和 Y 的工作波形，改变可编程计数器的预置数 $D_3D_2D_1D_0$，观察输出脉冲数 m 与 $D_3D_2D_1D_0$ 的关系。

五、预习要求

1. 复习实验十六 74193 组成可编程计数器的设计方法；
2. 分析本实验电路原理，了解本实验电路的工作原理。

六、实验报告要求

1. 总结实验内容 1、2 所检验结果；
2. 画出实验内容 3 的工作波形，并说明电路是如何实现 m 脉冲输出。

实验十八　移位寄存器及其应用

一、实验目的

1. 掌握移位寄存器的结构及工作原理；
2. 掌握移位寄存器的应用。

二、实验原理

1. 移位寄存器原理：

移位寄存器是由多级无空翻触发器组成，其在统一的移位时钟脉冲控制下，每来一个时钟脉冲，原存于寄存器的信息就按规定的方向（左或右）同步移动一位。寄存器的类型，按移位方式分为左移、右移和双向移位寄存器；按其输入、输出方式分为并行输入—并行输出、并行输入—串行输出、串行输入—并行输出和串行输入—串行输出等几种。

74194 除了双向移位（左移、右移）功能外，还具有异步复位、同步保持和并行输入功能；其功能转换由工作方式控制端 S1、S0 控制。图 1 为 74194 双向移位寄存器的惯用符号及管脚图，表 1 为其功能表：

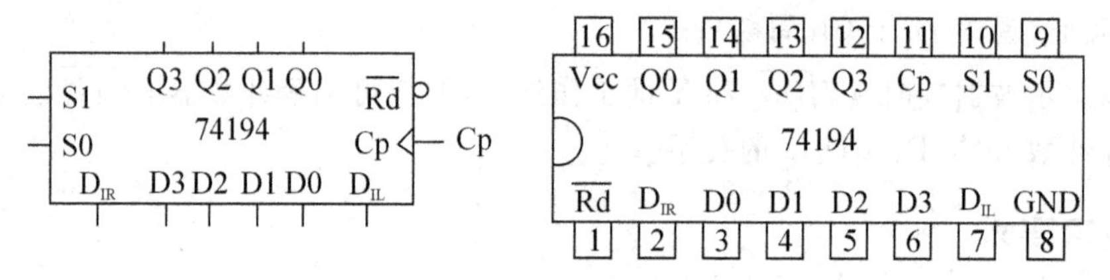

图 1　74194 惯用符号及管脚图

表 1　74194 功能表

$\overline{Rd}$	S_1	S_0	Cp	D_{IR}	D_{IL}	D_0	D_1	D_2	D_3	Q_0^{n+1}	Q_1^{n+1}	Q_2^{n+1}	Q_3^{n+1}
0	×	×	×	×	×	×	×	×	×	0	0	0	0
1	×	×	0	×	×	×	×	×	×	Q_0^n	Q_1^n	Q_2^n	Q_3^n
1	0	0	↑	×	×	×	×	×	×	Q_0^n	Q_1^n	Q_2^n	Q_3^n
1	0	1	↑	D_{IR}	×	×	×	×	×	D_{IR}	Q_0^n	Q_1^n	Q_2^n
1	1	0	↑	×	D_{IL}	×	×	×	×	Q_1^n	Q_2^n	Q_3^n	D_{IL}
1	1	1	↑	×	×	D_0	D_1	D_2	D_3	D_0	D_1	D_2	D_3

2. 移位寄存器的应用：

(1)数字信号工作方式的转换：

①并入—串出转换：利用工作方式控制端 S1S0＝11，在时钟作用下，完成并入后，再将

S1S0 改为 01 或 10，在时钟作用下，即可完成右移串出或左移串出；

②串入—并出转换：利用工作方式控制端 S1S0＝01 或 10，在时钟作用下，即可完成右移或左移串入，在输出端得到并出信号。

(2)数字信号的传输：

在数字系统中，常常将并行处理后的信号转换为串行信号进行传输，在发送端，利用移位寄存器将并行信号转换为串行信号，通过串行传输通道传送到接收端，简化了传输通道；在接收端，利用移位寄存器再将串行信号转换为并行信号。图 2 为信号传输过程示意图。图中发送端和接收端的时钟需同步，以免发生信号错位，为保证信号传输的可靠，在发送和接收端还加入校验电路。

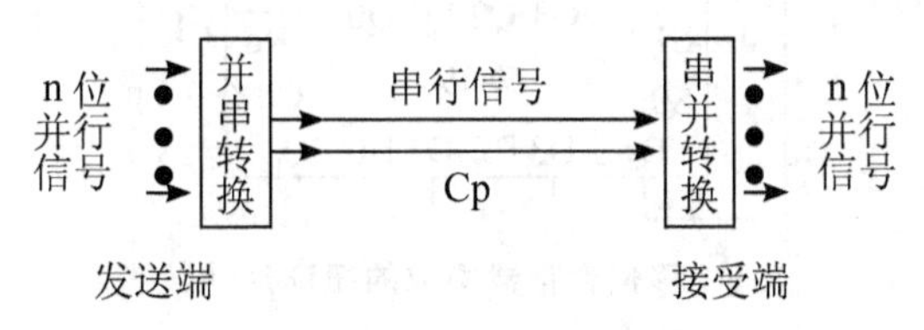

图 2　数字信号传输过程

(3)实现特殊计数器：

移位寄存器型计数器是以移位寄存器为主体的同步计数器，其状态转移规律具有移位寄存器的特征，即除第一级触发器外，其余各级触发器均按 $Q_{in+1}=Q_{i-1n}$ 的逻辑规律转移，而第一级触发器的次态为：$Q_{0n+1}=f(Q_{0n},Q_{1n},\cdots,Q_{mn})$，因此，移位寄存器型计数器的基本结构如图 3 所示：

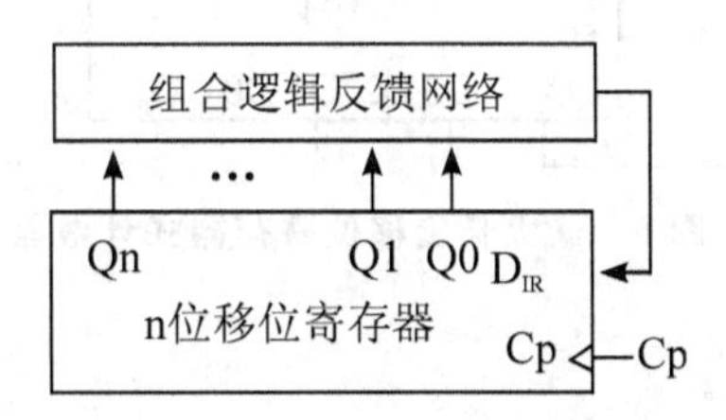

图3　移位寄存器型计数器示意图

①环形计数器：

由 74194 构成的右移环形计数器电路如图 4 所示。该电路可实现循环一个 1(当电路采用同步置入法置为只有一个输出端为 1，其余为 0 状态)或循环一个 0(当电路采用同步置入法置为只有一个输出端为 0，其余为 1 状态)两种计数方式，而当电路进入其他状态时，电路状态为无效状态；显然，该计数器不能自启动，为了实现自启动，可通过修改反馈逻辑达到。

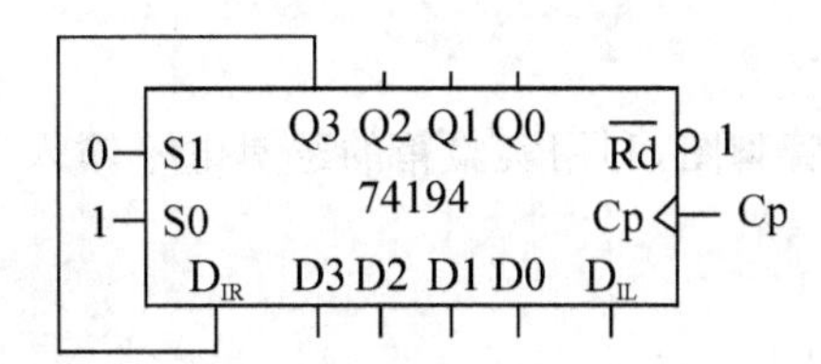

图 4　移位寄存器构成的环形计数器

自启动循环一个 0 的反馈逻辑为：$D_{IR}=\overline{Q0\cdot Q1\cdot Q2}$，

自启动循环一个 1 的反馈逻辑为：$D_{IR}=\overline{Q0}\cdot\overline{Q1}\cdot\overline{Q2}$。

由于这种环形计数器 $N=n=4$，其状态利用率低，但这种计数器每个状态只有一位为 1 或 0，且依次右移，故无需译码即可直接作为顺序脉冲发生器。

②扭环形计数器：

扭环形计数器也称为约翰逊计数器，其特点是计数有效状态 $N=2n$，且相邻两状态之间只有一位代码不同，因此扭环形计数器的输出所驱动的组合电路不会产生竞争—冒险。

由 74194 构成的右移扭环形计数器电路如图 5 所示。显然该计数器不能自启动，为了实现自启动，可通过修改反馈逻辑达到。右移扭环形计数器的反馈逻辑为：$D_{IR}=Q1\cdot\overline{Q2}+\overline{Q3}$。

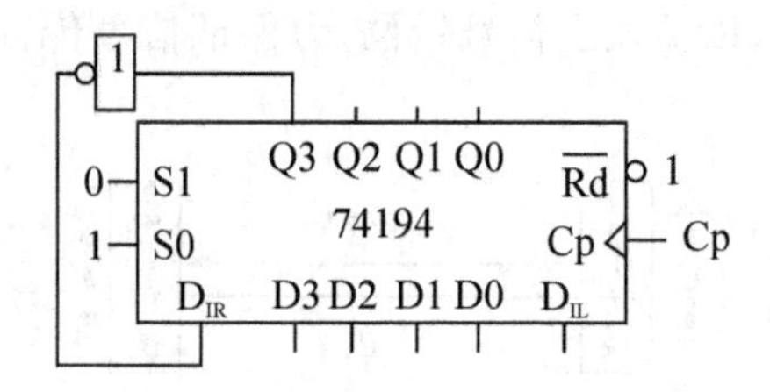

图5　移位寄存器构成的扭环形计数器

③最大长度移位寄存器式计数器：

最大长度移位寄存器式计数器也称伪随机信号发生器，其特点是计数状态 $N=2^n-1$，由 74194 构成的右移最大长度移位基础器式计数器电路如图 6 所示：

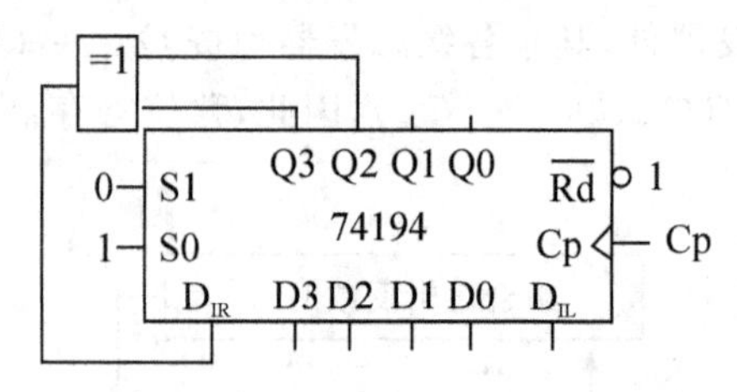

图 6　最大长度移位寄存器式计数器

三、实验仪器

1. 示波器 1 台
2. 函数信号发生器 1 台
3. 数字万用表 1 台
4. 多功能电路实验箱 1 台

四、实验内容

1. 集成电路功能检验：

根据功能表及集成电路管脚图，利用实验箱的逻辑电平输入 Ki 及逻辑电平显示 Li，自拟实验步骤进行检验。

2. 右移环形计数器：

(1)按图 4 搭接电路，Cp 由单脉冲输入，通过 S1S0 选择，先同步置入 S1S0＝11、Q3Q2Q1Q0＝1000，后改为右移(S1S0＝01)工作模式，观察右移循环一个“1”的环形计数器的工作情况，画出该有效循环的状态转换图。

(2)在图 4 基础上，同步置入：Q3Q2Q1Q0＝0111，在右移工作模式下，观察右移循环一个

“0”环形计数器的工作情况，画出该有效循环的状态转换图。

(3)在图 4 基础上，同步置入其他无效态，求出各无效态的循环的状态转换图。

(4)令反馈逻辑 $D_{IR}=\overline{Q0 \cdot Q1 \cdot Q2}$，求出自启动循环一个“0”环形计数器的完整状态转换图。

(5)将 Cp 改为 10kHz 的 TTL 信号，用示波器观察 Cp、QO、Q1、Q2、Q3 波形，从工作波形说明环形计数器为节拍发生器。

3. 右移扭环形计数器：

(1)按图 5 搭接电路，Cp 由单脉冲输入，通过 S1S0 选择，先同步置入 S1S0＝11、Q3Q2Q1Q0＝0000，后改为右移(S1S0＝01)工作模式，观察右移扭环形计数器的工作情况，画出该计数器的有效状态转换图。

(2)在图 5 基础上，同步置入其他无效态，求出各无效态的循环的状态转换图。

(3)令反馈逻辑 $D_{IR}=\overline{\overline{Q1 \cdot \overline{Q2}} \cdot Q3}$，求出自启动右移扭环形计数器的完整状态转换图。

(4)将 Cp 改为 10kHz 的 TTL 信号，用示波器观察 Cp、QO、Q1、Q2、Q3 波形，从工作波形说明扭环形计数器相邻两个状态之间只有一位发生变化的特点。

4. 最大长度移位寄存器式计数器：

按图 6 搭接电路，Cp 由单脉冲输入，观察最大长度移位寄存器式计数器的工作情况，画出该计数器的有效状态转换图。

五、预习报告

1. 复习有关移位寄存器原理及应用；

2. 根据自启动右移环形计数器的反馈逻辑，求出自启动左移环形计数器的反馈逻辑；

3. 根据自启动右移扭环形计数器的反馈逻辑，求出自启动左移扭环形计数器的反馈逻辑。

六、实验报告要求

1. 总结 74194 的逻辑功能；

2. 画出实验所观察的各种状态转换图和工作波形；

3. 写出预习要求中所设计的结果。

实验十九　算术逻辑单元和累加器

一、实验目的

1. 了解 74181 算术逻辑单元的逻辑功能；

2. 应用算术逻辑单元组成累加器的工作原理。

二、实验原理

1. 算术逻辑单元(ALU)74181 功能：

算术逻辑单元是在全加/全减电路的基础上加以扩展形成的，其是计算机 CPU 的核心。74181 为四位 ALU 电路。其管脚图如图 1 所示，功能表如表 1。

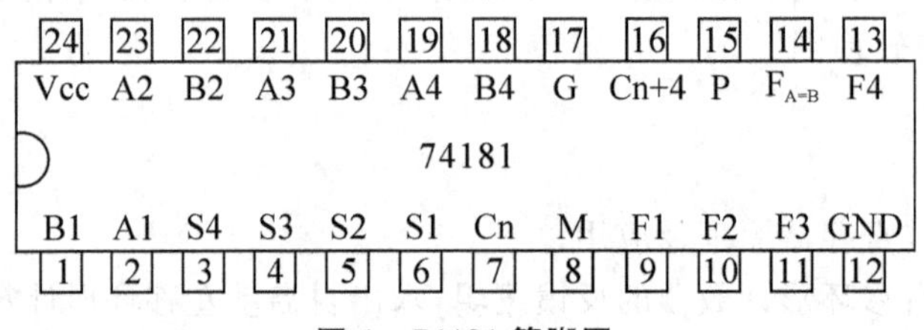

图 1　74181 管脚图

(1)$S_3S_2S_1S_0$：功能选择输入端；

(2)Cn：低位进位(加法)、借位(减法)输入端；

(3)M：模式选择输入端：

①M＝“0”时，进行逻辑运算(禁止内部进位)；

②M＝“1”时，进行算术运算(允许内部进位)；

(4)$A_3A_2A_1A_0$ 和 $B_3B_2B_1B_0$：两个四位二进制数输入端；

(5)$F_3F_2F_1F_0$：四位二进制数输出端；

(6)C_{n+4}：向高位进位(加法)、借位(减法)输出端；

(7)$F_{A=B}$：A、B 数码比较输出端(OC)；

此比较必须在减法运算情况下，即：ALU 处于带借位减法模式($S_3S_2S_1S_0$＝“0110”M＝“0”、Cn＝“1”)，则：

①当 A＝B 时，$F_{A=B}$＝“1”；

②当 A≠B 时，$F_{A=B}$＝“0”。

若配合 C_{n+4}，则可提供比较大小信息：

①当 A＝B 时，$F_{A=B}$＝“1”；

②当 A＜B 时，$F_{A=B}$＝“0”，C_{n+4}＝“1”；

③当 A＞B 时，$F_{A=B}$＝“0”，C_{n+4}＝“0”。

表 1　74181 功能表

$S_3S_2S_1S_0$	逻辑运算:M=1	算术运算:M=0	
	Cn=×	Cn=1(加无进位、减有借位)	Cn=0(加带进位、减无借位)
0 0 0 0	$F=\overline{A}$	F=A	F=A 加 1*
0 0 0 1	$F=\overline{A+B}$	F=A+B	F=(A+B)加 1
0 0 1 0	$F=\overline{A}\cdot B$	$F=A+\overline{B}$	$F=(A+\overline{B})$加 1
0 0 1 1	F=0	F=减 1(2 的补码**)	F=0
0 1 0 0	$F=\overline{A\cdot B}$	F=A 加 $A\cdot\overline{B}$	F=A 加 $A\cdot\overline{B}$ 加 1
0 1 0 1	$F=\overline{B}$	$F=(A+B)+A\cdot\overline{B}$	$F=(A+B)+A\cdot\overline{B}$ 加 1
0 1 1 0	$F=A\oplus B$	F=A 减 B 减 1	F=A 减 B
0 1 1 1	$F=A\cdot\overline{B}$	$F=A\cdot\overline{B}$减 1	$F=A\cdot\overline{B}$
1 0 0 0	$F=\overline{A}+B$	F=A 加 A·B	F=A 加 A·B 加 1
1 0 0 1	$F=\overline{A\oplus B}$	F=A 加 B	F=A 加 B 加 1
1 0 1 0	F=B	$F=(A+\overline{B})$加 A·B	$F=(A+\overline{B})$加 A·B 加 1
1 0 1 1	F=A·B	F=A·B 减 1	F=A·B
1 1 0 0	F=1	F=A 加 A***	F=A 加 A 加 1
1 1 0 1	$F=A+\overline{B}$	F=(A+B)加 A	F=(A+B)加 A 加 1
1 1 1 0	F=A+B	$F=(A+\overline{B})$加 A	$F=(A+\overline{B})$加 A 加 1
1 1 1 1	F=A	F=A 减 1	F=A

注:* 上述运算中,“+”表示逻辑或,加表示算术加;在算术加、减均在最低位进行的;

** 减 1(2 的补码):二进制数中 2 的补码形式,即:$F_3F_2F_1F_0=1111$;

*** A 加 A:相当于向高移一位,即:$F_3=A_2$、$F_2=A_1$、$F_1=A_0$、$F_0=0$

(8)P、G:先行进位输出端,配合先行进位发生器而设置。

2. 累加器:

累加器是用于多个二进制数依次相加求和电路,它的功能是将本身寄存器的数和输入数据相加,并存放在累加寄存器中,故它是具有“记忆”功能的加法器,其功能框图如图 2 所示。

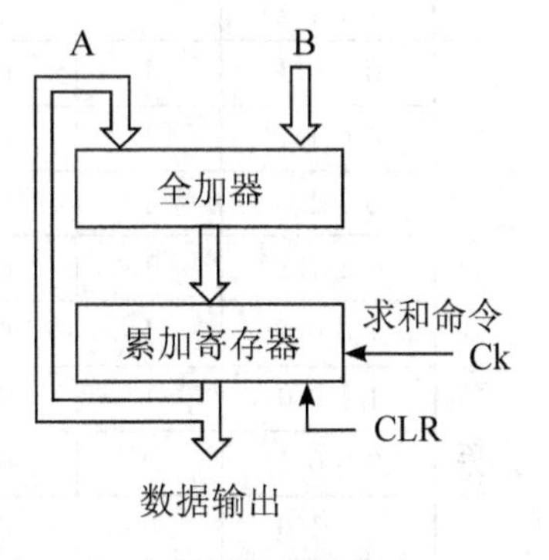

图 2　累加器框图

3. 累加器的工作过程为:

(1)寄存器清零,A0=0;

(2)输入第一个数据 B1,在第一个求和命令(Ck)作用下,把 A 与 B 之和送累加寄存器;

即:A1=A0+B1

(3)依次输入 B2、B3、…、Bn,在 Ck 作用下,则累加寄存器依次输出:

$$A1=A0+B1;$$
$$A2=A1+B2;$$
$$\vdots$$
$$A_n=A_{n-1}+Bn。$$

三、实验仪器

1. 示波器 1 台
2. 函数信号发生器 1 台
3. 数字万用表 1 台
4. 多功能电路实验箱 1 台

四、实验内容

1. 74181 功能检验：

根据集成电路管脚图，利用实验箱的逻辑电平输入 Si 及逻辑电平显示 Li，按照表 2 检验功能；选取 $A_3 \sim A_0 = 1010$、$B_3 \sim B_0 = 1100$；在比较中，分别令：$B_3 \sim B_0 = 1100$、1010、0101；

表 2　74181 功能检验

	功能选择			运算公式	$F_3F_2F_1F_0$	C_{n+4}	$F_{A=B}$
	$S_3S_2S_1S_0$	Cn	M				
逻辑运算	0 0 0 0	×	1	$F=\overline{A}$			
	0 0 0 1	×	1	$F=\overline{A+B}$			
	0 0 1 0	×	1	$F=\overline{A}\cdot B$			
	0 1 0 0	×	1	$F=\overline{A\cdot B}$			
	0 1 1 0	×	1	$F=A\oplus B$			
	0 1 1 1	×	1	$F=A\cdot\overline{B}$			
	1 0 0 0	×	1	$F=\overline{A}+B$			
	1 0 0 1	×	1	$F=\overline{A\oplus B}$			
	1 0 1 1	×	1	$F=A\cdot B$			
	1 1 0 0	×	1	$F=1$			
	1 1 0 1	×	1	$F=A+\overline{B}$			
	1 1 1 1	×	1	$F=A$			
算术运算	0 0 0 1	1	0	$F=A+B$			
	0 0 1 1	1	0	F=减 1(2 的补码)			
	0 1 1 0	1	0	F=A 减 B 减 1			
	0 1 1 1	1	0	$A\cdot\overline{B}$ 减 1			
	1 0 0 1	1	0	F=A 加 B			
	1 1 0 0	1	0	F=A 加 A			
	0 0 0 1	0	0	$F=(A+B)$ 加 1			
	0 0 1 0	0	0	$F=(A+\overline{B})$ 加 1			
	1 0 0 1	0	0	F=A 加 $A\cdot B$ 加 1			
	1 0 1 0	0	0	$F=(A+\overline{B})$ 加 $A\cdot B$ 加 1			
	1 1 0 1	0	0	$F=(A+B)$ 加 A 加 1			
	1 1 1 0	1	0	$F=(A+\overline{B})$ 加 A 加 1			
较	0 1 1 0	1	0	F=A 减 B			
	0 1 1 0	1	0	F=A 减 B			
	0 1 1 0	1	0	F=A 减 B			

2. 四位二进制数累加、累减器：

按图 3 搭接电路，在电路清零后，按表 3 依次输入数据 $B_3 \sim B_0$，在求和命令作用下，求出累加、累减输出，验证电路功能。

表 3　累加、累减功能验证

$B_3 \sim B_0$	$Q_3 \sim Q_0$	C_{n+4}	$Q_3 \sim Q_0$	C_{n+4}
0000				
0001				
1000				
0110				
0011				
0101				
1101				
1001				
1010				
1110				
0010				
1010				
0100				
1001				

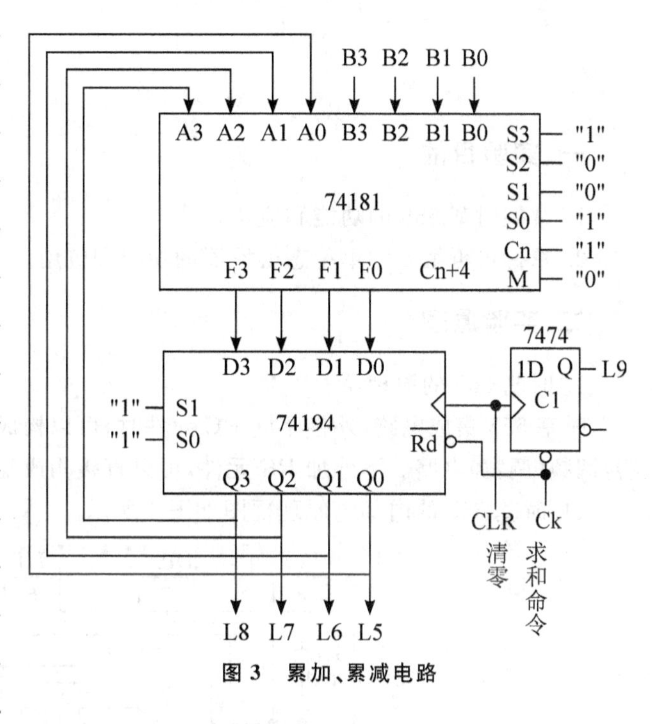

图 3　累加、累减电路

五、预习报告

1. 图 3 中、74181 的 $S_3S_2S_1S_0CnM$＝“100110”和 74194 的 S_1S_0＝“11”的功能是什么？

2. 若累加器输出 $Q_3Q_2Q_1Q_0$＝“1001”，新输入数据 $B_3B_2B_1B_0$＝“0110”，试问：

(1)在求和命令输入前：$F_3F_2F_1F_0$＝？

(2)在求和命令输入后：$F_3F_2F_1F_0$＝？

3. 如何将图 3 改为累减器的功能。

六、实验报告要求

1. 归纳 74181 功能；

2. 列表整理实验数据；

3. 回答预习要求中的问题。

实验二十 时基555和可再触发的单稳态触发器

一、实验目的

1. 掌握时基555的功能和应用；
2. 掌握可再触发的单稳态触发器的功能和应用。

二、实验原理

1. 时基555的原理：

时基555集成电路，外接不同RC元件时，可以构成单稳态触发器、多谐振荡器、压控振荡器，调频（调宽）电路。不外加RC元件，可以直接构成施密特触发器。

（1）时基555的内部电原理框图如图1所示。

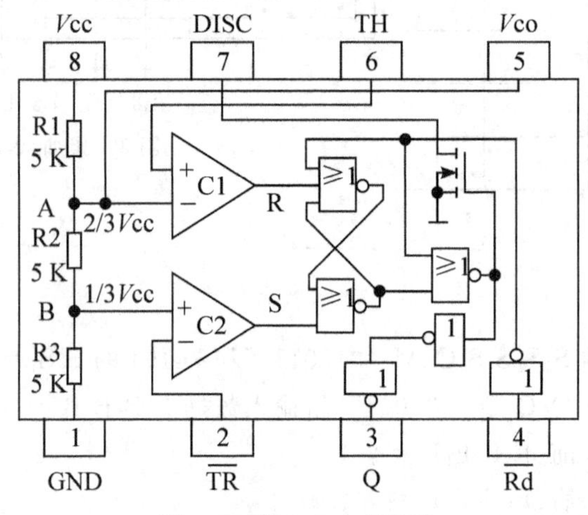

图1 时基555内部电路

①R1、R2、R3组成分压器：得到1/3 Vcc和2/3 Vcc两个基准电平（Vcc＝＋5 V～＋18 V）。

②两个单限电压比较器：

比较器Ⅰ的反相端为基准电平2/3 Vcc，同相端为555的上触发端TH。比较器Ⅱ的同相端为基准电平1/3 Vcc，反相端为555的下触发端$\overline{TR}$。

③直接RS触发器：高电平作为触发信号；比较器Ⅰ输出作为R端（置0）信号，比较器Ⅱ输出作为S端（置1）信号。

当$V_{TH}>2/3\ V_{cc}$时，$R=1$，555输出$Q=0$；当$V_{\overline{TR}}<1/3\ V_{cc}$时，$S=1$，555输出$Q=1$。

④放电管T_D：为“放电”端外接电容提供低阻抗放电回路。

⑤缓冲级：隔离、放大。Q端常态为0。

(2)555 功能表如表 1 所示。

表 1　555 功能表

$\overline{Rd}$	V_{TH}	$V_{\overline{TR}}$	Q^{n+1}	T_D	DISC
0	×	×	0	导通	接地
1	>2/3 *V*cc	>1/3 *V*cc	0	导通	接地
1	<2/3 *V*cc	>1/3 *V*cc	Q^n	保持	保持
1	<2/3 *V*cc	<1/3 *V*cc	1	截止	高阻
1	>2/3 *V*cc	<1/3 *V*cc	1	截止	高阻

2. 时基 555 应用：

(1)构成施密特触发器：

时基 555 直接作为施密特触发器时，只要将上下触发端相连作为输入端即可；其上限触发电平 $V_T+=2/3\ Vcc$，下限触发电平 $V_T-=1/3Vc$，其回差电压 $\Delta V_T=V_T+-V_T-=1/3\ Vcc$。如图 2 所示；若在 555 的压控端上拉或下拉一个电位器 Rw，便可同时调节 V_T+、V_T-和 ΔV_T。

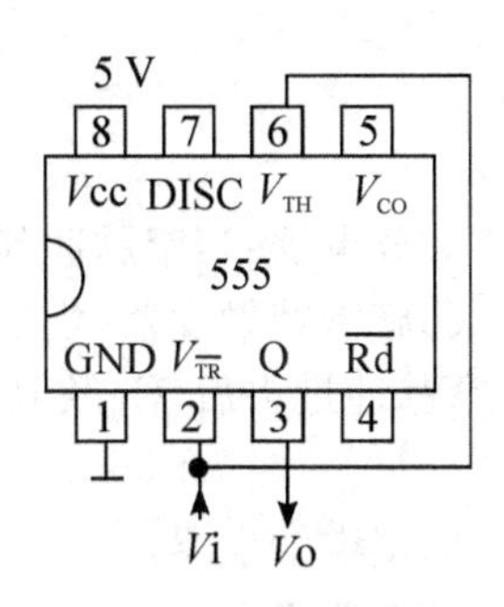

图 2　555 构成施密特触发器

(2)构成单稳态触发器：

用 555 组成直接触发单稳态触发器电路，如图 3 所示。要求 1 k≤*R*≤20 k。单稳脉宽 *t*u≈1.1RC。由图 1 可知，为使 RS 触发器不出现竞态(*R*=*S*=1)，要求触发信号 *V*i 的负脉宽必须小于单稳脉宽 *t*u，否则电路不能正常工作。

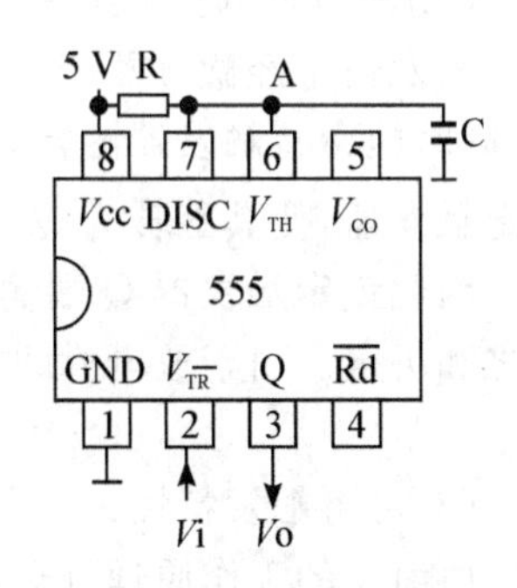

图 3　555 构成单稳态触发器

(3)多谐振荡器：

用 555 组成非对称多谐振荡器电路，如图 4 所示。其振荡脉宽：

$$tu^+=0.69(R1+R2)C \qquad tu^-=0.69R2\ C$$

(4)压控振荡器：

在图 4 的电路中，从压控(*V*co)端输入一个方波电压 *V*co，则构成压控(间歇)振荡器。要求方波的周期 $Tco\geqslant(tu^+ + tu^-)$，方波的高电平 Vco_H 满足：$Vcc/3<Vco_H<Vcc$；方波的低电平 $Vco_L\leqslant0$。在 Vco_H 期间产生振荡，在 Vco_L 期间停振。若将上述方波从$\overline{Rd}$端输入，也同样构成压控(间歇)振荡器。

(5)调频(宽)振荡器：

在图 4 压控端接入一个周期性交变电压(正弦波或三角波)，便构成调频(宽)振荡器。

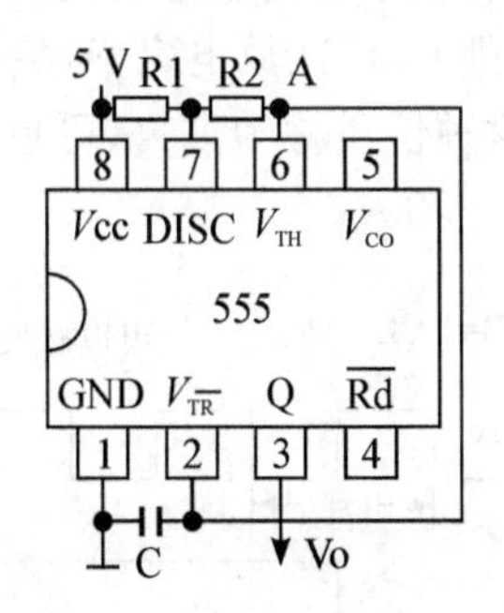

图 4　555 构成非对称多谐振荡器

3. 可再触发单稳 SN74123：

(1)图 5 为 SN74123 逻辑框图，(SN74123 内部封装有两个这样的单稳电路)。

①与非门 G1、G2 为触发信号形成电路。

②微分器将 G2 的下降沿信号形成一个窄脉冲。

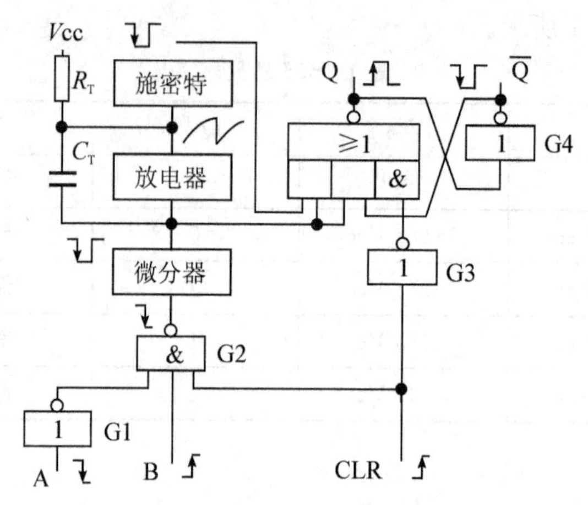

图 5 可再触发单稳态触发器原理框图

③放电器：当窄脉冲到来，放电器为 C_T 提供低阻抗放电回路，在窄脉冲期间放电完毕。

④施密特触发器：当窄脉冲使 C_T 放电到施密特下限触发电平时，施密特翻转为输出低电平，窄脉冲过去后，C_T 经 R_T 充电，当充至施密特上限触发电平时，施密特再次翻转为输出高电平。

⑤锁定触发器：

触发器常态为 $Q=0$，$\overline{Q}=1$（因为常态时，施密特和微分器输出为 1）。

$CLR=0$ 时，$Q=0$，$\overline{Q}=1$（清零）。

触发信号经微分器产生的窄脉冲，触发锁定触发器，使其翻转为 $Q=0$，$\overline{Q}=1$，电路进入暂态，同时施密特触发器翻转为输出低电平。待 R_TC_T 充电使施密特再次翻转为高电平时，触发锁定触发器，使其翻转为 $Q=0$，$\overline{Q}=1$（暂态结束）。

因此锁定触发器 Q 端输出的正脉宽即为单稳脉宽。单稳脉宽由 C_T 的放电时间和充电时间之和决定。由于放电时间很短，主要由充电时间决定，可用下面公式来估算单稳脉宽：

$$tu=0.28R_TC_T[1+0.7/R_T(K)]$$

（2）可再触发特性：

由前述的工作原理可知，由于触发信号形成的每一个窄脉冲都会使 C_T 迅速放电完毕，因此，若在单稳的暂态期间，即在 C_T 充电尚未达到施密特的上限触发电平之前，再来一个触发信号，则 C_T 再次放电完毕，然后重新充电，直到施密特的上限触发电平时，暂态才告结束。电路的这种性质称为可再（可重）触发特性。其工作波形如图 6 所示：

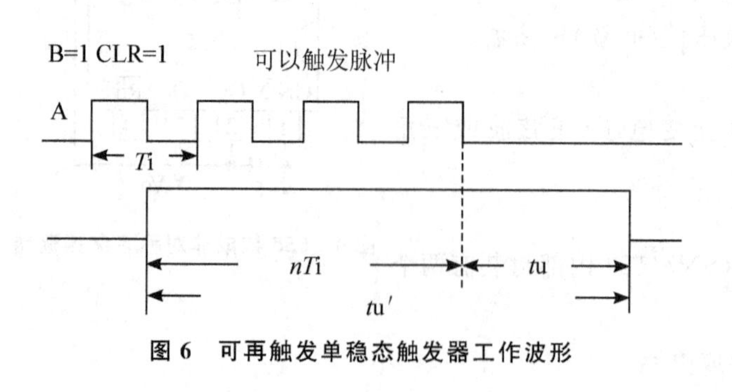

图 6 可再触发单稳态触发器工作波形

表 2 74123 功能表

CLR	A	B	Q	$\overline{Q}$
0	×	×	0	1
×	×	0	0	1
×	1	×	0	1
1	↓	1	⊓	⊔
1	0	↑	⊓	⊔
↑	0	1	⊓	⊔

(3)SN74123 的功能表如表 2 所示：

由表 2 可见，输入端 A、B 和 CLR 均可施加触发信号。但表中只说明了从 A、B、CLR 三者之一施加触发信号时的情况；结合图 5 和表 2 可知；还可以从 A、B、CLR 三者之二施加触发信号，一个触发电路进入暂态，另一个触发电路提前结束暂态，从而灵活地控制单稳脉宽。必须注意：当使用 CLR 作触发端时，CLR 正脉宽应大于单稳脉宽，否则，单稳脉宽将等于 CLR 正脉宽，电路就不成为单稳了。

三、实验仪器

1. 示波器 1 台
2. 函数信号发生器 1 台
3. 数字万用表 1 台
4. 多功能电路实验箱 1 台

四、实验内容

1. 时基 555 的应用：

(1)密特触发器：

按图 2 搭接电路，从 V_i 端输入一个正弦波或锯齿波 $V_{p-p}=5$ V($V_{IH}=5$ V、$V_{IL}=0$ V)。用示波器 X～Y 方式同时输入 V_i 和 Vo，观察并画出不接电阻时的电压传输特性，接 10 k 下拉电位器，调节电位器，观察并记录不接下拉电位器时 V_{T+}、V_{T-} 和 ΔV_T 的变化情况。

(2)单稳态触发器：($Vc=5$ V、$R=Rw=10$ k 电位器、$C=0.01$ μF)

按图 3 搭接电路，计算单稳脉宽 tu($Rw=10$ K)，正确选择触发信号的频率(使负脉宽 $< tu$，周期 $> tu$)。触发信号用 TTL 作 Vi 输入，用示波器观察并记录 $Rw=10$ K 时 Vi、Vo、V_{TH} 的工作波形。改变 Rw，观察单稳脉宽的变化情况。

(3)不对称多谐振荡器：($Vc=5$ V、$R1=Rw=10$ k、$R2=5.1$ k、$C=0.01$ μF)

①按图 4 搭接电路，用示波器观察并记录 Vo、V_{TH} 波形($Rw=10$ K)，改变 Rw，观察振荡周期的变化情况。

②按预习要求“5”设计对称多谐振荡电路并进行验证。

(4)压控振荡器：

在图 4 电路中，将 Rw 改为 5.1 K 固定电阻，计算振荡周期 T，用方波信号 $V_{p-p}=5$ V($V_{IH}=5$ V、$V_{IL}=0$ V、$Ti>10T_{振}$)从 $\overline{\mathrm{Rd}}$ 端输入，用示波器观察并记录 V_i、V_o 波形。(电路不要拆除，留待后面使用)。

(5)调频(调宽)振荡器：

在实验步骤(4)基础上，将方波改为三角波或正弦波从 Vco 端输入，用示波器观察并记录 V_i、V_o 波形。

2. SN74123 功能测试：

(1)按图 7 搭接电路，用逻辑开关分别给 1A、1B、1CLR 三者之二加信号(注意：CLR 正脉宽应大于单稳脉宽)，余下的一个加 TTL 信号，用示波器观察并记录($Rw=10$ K)输入及 1Q 工作波形。

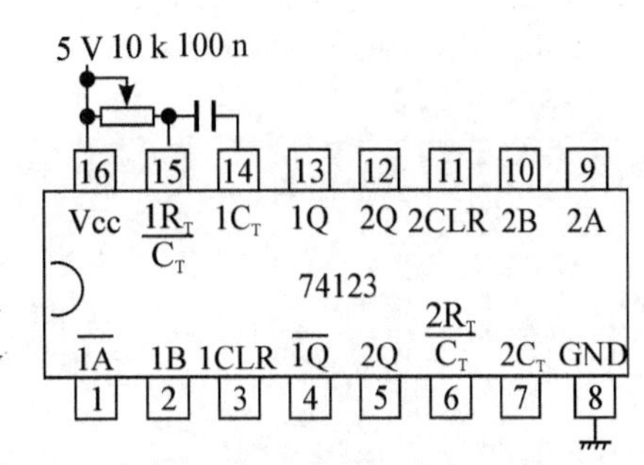

图 7　可再触发单稳态触发器实验电路

(2)按表 2 验证 SN74123 逻辑功能。改变 Rw 观察单稳态触发器的波形变化情况。

(3)将图 4 的时基 555 构成的压控振荡器输出信号，作为 SN74123 的 1A 的触发信号，其余用逻辑开关输入相应的逻辑电平。观察并记录(Rw＝10 K)Vi、1A、1Q 工作波形。改变 Rw 观察波形变化情况。

五、预习要求

1. 图 2 施密特触发器中，为什么在 Vco 端上拉或下拉电位器 Rw，即可调节 V_T+、V_T- 和 ΔV_T？写出此时的 V_T+、V_T- 和 ΔV_T 与 Vm 的关系；

2. 图 3 单稳态触发器中，请计算单稳脉宽 tu，预选触发信号 Vi 的周期和占空比。你能从图 1 和图 3 电路中用三要素法求出单稳脉宽的表达式吗？(ln3＝1.1)

3. 计算图 4 多谐振荡的 tu^+ 和 tu^-。你能用三要素法求出两个暂态宽度的表达式吗？

4. 为什么 SN74123 具有可再触发特性？

5. 图 4 多谐振荡器的正、负脉宽公式中，由于两个暂态时间常数不等，故称为非对称多谐，现给你一个二极管，能否把它改变成对称多谐？

六、实验报告

1. 画出各实验电路及波形；

2. 说明时基 555 和 SN74123 的功能。

实验二十一　施密特触发器及其应用

一、实验目的

1. 进一步掌握施密特触发器的原理和特点；
2. 掌握施密特触发器电路的应用；
3. 学会正确使用 TTL、CMOS 集成触发器。

二、实验原理

1. 施密特触发器的特点：

(1)电路具有两个稳定状态(0 态,1 态)；

(2)触发翻转：

①输入信号从低电平往上升的过程中,电路状态在 V_{T+} 处翻转；

②当输入信号从高电平往下降的过程中,电路状态在 V_{T-} 处翻转；

(3)回差电压 $\Delta V_T = V_{T+} - V_{T-}$；

(4)电路状态转换时,通过电路内部的正反馈使输出电压波形的边沿变陡。

2. 具有施密特特性的门电路：

(1)TTL 施密特触发器：

TTL 集成施密特触发器 74132 内部电路及逻辑符号如图 1 所示：

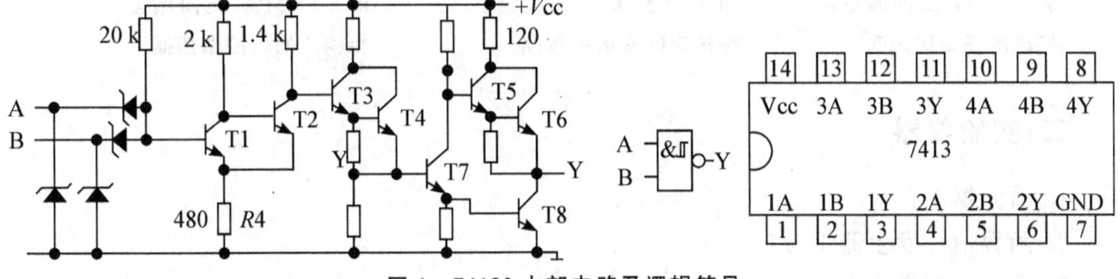

图 1　74132 内部电路及逻辑符号

(2)CMOS 施密特触发器：

CMOS 集成施密特触发器 CD40106 内部电路及逻辑符号如图 2 所示：

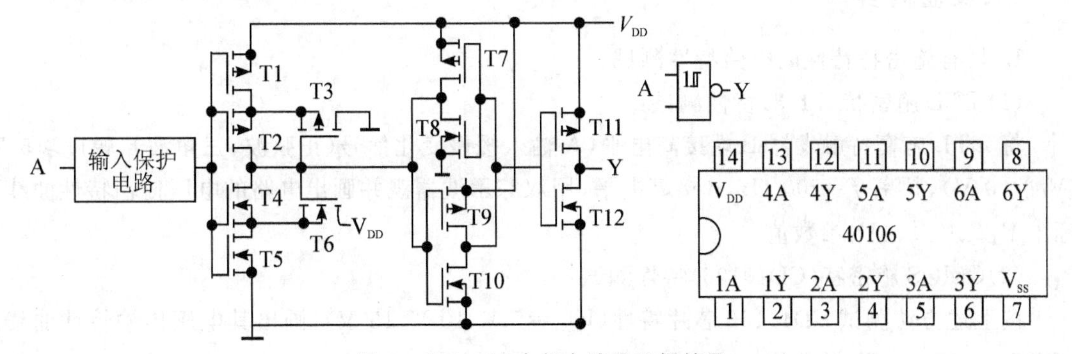

图 2　CD40106 内部电路及逻辑符号

3. 施密特触发器的应用：

(1)波形整形：

①将边沿缓慢变化的信号波形整形为边沿陡峭的矩形波，如图 3 所示；

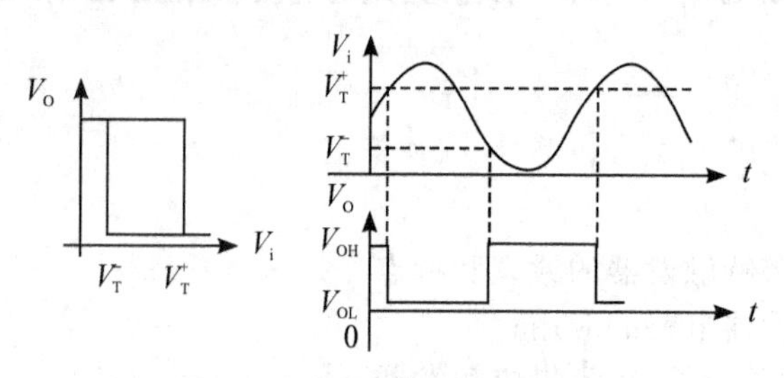

图 3　施密特触发器波形整形

②将叠加在矩形脉冲高、低电平上的噪声。

(2)构成多谐振荡器等脉冲电路；

利用反向施密特加上适当的 RC 元件，可构成多谐振荡器。

图 4 由 TTL 反向施密特构成的多谐振荡器；

图 5 由 CMOS 反向施密特构成的多谐振荡器；

图 6 由 CMOS 反向施密特构成的压控振荡器。

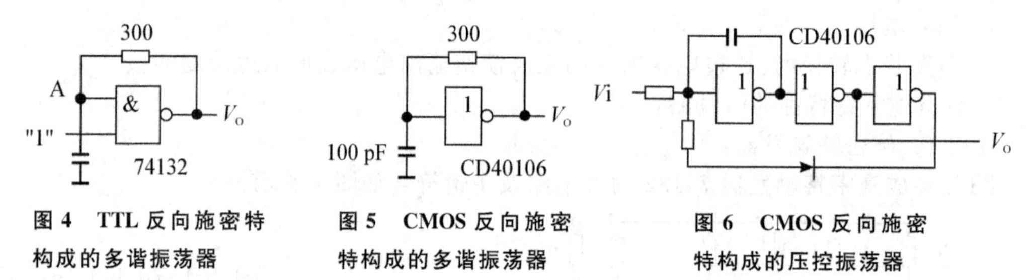

图 4　TTL 反向施密特构成的多谐振荡器

图 5　CMOS 反向施密特构成的多谐振荡器

图 6　CMOS 反向施密特构成的压控振荡器

三、实验仪器

1. 示波器 1 台
2. 函数信号发生器 1 台
3. 数字万用表 1 台
4. 多功能电路实验箱 1 台

四、实验内容

1. 具有施密特特性门电路特性测试：

(1)TTL 施密特(7413)特性测试：

将 TTL 施密特触发器 B 端接高电平，A 输入缓慢变化信号(正弦波、三角波)，幅度≥5 V (V_{OL}＝0 V)、频率 f＝200 Hz，B 接高电平；用双踪示波器观并画出电路的电压传输特性曲线，标出 V_{T+}、V_{T-}、ΔV_T参数值。

(2)CMOS 施密特(CD40106)特性测试：

按上述方法测试 CD40106 芯片特性(V_{DD}＝5 V、10 V、15 V)，画出其电压传输特性曲线，标出 V_{T+}、V_{T-}、ΔV_T参数值。

2. 密特特触发器的应用：

(1)多谐振荡器：

①按图 4 搭接电路($V_{DD}=5$ V)，根据测量参数 V_{T+}、V_{T-} 选择电容 C，使输出波形的频率为 100 kHz～150 kHz，并用实验方法验证，定量画出 A、Vo 波形。

②按图 5 搭接电路，分别测出 C=100 pF、1 μF 时振荡器的输出频率。

(2)按图 5 搭接电路，($V_{DD}=5$ V)，信号 Vi 的变化范围为 2.5～5 V，用双踪示波器观察并记录 Vo 波形。

①当 V_i 分别为 2.5、3、3.5、4、4.5、5 V 时，测出 V_o 波形的相应频率 f。

②观察电路中元件参数变化对频率 f 的影响。

③观察与非门的 V_T，施密特触发器的 V_{T+}、V_{T-}、ΔV_T 参数值对频率 f 的影响。

五、预习要求

1. 图 1 施密特触发器原理电路由哪几部分构成的？各部分的作用是什么？

2. CMOS 施密特触发器的电源电压 V_{DD} 和其参数：V_{T+}、V_{T-}、ΔV_T 有何关系？

3. 改变图 4 电路的 V_{DD} 值时，Vo 的振荡频率是否会跟着变化？怎样变化？

六、实验报告

1. 在按图 1 电路中，设三极管的 $V_{BES}\approx 0.8$ V、$V_{CES}\approx 0.3$ V，肖特基二极管的正向导通压降 $V_D\approx 0.4$ V 计算 TTL 施密特触发器的参数：V_{T+}、V_{T-}、ΔV_T；

2. 画出实验步骤 1 的电压传输特性曲线；

3. 按照实验步骤 2 要求，设计元器件参数，画出相关波形。

实验二十二 TTL与非门构成的单稳态触发器和多谐振荡器

一、实验目的

1. 掌握 TTL 型单稳态触发器的工作原理；
2. 掌握 TTL 型多谐振荡器的工作原理。

二、实验原理

1. RC 环形振荡器工作原理：

奇数个与非门首尾相连，便可组成环形振荡器，其振荡频率为：$f=\frac{1}{2nt_{pd}}$

式中：t_{pd}为与非门的平均传输延迟时间，n 为与非门个数（n 为奇数：3、5……）。

从上式可见，其频率不能连续调整。

2. RC 环形多谐振荡器：

电路如图 1 所示，在环形振荡器的基础上，增加 RC 充放电回路，便构成 RC 环形多谐振荡器；连续改变 R 或 C，振荡频率便连续可调。电路工作条件：$R<R_{OFF}$（R_{OFF}为 TTL 关门电阻）。

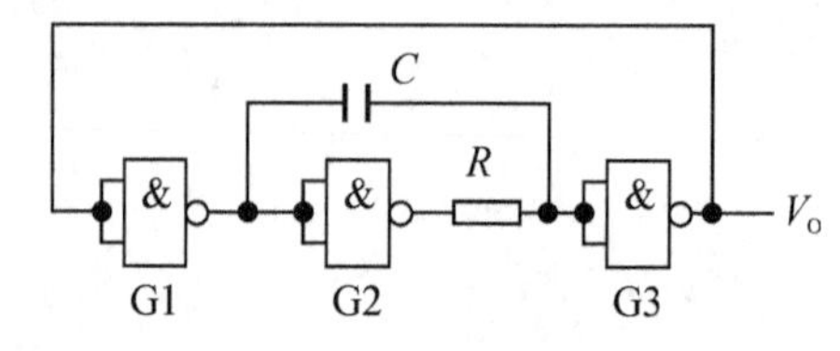

图 1 RC 环形振荡器

(1)在暂态 I：G1＝“1”，G2＝G3＝“0”，则电容充电回路的等效时间常数 $\iota_1=RC$；

(2)在暂态 II：G1＝“0”，G2＝G3＝“1”，则电容放电回路的等效时间常数 $\iota_2=(R//R1)C$。

式中 R1 为 TTL 门 G3 中 T1 管的基极偏置电阻。由于充放电时间常数不同，故图 1 电路是一个非对称多谐振荡器。其振荡周期近似为：

$$T\approx 0.33RC+0.9(R/\!/R1)C$$

3. 微分型单稳态触发器：

电路如图 2 所示，与非门 G1、G2 和 RC 构成微分型单稳电路，G3 为整形输出。RC 为单稳定时元件，电路工作条件 $R<R_{OFF}$。

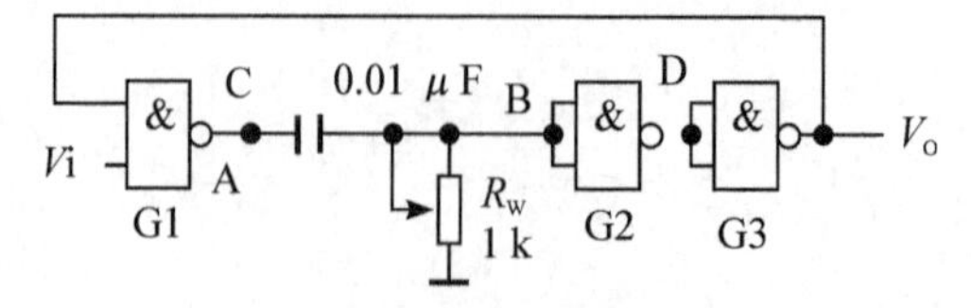

图 2 微分型单稳态触发器

(1)稳态:G2="1"、G1="0",故触发信号为上升沿不起作用。

(2)触发信号的下降沿到来时,电路翻转为:G1="1"、G2="0",电路进入暂态过程;电容充放电回路的等效时间常数:$\iota=RC$,随着电容充放电的进行,B点电位V_B下降。

(3)当V_B下降到G2的阈值电平时,电路自动翻转为:G2="1"、G1="0",回到稳态。电路暂态的时间即为单稳脉宽tu,其与ι成正比关系,由近似计算可得:

$$tu\approx 0.33RC$$

4. 积分型单稳态触发器:

电路如图3所示,与非门G1、G2、G3和RC构成积分型单稳电路RC为单稳定时元件,电路工作条件$R<R_{OFF}$。

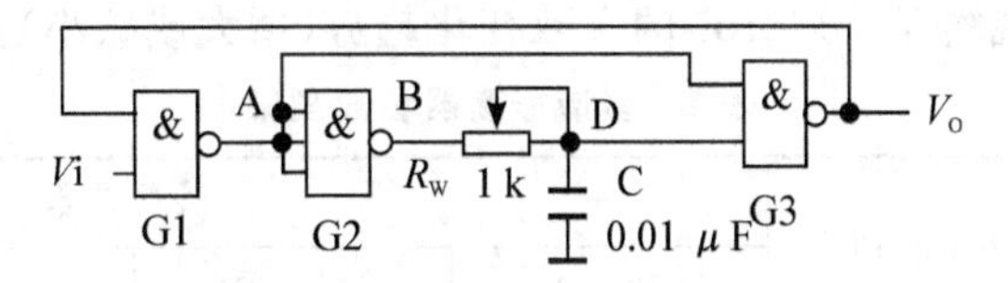

图3　积分型单稳态触发器

(1)稳态时:G3="1"、G1="0"、G2="1"。

(2)当V_i下降沿到来时,电路翻转为:G1="1"、G2="0"、G3="0",电路进入暂态过程。电容充放电回路的等效时间常数:$\iota=RC$,随着电容充放电的进行,B点电位V_B下降。

(3)当V_b下降到G2的阈值电平时,电路自动翻转为:G3="1"、G1="0"、G2="1";回到稳态。电路暂态的时间即为单稳脉宽tu,其与ι成正比关系,由近似计算可得:

$$tu\approx 0.4RC$$

三、实验仪器

1. 示波器1台
2. 函数信号发生器1台
3. 数字万用表1台
4. 多功能电路实验箱1台

四、实验内容

1. 多谐振荡器:

(1)按图4搭接电路,图中门电路用7400与非门实现:

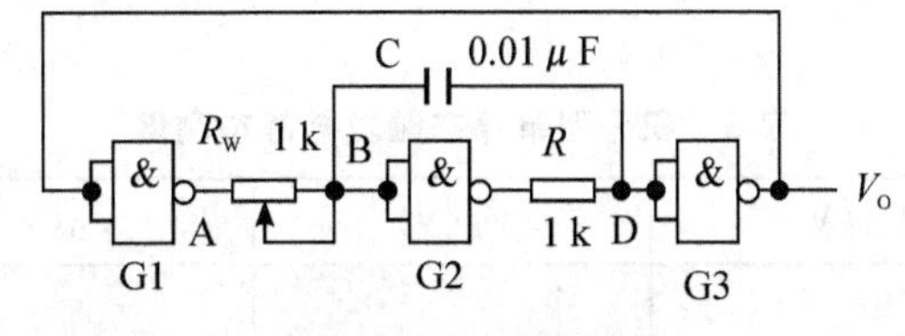

图4　RC环形振荡器

①调节$Rw=0$,用示波器观察并记录V_A、V_B、V_D、Vo的工作波形,并测量出Vo的周期T、正脉宽tu^+、负脉宽tu^-和占空比(tu^+/T)。

②调节$Rw=1$ k,测量出Vo的T、tu^+、tu^-和占空比;记入表1;说明当Rw增大时,电路参数的变化趋势(增大或减小)。

(2)按图 5 搭接电路,即在图 4 基础上,将 Rw 改接在 G1、G2 之间;改变 Rw 可得正、负脉宽相等的多谐振荡波形。

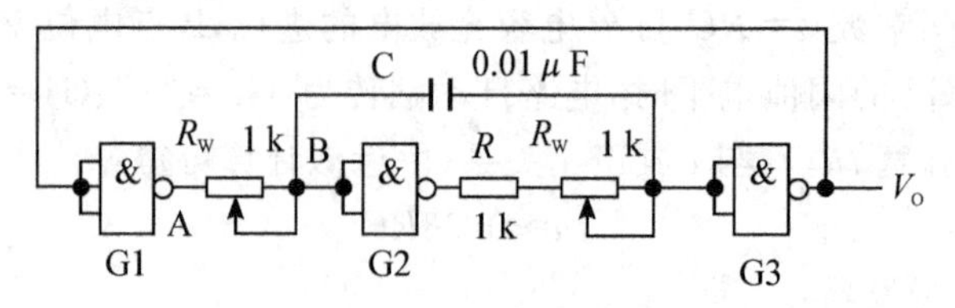

图 5　RC 环形振荡器

①调节 Rw,用示波器观察 Vo,使 $tu^+=tu^-$,测出此时的 Rw 值和 T、tu^+、tu^-,记入表 1。

②当 Rw 增大时,观察 T、tu^+/tu^- 的大致变化趋势(增大或减小)。

表 1　多谐振荡器参数测量

Rw 的位置	Rw 阻值	波形参数			
		$T(\mu S)$	$tu^+(\mu S)$	$tu^-(\mu S)$	tu^+/tu^-
Rw 在 G2 与 G3 之间	$Rw=0$				
	$Rw=1\ k\Omega$				
Rw 在 G1 与 G2 之间	$Rw=$				

2. 单稳态触发器:

(1)按图 3 搭接电路,图中门电路用 7400 与非门实现。

①调节 $Rw=1\ k\Omega$,用电压表测量表 2 中各点的稳态电平,判断电路的静态工作是否正常。

表 2　微分型单稳态触发器静态测量

被测点	$V_A(V)$	$V_B(V)$	$V_D(V)$	$V_O(V)$
稳态电平				

②用信号发生器 TTL 信号作 V_i(选择合适的信号频率),用双踪示波器观察 V_i、V_o 工作波形,改变 R_w,定性观察 tu 随 R_w 的变化情况,当 $Rw=1\ k\Omega$ 时,测出 tu 值,记录 V_i、V_A、V_B、V_D、Vo 的工作波形。

(2)按图 4 搭接电路,图中门电路用 7400 与非门实现:

①调节 $Rw=1\ k\Omega$,用电压表测量表 3 中各点的稳态电平,判断电路的静态工作是否正常。

表 3　积分型单稳态触发器静态测量

被测点	$V_A(V)$	$V_B(V)$	$V_D(V)$	$V_O(V)$
稳态电平				

②用信号发生器 TTL 信号作 V_i(选择合适的信号频率),用双踪示波器观察 V_i、V_o 工作波形,改变 R/w,定性观察 tu 随 R_w 的变化情况,当 $R_w=1\ k\Omega$ 时,测出 tu 值,记录 V_i、V_A、V_B、V_D、Vo 的工作波形。

③用双踪示波器同时观察 V_i、V_o 波形,根据所测的 V_o 脉宽 t_u 值(保持不变),调节输入信

号的占空比，使 V_i 的负脉宽小于 t_u 值的一半左右，正脉宽大于 t_u 值；然后用双踪示波器观察并记录 V_i、V_A、V_B、V_D、V_o 的工作波形，与步骤 2 比较，说明 V_A 波形不同的原因。

④在 Rw 两端并接一个 2AP 型二极管，以减小单稳电容中电容 C 的恢复时间（想一想极性应如何接）。然后提高 Vi 的方波频率，观察电路的分频现象。

五、预习要求

1. 复习有关单稳、多谐电路；
2. 对单稳态触发信号 V_i，应如何合适地选择其频率？

六、实验报告

1. 画出各实验电路及观测的波形和数据；
2. 分析实验结果，说明各电路的参数对波形参数的影响。

实验二十三　锯齿波发生器

一、实验目的

1. 掌握恒流源型锯齿波电路的工作原理和调整方法；
2. 应用集成运算放大器组成锯齿波和矩形波电路。

二、实验原理

1. 简单锯齿波电路：

简单锯齿波电路如图 1 所示：

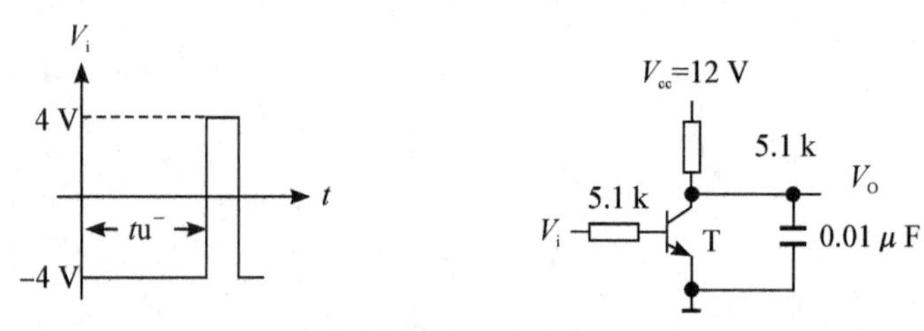

图 1　简单锯齿波电路

(1)当 V_i 为低电平时，三极管 T 截止，V_{cc}通过 R 对 C 充电，V_o 按指数规律上升，其过渡过程可表示为：$V_o=V_{cc}\cdot(1-e^{-t/R\cdot C})$。

(2)当 Vi 为高电平时，三极管 T 饱和，电容 C 通过饱和三极管迅速放电，$V_o\approx0$；从而得到上升的锯齿波电压。

(3)V_i 低电平时间 tu^- 称为电路的扫描期，tu^+ 称为电路的休止期；显然，为了得到较大的扫描期和较小的休止期，输入信号的占空比应小，如图 1 所示。

(4)从 RC 电路的过渡过程可知：

①当 $tu^- << \tau$ 时，V_o 与 t 的关系近似直线，但 V_o 的幅度很小；

②当 $tu^- >> \tau$ 时，V_o 幅度较大，但线性变差。

从上分析可得：简单锯齿波电路无法解决扫描幅度和线性之间的矛盾。

2. 恒流源锯齿波电路：

恒流源锯齿波电路如图 2 所示：图(a)为恒流源充电式电路；图(b)为恒流源放电式电路。

图 2　恒流源锯齿波电路

(1)图(a)中,当 K 断开时,恒流源 I_o 对 C 恒流充电,V_o 线性增加,即:$V_o=\frac{I_o}{C}t$;当 K 接通时,C 通过 K 迅速放电,从而得到上升的锯齿波。

(2)图(b)中,当 K 接通时,电压源对 C 迅速充电,V_o 很快上升到 V_{cc};当 K 断开时,C 通过恒流 I_o 线性放电,即:$V_o=V_{cc}-\frac{I_o}{C}t$;从而得到下降锯齿波。

(3)恒流源充电式锯齿波实验电路如图 3 所示:T_2 为恒流源电路,恒定电流为:

$$I_o=\frac{V_{Re}}{Re}\approx\frac{R_1\cdot V_{cc}}{(R_1+R_2)\cdot R_e}$$

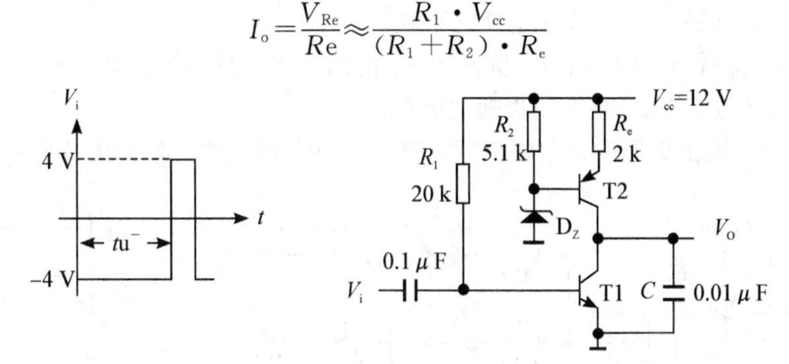

图 3　恒流源锯齿波实验电路

T_1 为电子开关,当 V_i 高电平时,T_1 饱和(相当于开关接通),电容 C 迅速放电;当 V_i 低电平时,T_1 截止(相当于开关断开),I_o 对 C 恒流充电,V_o 线性上升。当 V_o 上升到 T_2 饱和时,V_o 达到最大值 V_{omax}。

$$V_{omax}\approx V_{cc}-V_{R1}=V_{cc}-\frac{R_1}{R_1+R_2}V_{cc}=\frac{R_2\cdot V_{cc}}{R_1+R_2}$$

相应地,扫描期也有一个最大值:

$$T_{1max}=\frac{C\cdot V_{omax}}{I_o}$$

当 $t>T_{1max}$ 时,V_o 将产生平顶现象。

3. 集成运算放大器构成的锯齿波电路:

集成运算放大器构成的锯齿波电路如图 4 所示:

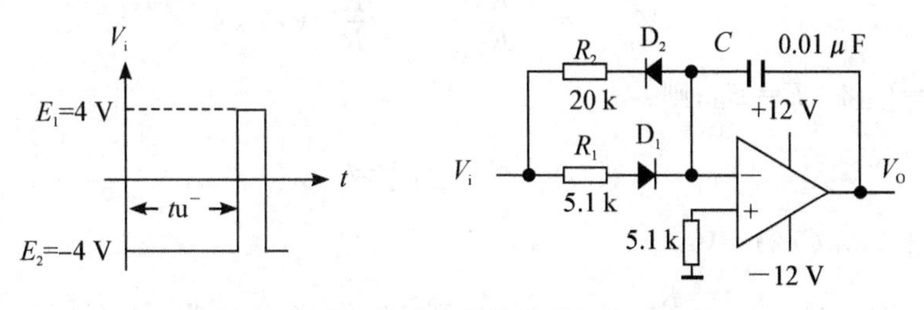

图 4　集成运算放大器构成的锯齿波电路

(1)当 $V_i=E_1$ 时,D_1 导通,D_2 截止。由于运算放大器的反相输入端为虚地,则 E_1 通过 R_1 对 C 充电,从而使 V_o 线性下降,V_o 变化的规律为:

$$\Delta V_o(t)=\frac{-E_1}{R_1\cdot C}t$$

(2)当 $V_i=E_2$ 时,D_1 截止,D_2 导通。则 E_2 通过 R_2 对 C 反充电,从而使 V_o 线性上升,V_o 变化的规律为:

$$\Delta V_o(t)=\frac{-E_2}{R_2\cdot C}t$$

4. 集成运算放大器构成自激式矩形波和锯齿波发生器：

集成运算放大器构成自激式矩形波和锯齿波发生器电路如图 5 所示：

(1)图 5 中 A_2 的作用如图 4 所叙。

(2)图 5 中 A_1 为单线电压比较器(过零比较器)，V_{O1} 输出为矩形波。

①当 $V_{O1}=V_{OH}$ 时，V_{O2} 线性下降，从而使 A_1 的同相端电位 V+下降，当 V+过零时，A_1 的输出 V_{O1} 翻转为低电平 V_{OL}，且 V+也随之下跳。

②当 $V_{O1}=V_{OL}$ 时，V_{O2} 线性上升，从而使 A_1 的同相端电位 V+上升，当 V+过零时，A_1 的输出 V_{O1} 翻转为高电平 V_{OH}，且 V+也随之上跳。

如此往复，V_{O1} 输出矩形波，V_{O2} 输出锯齿波；V_{O1}、V_{O2} 的工作波形如图 6 所示：

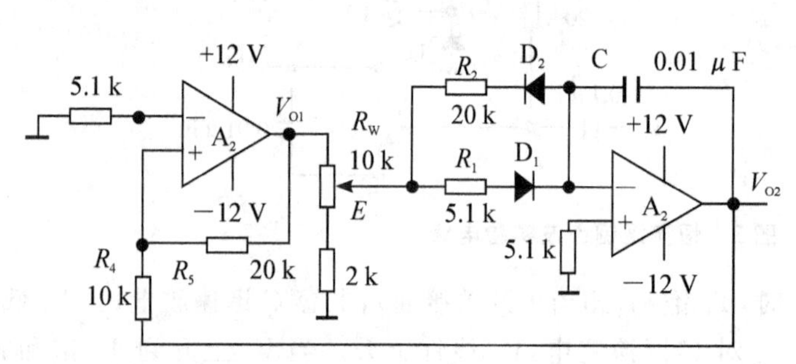

图 5 集成运算放大器组成的矩形波锯齿波发生器

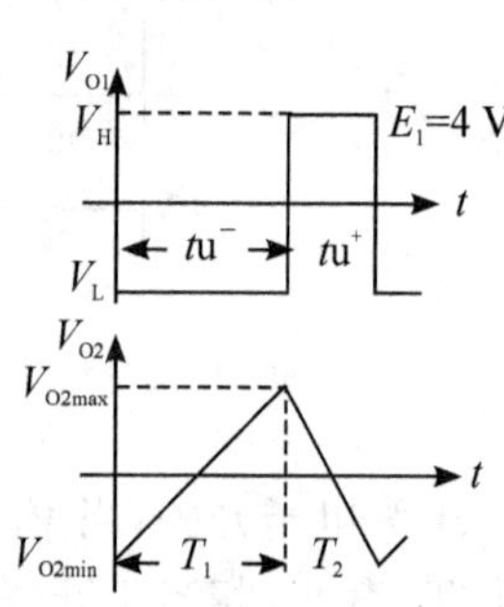

图 6 矩形波锯齿波波形

(3)参数计算：

①当 $V_{O1}=V_L$ 时，$E=E_L$；则：

$$\Delta V_{O2}(t)=\frac{E_L}{R_2\cdot C}t$$

当 $t=T_1$ 时，$V_{O2}(T1)=V_{O2max}$

当 $V_+=\frac{R_5}{R_4+R_5}V_{O2max}+\frac{R_4}{R_4+R_5}V_L=0$ 时，则：V_{O1} 由 V_L 翻转为 V_H，便得到：

$$V_{O2max}=-\frac{R_4}{R_5}\cdot V_L=\frac{R_4}{R_5}|V_L|$$

②当 $V_{O1}=V_H$ 时，$E=E_H$；则：

$$\Delta_{02}(t)=\frac{E_H}{R1\cdot C}t$$

当 $t=T_2$ 时，$V_{O2}(T2)=V_{O2min}$

当 $V_+=\frac{R_5}{R_4+R_5}V_{O2min}+\frac{R_4}{R_4+R_5}V_H=0$ 时，则：V_{O1} 由 V_H 翻转为 V_L，便得到：

$$V_{O2min}=-\frac{R_4}{R_5}\cdot V_H$$

③$V_{O2m}=V_{O2max}-V_{O2min}=\frac{R_4}{R_5}\cdot(V_H+|V_L|)$

④V_{O2} 的线性上升工作周期 $T1$ 等于 V_{O1} 的 tu^-；

当 $t=T1$ 时，$V_{O2max}=V_{O2min}+V_{O2}(T1)$，即：

$$\frac{R_4}{R_5}\cdot|V_L|=-\frac{R_4}{R_5}\cdot V_H+\frac{|E_L|}{R_2\cdot C}\cdot T1$$

由此可得：$T_1=tu^-=\frac{R_2\cdot R_4\cdot C}{R_5\cdot|E_L|}\cdot(V_H+|V_L|)$

⑤V_{O2}的线性下降工作周期 $T2$ 等于 V_{O1}的 tu^+；

当 $t=T_2$ 时，$V_{O2min}=V_{O2max}-V_{O2}(T_2)$，即：

$$-\frac{R_4}{R_5}\cdot V_H=\frac{R_4}{R_5}\cdot|V_L|-\frac{|E_H|}{R_1\cdot C}\cdot T_2$$

由此可得：$T_2=tu^+=\frac{R_1\cdot R_4\cdot C}{R_5\cdot E_H}\cdot(V_H+|V_L|)$

⑥若令：$V_{OH}=|V_{OL}|$、$E_H=|E_L|$，则：

$$V_{O2_m}=\frac{2\cdot R_4}{R_5}\cdot V_H$$

$$T_1=tu^-=\frac{2\cdot R_2\cdot R_4\cdot C}{R_5\cdot E_H}\cdot V_H$$

$$T_2=tu^+=\frac{2\cdot R_1\cdot R_4\cdot C}{R_5\cdot E_H}\cdot V_H$$

$$\frac{T_2}{T_1}=\frac{tu^+}{Tu^-}=\frac{R_1}{R_2}$$

由此可见，改变 R_4、R_5，或者改变 E，均可以改变 $T_1(tu^-)$和 $T_2(tu^+)$，但不改变 V_{O1}的占空比；若改变 R_1、R_2，则可同时改变 $T_1(tu^-)$、$T_2(tu^+)$和占空比。

三、实验仪器

1. 示波器 1 台
2. 函数信号发生器 1 台
3. 数字万用表 1 台
4. 多功能电路实验箱 1 台

四、实验内容

1. 简单锯齿波电路：

按图 1 搭接电路，用函数信号发生器的矩形波作 V_i($V_{ip-p}=8$ V、占空比=1/4)，用双踪示波器观察 V_i 和 V_o 工作波形；改变 V_i 的频率，观察 V_o 的幅度和线性的变化情况；当 $tu^-=\tau$ 时，记录工作波形，并测出 V_o 的最大值，与理论值进行比较。

2. 恒流源锯齿波电路：

(1)计算电路的最大输出幅度 V_{omax}和最大扫描时间 T_{1max}。

(2)按图 2 搭接电路，用函数信号发生器的矩形波作 V_i($V_{ip-p}=8$ V、占空比=1/4)，用双踪示波器观察 V_i 和 V_o 工作波形。

(3)逐步加大 tu^-，观察输出幅度和线性的变化情况，直到出现平顶现象为止。

3. 集成运算放大器构成的锯齿波电路：

按图 4 搭接电路，用函数信号发生器的矩形波作 V_i($V_{ip-p}=8$ V、占空比=1/4)，用双踪示波器观察 V_i 和 V_o 工作波形；改变 V_i 的频率，观察 V_o 波形变化情况，直到上、下都产生平顶现象为止。记录输出幅度最大且扫描期无平顶现象的工作波形。

4. 集成运算放大器构成自激式矩形波和锯齿波发生器：

按图 5 搭接电路，用双踪示波器观察 V_{O1}、E 和 V_{O2} 工作波形；调节 R_W 改变 E 的幅度，观察 E 和 V_{O2} 的波形变化情况（幅度、周期、占空比），调节 $E=\pm5$ V 时，记录一组工作波形，测出 tu^-、tu^+、V_{O2m}、V_H、V_L、E_H、E_L 等值，并用所测值 tu^-、tu^+、V_{O2m} 与计算值进行比较。

五、预习要求

1. 复习有关锯齿波电路原理；
2. 计算图 3 电路的 V_{omax} 和 T_{1max}；
3. 根据图 4 电路，当 $E_2=-4$ V 时，若输出最大扫描幅度 $V_{om}=20$ V，求出 T_1、T_2 和 tu^+/tu^-。

六、实验报告

1. 画出各实验电路及观测的波形；
2. 进行必要的理论计算与实测值进行比较，分析误差原因？

实验二十四　ROM、RAM 实验

一、实验目的

1. 了解 ROM、RAM 工作原理和特点；
2. 掌握 ROM、RAN 芯片的功能测试；
3. 学会正确使用 ROM、RAM 集成电路。

二、实验原理

1. 只读存储器 EPROM Intel 2716：

Intel 2716 芯片是一个 16 Kbit(2 K×8 bit)可擦可编程只读存储器；芯片的逻辑符号和结构框图如图 1 所示：

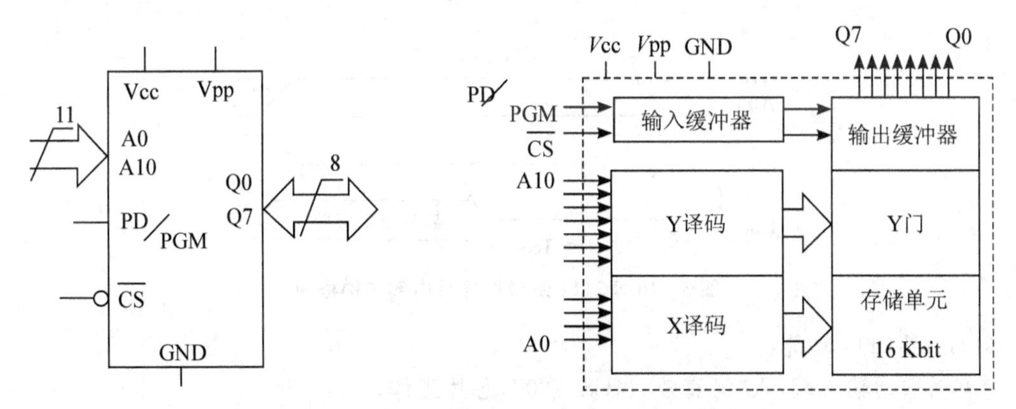

图 1　Intel 2716 逻辑符号及内部结构框图

(1)Intel 2716 功能：

①$\overline{CS}$：选通输入端，入“0”有效，当$\overline{CS}$=“0”，芯片工作。

②A_{10}～A_0：11 根地址线，寻址范围达 2048 个存储单元。

③PD/PGM：低功耗/编程控制端，用于将新的数据写入芯片内存单元。

④O_7～O_0：8 位数据输入、输出端。

(2)Intel 2716 工作模式：如表 1：

表 1　Intel 2716 工作模式

模式	$\overline{CS}$	PD/PGM	Vpp	Vcc	输出
未选中	1	0	+5 V	+5 V	输出
读	0	×	+5 V	+5 V	高阻
功率下降	×	1	+5 V	+5 V	高阻
编程	1	⎍	+25 V	+5 V	输入
程序检查	0	0	+25 V	+5 V	输出
程序阻止	1	0	+25 V	+5 V	高阻

(3)Intel 2716 芯片读出周期的时序图如图 2 所示；图中，当选定地址后，若$\overline{CS}$=“0”，经过 Tco 时间后，在 $O_7 \sim O_0$ 端可得到所选单元的存储的数据，通常 2716 芯片的 Tco 不超过 120 ns。

Intel 2716 芯片存储单元内容可以更新；通过紫外线照射可将原来的存储内容擦除，并可根据需要重新写入新的内容。

写入时$\overline{CS}$=“1”、Vcc=5 V、Vpp=25 V，PD/PGM 端输入脉宽为 50～55 ms 的正脉冲。

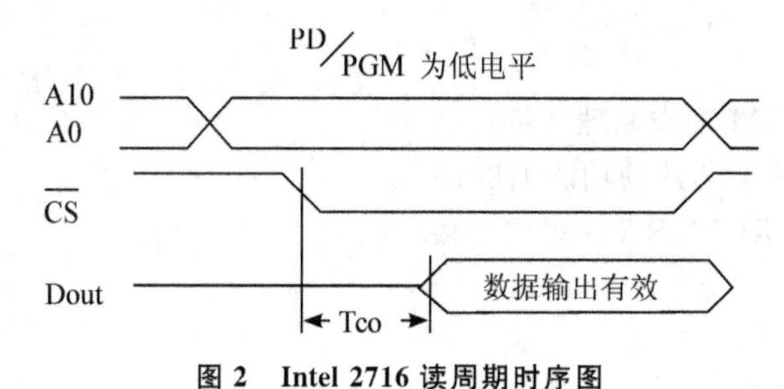

图 2　Intel 2716 读周期时序图

2. 静态存储器 RAM Intel 2114 芯片：

图 3 是 Intel 2114 静态存储器 RAM 的逻辑符号及内部结构框图；

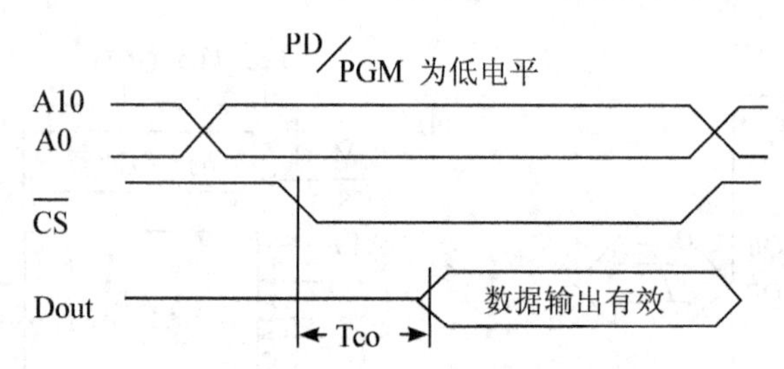

图 3　Intel 2114 逻辑符号及内部结构框图

(1)Intel 2114 功能：

①$\overline{CS}$：选通输入端，入“0”有效，当$\overline{CS}$=“0”，芯片工作；

②$A_9 \sim A_0$：10 根地址线，寻址范围达 1024 个存储单元；

③R/$\overline{W}$：读/写控制端；

④$I/O_4 \sim I/O_0$：4 根数据输入、输出线。

(2)Intel 2114 工作模式：如表 2：

表 2　Intel 2114 工作模式

$\overline{CS}$	R/$\overline{W}$	I/O	工作模式
1	×	高阻	未选中
0	0	1	写入“1”
0	0	0	写入“0”
0	1	Dout	读内存

三、实验仪器

1. 示波器 1 台

2. 函数信号发生器 1 台
3. 数字万用表 1 台
4. 多功能电路实验箱 1 台

四、实验内容

1. 只读存储器 EPROM Intel 2716 功能检验：
(1)读操作：
①按图 4 搭接电路，在给定的内存单元读出数据，并用逻辑显示器显示所读数据；
②对照给定数据，检验结果是否一致？
(2)写操作：
①设计 PD/PGM 端所需信号(脉宽 50～55 ms)的单脉冲电路；
②按图 5 搭接电路，将给定数据，写入指定的内存单元，然后读出，自检结果是否正确。

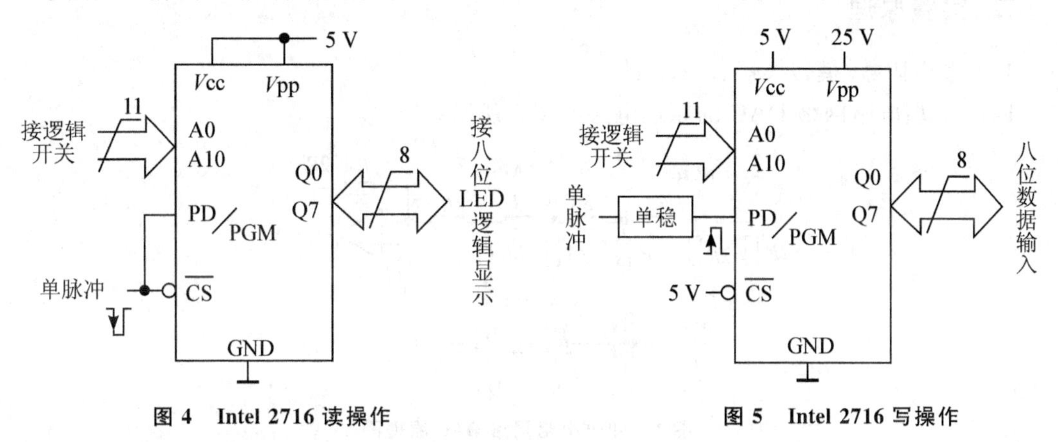

图 4　Intel 2716 读操作　　图 5　Intel 2716 写操作

2. 静态存储器 RAM Intel 2114 芯片功能检验：
按图 3 搭接电路，用实验方法分别写入和读出 16 个数据，读出时 $I/O_3 \sim I/O_0$ 的状态用逻辑显示器显示；写入时 $I/O_3 \sim I/O_0$ 用逻辑开关输入数据。

五、预习要求

1. 复习有关 ROM、RAM 原理及使用方法；
2. 熟悉 Intel 2716、2114 芯片的功能及各个管脚的作用和读写方法。

六、实验报告

1. 按图 4、图 5 分别列表检验 Intel 2716 读写功能；
2. 按图 3 分别列表检验 Intel 2114 读写功能。

实验二十五 数/模(D/A)和模/数(A/D)转换器

一、实验目的

1. 研究 T 型电阻数/模转换器的工作原理；
2. 研究计数式逐次渐进型模数转换器的工作原理。

二、实验原理

1. T 型电阻数/模转换器(DAC)：

四位 T 型电阻网络 DAC 的原理电路如图 1 所示；

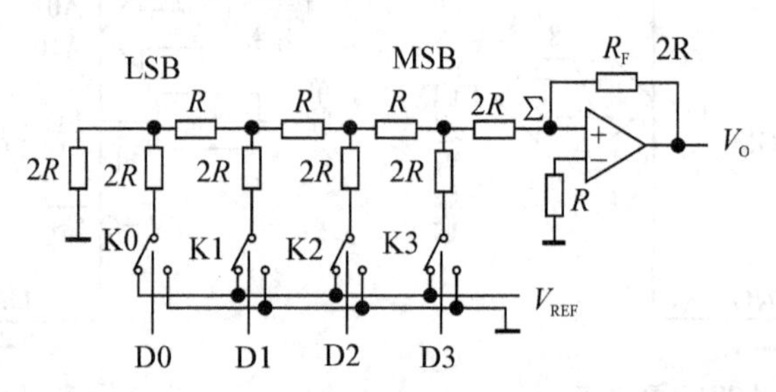

图 1 四位电阻网络 DAC 原理图

图中 D3D2D1D0 为四位拟转换二进制数，K3K2K1K0 为受 D3D2D1D0 控制的电子开关。若 D_i="1"，则对应的电子开关接 V_{REF}，当 D_i="0"，则对应的电子开关接地。运算放大器 A1 为同相比例运算。

(1)T 型电阻网络的性质：

①从任何一节点往左或往右看，其等效电阻均为 $2R$(不包括纵臂)；

②各节点电压，每经过一个节点，衰减 1/2。

(2)D/A 转换原理：

①当 D3D2D1D0="1000"时，K3 接 V_{REF}，K2K1K0 接地，此时运算放大器同相端 Σ 点的电压为 $1/3V_{REF}$，因此 D3 位数字对求和 Σ 点的电压贡献为：

$$V_{\Sigma D3}=\frac{V_{REF}}{3}\cdot D3$$

②当 D3D2D1D0="0100"时，K2 接 V_{REF}，K3K1K0 接地，此时运算放大器同相端 Σ 点的电压为$(1/3V_{REF})/2$，因此 D2 位数字对求和 Σ 点的电压贡献为：

$$V_{\Sigma D2}=\frac{V_{REF}}{3\times 2}\cdot D2$$

③当 D3D2D1D0="0010"时，K1 接 V_{REF}，K3K2K0 接地，此时运算放大器同相端 Σ 点的电压为$(1/3V_{REF})/4$，因此 D1 位数字对求和 Σ 点的电压贡献为：

$$V_{\Sigma D1}=\frac{V_{REF}}{3\times 4}\cdot D1$$

④当 D3D2D1D0＝“0001”时，K0 接 V_{REF}，K3K2K1 接地，此时运算放大器同相端 Σ 点的电压为$(1/3V_{REF})/8$，因此 D0 位数字对求和 Σ 点的电压贡献为：

$$V_{\Sigma D0}=\frac{V_{REF}}{3\times 8}\cdot D0$$

⑤D3D2D1D0 为任意值时，Σ 点的电压为：

$$V_{\Sigma}=\frac{V_{REF}}{3}\cdot\left(\frac{D3}{2^0}+\frac{D2}{2^1}+\frac{D1}{2^2}+\frac{D0}{2^3}\right)$$

$$V_{\Sigma}=\frac{V_{REF}}{3\times 2^3}\cdot(D3+D2+D1+D0)$$

⑥DAC 的输出电压 V_o 为：

$$V_o=V_{\Sigma}\left(1+\frac{2R}{R}\right)=\frac{2V_{REF}}{16}\cdot(8\cdot D3+4\cdot D2+2\cdot D1+D0)$$

⑦D3D2D1D0 与 Vo 的关系如表 1 所示，式中 $E=V_{REF}=2V_{OH}$。

表 1　D3D2D1D0 与 Vo 的关系

$D3$	$D2$	$D1$	$D0$	Vo	测量值
0	0	0	0	0	
0	0	0	1	1/16E	
0	0	1	0	2/16E	
0	0	1	1	3/16E	
0	1	0	0	4/16E	
0	1	0	1	5/16E	
0	1	1	0	6/16E	
0	1	1	1	7/16E	
1	0	0	0	8/16E	
1	0	0	1	9/16E	
1	0	1	0	10/16E	
1	0	1	1	11/16E	
1	1	0	0	12/16E	
1	1	0	1	13/16E	
1	1	1	0	14/16E	
1	1	1	1	15/16E	

表 2　输入 Vi 与输出数据关系

Vi 范围	$Q3$	$Q2$	$Q1$	$Q0$
0≤Vi≤1/16E	0	0	0	1
1/16E≤Vi≤2/16E	0	0	1	0
2/16E≤Vi≤3/16E	0	0	1	1
3/16E≤Vi≤4/16E	0	1	0	0
4/16E≤Vi≤5/16E	0	1	0	1
5/16E≤Vi≤6/16E	0	1	1	0
6/16E≤Vi≤7/16E	0	1	1	1
7/16E≤Vi≤8/16E	1	0	0	0
8/16E≤Vi≤9/16E	1	0	0	1
9/16E≤Vi≤10/16E	1	0	1	0
10/16E≤Vi≤11/16E	1	0	1	1
11/16E≤Vi≤12/16E	1	1	0	0
12/16E≤Vi≤13/16E	1	1	0	1
13/16E≤Vi≤14/16E	1	1	1	0
14/16E≤Vi≤15/16E	1	1	1	1
15/16E≤Vi≤E	1	1	1	1

2. 计数式逐次渐进型 ADC 的原理电路如图 2 所示：

(1)四位二进制计数器输出的四位二进制数 Q3Q2Q1Q0，加给 T 型电阻网络，由 T 型电阻网络将其转换为模拟电压 V_{Σ}，再经同相比例运算后输出为 V_{O1}。A2 为单限电压比较器，它将输入电压 Vi 与 V_{O1}进行比较；

(2)ADC 转换过程：启动信号将四位二进制计数器的输出清零；则 V_{Σ}＝“0”，V_{O1}＝“0”。若 $Vi>V_{O1}$，则比较器输出 Z＝“1”，与非门打开，时钟脉冲 Cp 输入计数器进行计数。随着输入脉冲数增加，V_{Σ}和 V_{O1} 增加；当 $Vi<V_{O1}$ 时，Z＝“0”，封锁与非门，计数器停止计数。此时计数器输出的四位二进制数就对应于输入电压 Vi 值；

(3)输入模拟电压 Vi 与输出二进制数的关系如表 2 所示；从表 2 可见，该 ADC 属于只入不舍量化。

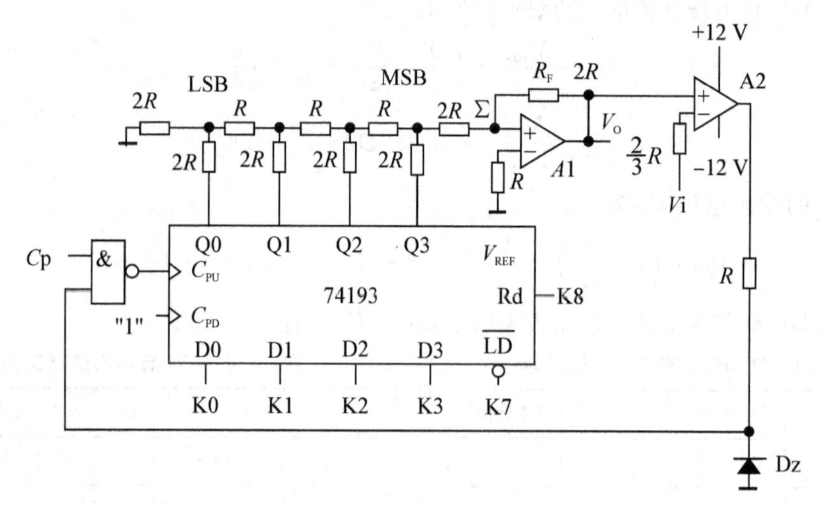

图 2　计数式逐次渐进型 ADC 的原理电路

三、实验仪器

1. 示波器 1 台
2. 函数信号发生器 1 台
3. 数字万用表 1 台
4. 多功能电路实验箱 1 台

四、实验内容

1. T 型电阻网络 DAC：

(1)按图 3 搭接电路；

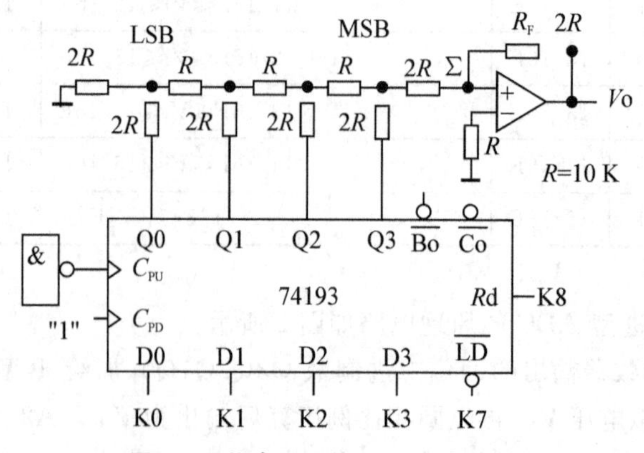

图 3　四位电阻网络 DAC 实验电路

①令 Rd=“0”、$\overline{LD}$=“0”,同步置入 Q3Q2Q1Q0=D3D2D1D0=“1111”。

②用数字电压表测量:Q3Q2Q1Q0=“1111”时的输出高电平电压值 V_{OH}。

(2)令 Rd=“0”、$\overline{LD}$=“1”,按表 1,顺序输入计数脉冲,记下所对应的 Vo 值;

(3)将 Cp 改为 10 kHz 的 TTL 信号,用双踪示波器观察并记录 Cp、Q0、Q1、Q2、Q3 和 Vo 波形。

2. 计数式逐次渐进 ADC(只入不舍量化):

(1)按图 4 搭接电路(在图 3 基础上,增加运算放大器构成的单线电压比较器 A2 和与非门),图中输入模拟电压 Vi 用电位器调节,A2 输出端接稳压管 Dz,其稳定电压为 3～5 V,以满足 TTL 与非门的要求。

(2)令 Rd=“1”使输出清零,启动 ADC。

(3)用直流电压表测量输入模拟电压 V_i,按表 2 检验 ADC 的转换功能,表 2 中的 V_i 必须按表 1 的实测值来定;如实测值:$Vo-1/16E=0.62$ V;则 $0\leqslant Vi\leqslant 1/16E$ 时,可选择 $V_i=0.5$ V,则对应的数据输出:Q3Q2Q1Q0=“0001”;依此类推,验证表 2。

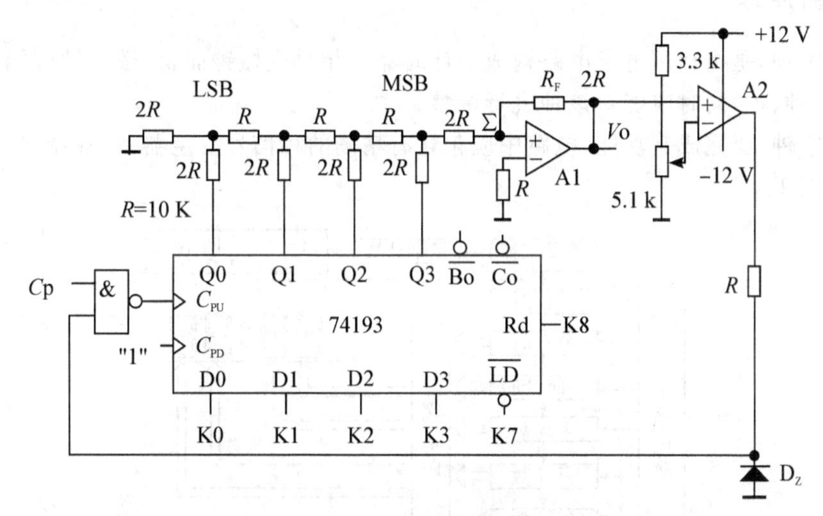

图 4　计数式逐次渐进 ADC 实验电路

五、预习要求

1. 复习 DAC 和 ADC 的基本原理和 74193 的功能;

2. 设 $V_{OH}=3.4$ V,根据 DAC 的工作原理,计算表 1 中 Vo 的理论值;

3. 在图 3 中,若 A1 反相比例运算,则 T 型电阻网络与 A1 的连接应作何改动?若 Vo 与 D3D2D1D0 的关系仍为:

$$Vo=V_{\Sigma}\left(1+\frac{2R}{R}\right)=\frac{2V_{REF}}{16}\cdot(8\cdot D3+4\cdot D2+2\cdot D1+D0),$$

则 $R_F=$?

4. 在图 4 中,若 Vi 从 A2 的反相端输入,V01 接同相端,则电路需要作何改动才能保持原有的功能?

六、实验报告要求:

1. 列出表 1 的理论值和实测值;分析误差原因;

2. 画出图 3 电路的 Cp、Q0、Q1、Q2、Q3 和 Vo 的工作波形。

实验二十六　简易数字钟设计

一、实验目的

1. 学会用层次化设计方法进行逻辑设计；
2. 掌握集成计数器的使用方法和应用。

二、实验原理

所谓数字钟，是指利用电子电路构成的计时器。相对机械钟而言，数字钟应能达到计时并显示小时、分钟、秒，同时应能对该钟进行调整。

对于数字钟，要完成其功能，电路中应包含有精确的秒信号发生器、计数器、显示电路。其功能框图如图 1：

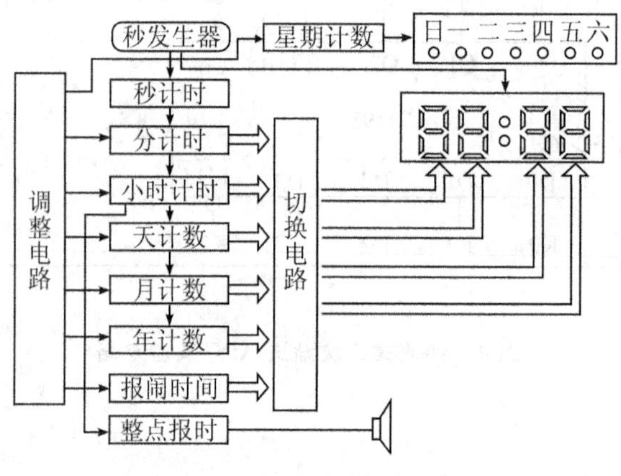

图 1　数字钟功能框图

1. 秒脉冲发生器：

秒脉冲发生器是产生时钟电路的基准信号。

产生秒信号的电路模型很多，如：555 多谐振荡，双、单 RC 振荡，施密特触发器构成的振荡，RC 环形振荡等。然而，上述电路模型的振荡频率易受环境影响，故不宜采用。实际电路中选取振荡频率稳定性较好的晶体振荡，且为提高秒信号精度，采用高频振荡，经分频器分频得到秒信号。

然而，由于在 EWB 环境下进行晶体振荡及分频仿真时，所需时间较长，故在本实验中采用 555 多谐振荡电路。电路如图 2 所示。

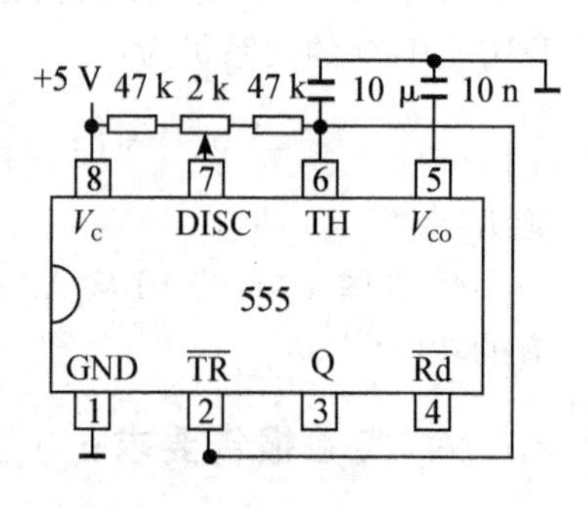

图 2　秒发生器电路

2. 时间计数器：

时间计数器是实现时钟功能的核心电路。根据时钟计时方式可知,时间计数器应由一个24进制加法计数器和两个60进制加法计数器组成,其组成框图如图3:

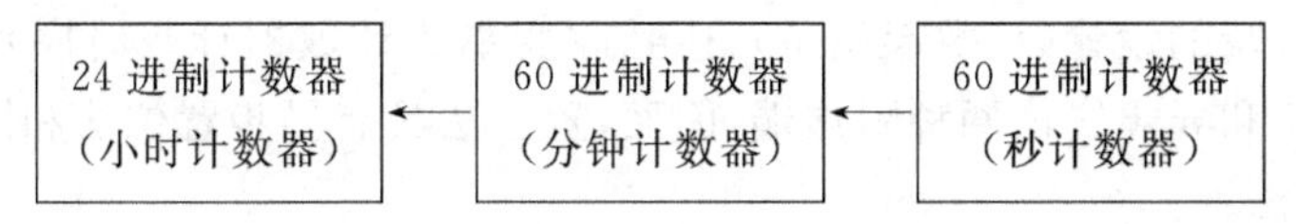

图3　时间计数器结构框图

由于标准集成电路中没有所需进制数的计数器(24、60),故需利用现成的标准集成计数器进行编程,达到所需进制数要求。

所谓计数器编程,是指在集成计数器计数时序(N进制)基础上,利用集成计数器的附加功能端及外加译码电路,改变集成计数器的计数时序(M进制)。这时就有$M<N$和$N<M$。

两种可能的情况。

(1)$M<N$:

在N进制计数器的顺序计数过程中,若设法使之跳过$(N-M)$个状态,即可得到M进制计数器。实现跳跃的方法有置零法(或称复位法)和置位法(图4)。

①置零法:

通过对集成计数器输出端进行选择译码,产生复位信号反馈给集成计数器附加复位端,达到改变集成计数器计数时序目的。由于集成计数器具有同步复位和异步复位两种附加端,

因而,置零法具有异步置零法和同步置零法两种。

A. 异步置零法:

对于N进制集成计数器,当其从全零状态S_0开始计数并接受M个计数脉冲后,电路进入S_M状态。若通过外接译码电路将S_M状态译码产生一个置零信号加到计数器的异步置零输入端,则计数器将立即返回S_0状态,达到跳过$(N-M)$状态而得到M进制计数器。

由于电路一进入S_M状态后立即又被置成S_0状态,所以S_M状态仅在极短的瞬时出现,故S_M状态只是一个暂态,不属于电路的有效状态。计数有效态为:$S_0\sim S_{M-1}$。

B. 同步置零法:

对于N进制集成计数器,当其从全零状态S_0开始计数并接受M个计数脉冲后,电路进入S_{M-1}状态。若通过外接译码电路将S_{M-1}状态译码产生一个置零信号加到计数器的同步置零输入端,则计数器将在下一个时钟到来后返回S_0状态,达到跳过$(N-M)$状态而得到M进制计数器。计数有效态为:$S_0\sim S_{M-1}$。

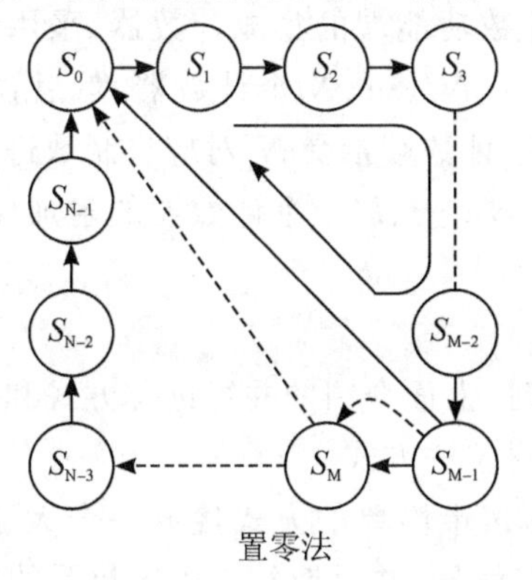

置零法

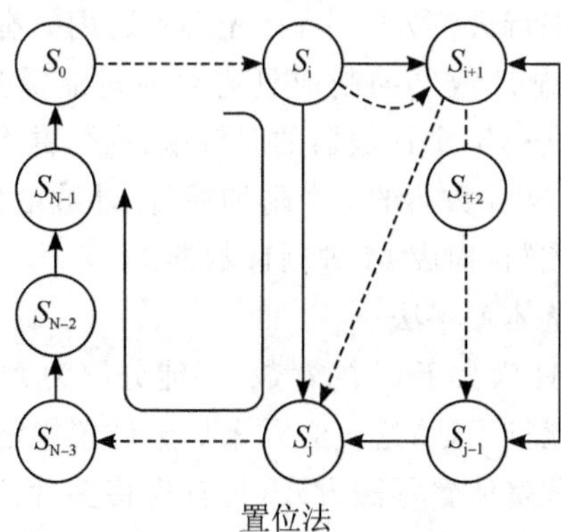

置位法

图4　计数器编程示意图

②置位法：

通过对集成计数器输出端进行选择译码，产生置位信号反馈给集成计数器附加置位端，通过对并行数据输入端的设置(计数起始态)，达到改变集成计数器计数时序目的。由于集成计数器具有同步置位和异步置位两种附加端，因而，置位法具有异步置位法和同步置位法两种。

A. 异步置零法：

对于 N 进制集成计数器，当其从全零状态 S_0 开始计数并接受 M 个计数脉冲后，电路进入 S_M 状态。若通过外接译码电路将 S_M 状态译码产生一个置位信号加到计数器的异步置位输入端，则计数器将立即置数，进入起始状态，当计数器进入起始态后，其置位端无效，电路又进入计数状态。通过置位编程，除第一个计数循环从全零开始外，其余计数循环均从起始态开始，达到跳过($N-M$)状态而得到 M 进制计数器。

由于电路一进入 S_M 状态后立即又被置成起始态，所以 S_M 状态仅在极短的瞬时出现，故 S_M 状态只是一个暂态，不属于电路的有效状态。

B. 同步置零法：

对于 N 进制集成计数器，当其从全零状态 S_0 开始计数并接受 M 个计数脉冲后，电路进入 S_{M-1} 状态。若通过外接译码电路将 S_{M-1} 状态译码产生一个置位信号加到计数器的同步置位输入端，则计数器将在下一个时钟到来后返回起始状态，达到跳过($N-M$)状态而得到 M 进制计数器。

(2)$M>N$：

当 $M>N$ 时，必须用多片 N 进制计数器组合构成 M 进制计数器。各片之间的连接方式可分为串行进位方式、并行进位方式、整体置零方式和整体置位方式。

①串行进位方式：

若 M 可以分解为多个小于 N 的因数相乘，即：$M=N_1\times N_2\times\cdots\times N_i$，则可以采用串行进位方式将 N_1、N_2、…、N_i 个计数器连接起来，构成 M 进制计数器。

在串行进位方式中，首先必须采用编程法将 N 进制计数器编制成具有对应进制数进位输出的 N_1、N_2、…、N_i 个计数器，然后，以低位片的进位信号作为高一位计数器的时钟信号，依此方法，将 N_1、N_2、…、N_i 个计数器串联起来，构成 M 进制计数器。

②并行进位方式：

若 M 可以分解为多个小于 N 的因数相乘，即：$M=N_1\times N_2\times\cdots\times N_i$，则可以采用并行进位方式将 N_1、N_2、…、N_i 个计数器连接起来，构成 M 进制计数器。

在并行进位方式中，首先必须选用具有附加保持/计数功能端的集成计数器，采用编程法将 N 进制计数器编制成具有对应进制数进位输出的 N_1、N_2、…、N_i 个计数器，然后，将各个 N_1、N_2、…、N_i 个计数器的时钟端并接，并令 N_2 附加保持/计数端接受 N_1 对应进制数进位输出的控制，N_i 计数器的 i 个附加保持/计数端分别接受 N_1、N_2、…、N_{i-1} 个计数器的附加保持/计数端的控制，构成 M 进制计数器。

③整体置零法：

当 M 为大于 N 的素数，不能分解为 N_1、N_2、…、N_i 时，上面介绍的并行进位方式和串行进位方式就行不通，这时必须采用整体置零法方式或整体置位法方式。

所谓整体置零法方式，是首先将多片 N 进制计数器按最简单的方式接成一个大于 M 进制的计数器 $M=N_i$，然后在计数器为 M 状态时译出置零信号，并反馈给 i 片计数器的附加置零端同时置零，此方式的原理同 $M<N$ 时的置零法是一样的。

④整体置位法：

所谓整体置零法方式，是首先将多片 N 进制计数器按最简单的方式接成一个大于 M 进制的计数器 $M=N_i$，然后在选定的某一状态下译出置位信号，并反馈给 i 片计数器的附加置位端同时置位，使计数器进入预先设定好的其始态，跳过多余的状态，获得 M 进制计数器。此方式的原理同 $M<N$ 时的置位法是一样的。

3. 数码显示子系统：

为了能直观地观察时钟的计时情况，必须将时间计数器的每一位以十进制数显示。由时间计数器可知，小时、分钟、秒均由两位 8421BCD 码组成，为了能将其以十进制数显示，需选择合适的数码显示器件。在实际设计中，若要节省能源，可选用 LCD 数码显示器件；若要求亮度适中且可靠，则可选用 LED 数码显示器件。在 EWB 中，只有共阴七段数码显示器件。由于 8421BCD 码不能直接驱动共阴七段数码显示器件，故需选择代码转换器。

三、实验仪器

1. 计算机 1 台
2. 软件 1 套

四、实验内容

在 EWB 仿真软件平台上，通过查找库器件，选择合适的器件完成所要求的各功能部件设计电路。在设计过程中，若功能部件电路较复杂，则可将其划分成几个子功能部件组成(如时间计数器划分为两个 60 进制计数器和一个 24 进制计数器)，利用 EWB 软件子电路生成功能将 60 进制计数器和 24 进制计数器电路生成子电路。并利用该软件的仪器库的仪器(如逻辑分析仪)进行仿真，分析观察波形，检验是否符合设计要求，若否，应通过分析找出故障原因并排除。

在各功能部件仿真成功之后，按照简易数字钟组成框图，将各个功能部件组成数字钟，用数码显示器件检验数字钟的功能。

五、实验要求

1. 基本要求：
设计一个简易数字钟，能按时钟功能进行小时、分钟、秒计时并显示时间及调整时间；
2. 发挥一：
在简易数字钟基础上，增加整点报时功能；
3. 发挥二：
在发挥一基础上，增加定时报闹功能；
4. 发挥三：
改进电路，增加秒表功能，同时显示分为小时、分钟和秒、秒表显示。

六、实验报告

1. 画出设计框图并阐明设计依据；
2. 对各功能模块进行仿真，画出仿真波形；
3. 设计、仿真体会。

附　录

附录　集成电路管脚图

一、TTL 系列集成电路引脚图

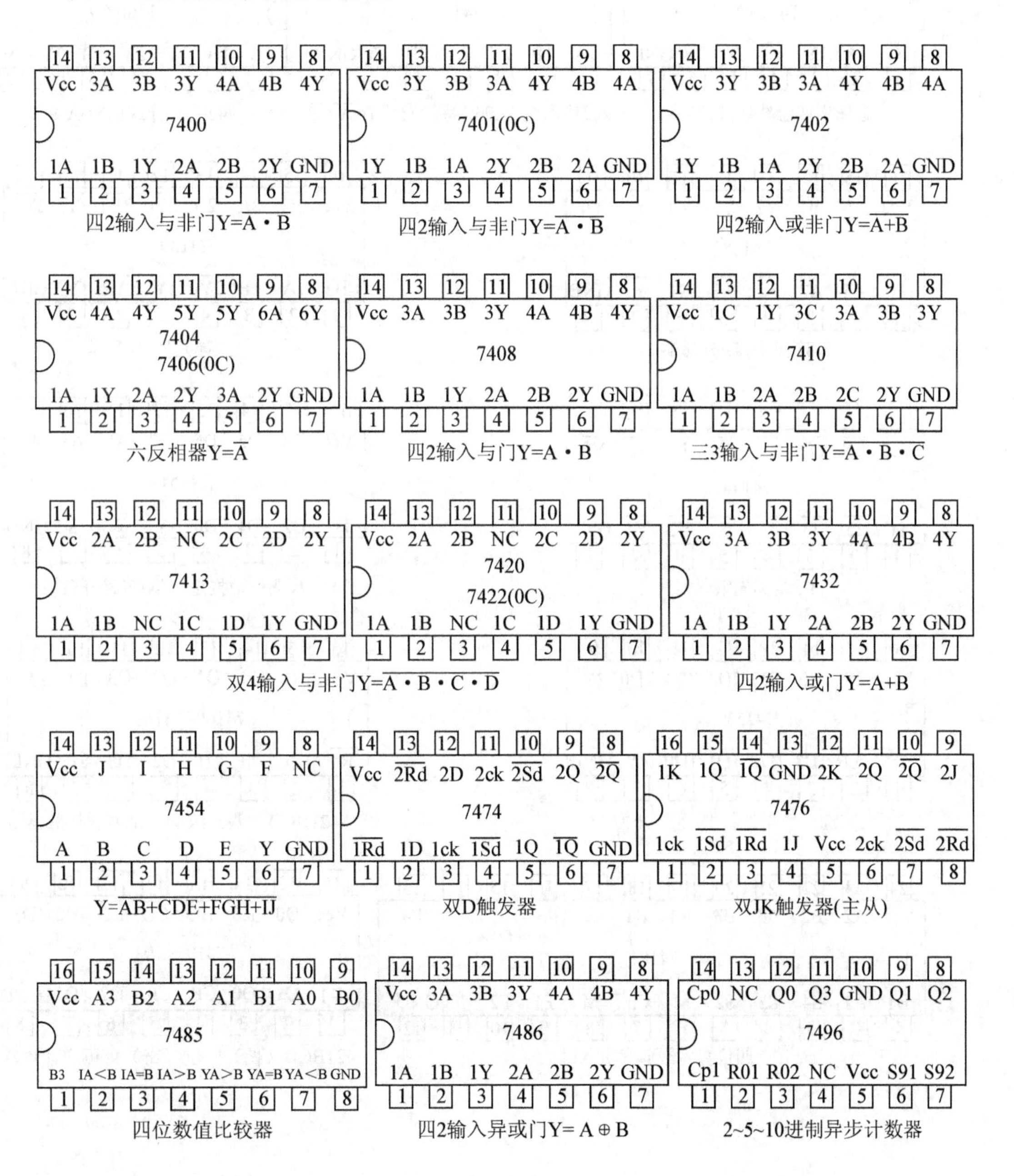

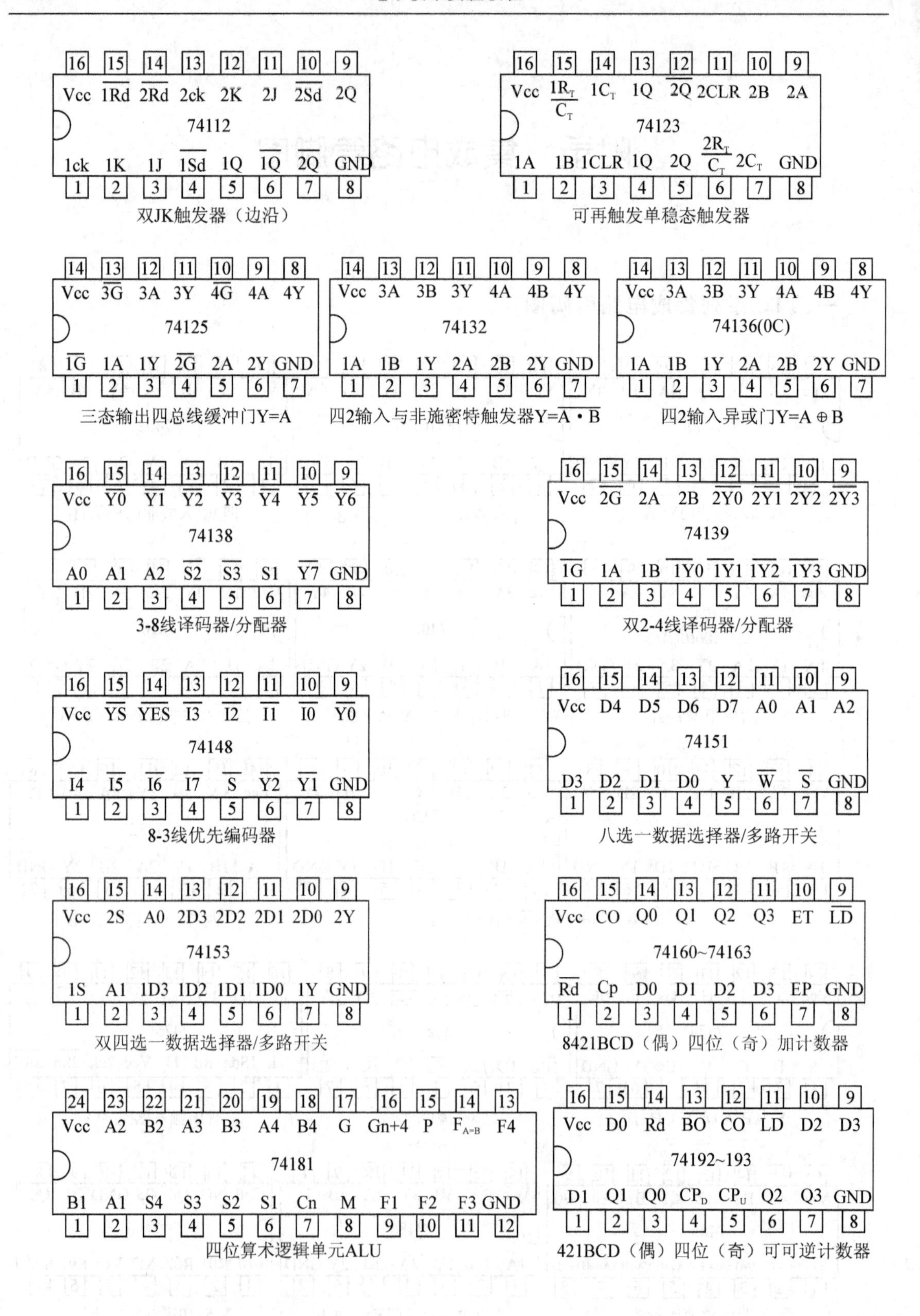

双JK触发器（边沿）

可再触发单稳态触发器

三态输出四总线缓冲门Y=A

四2输入与非施密特触发器$Y=\overline{A\cdot B}$

四2输入异或门$Y=A\oplus B$

3-8线译码器/分配器

双2-4线译码器/分配器

8-3线优先编码器

八选一数据选择器/多路开关

双四选一数据选择器/多路开关

8421BCD（偶）四位（奇）加计数器

四位算术逻辑单元ALU

421BCD（偶）四位（奇）可可逆计数器

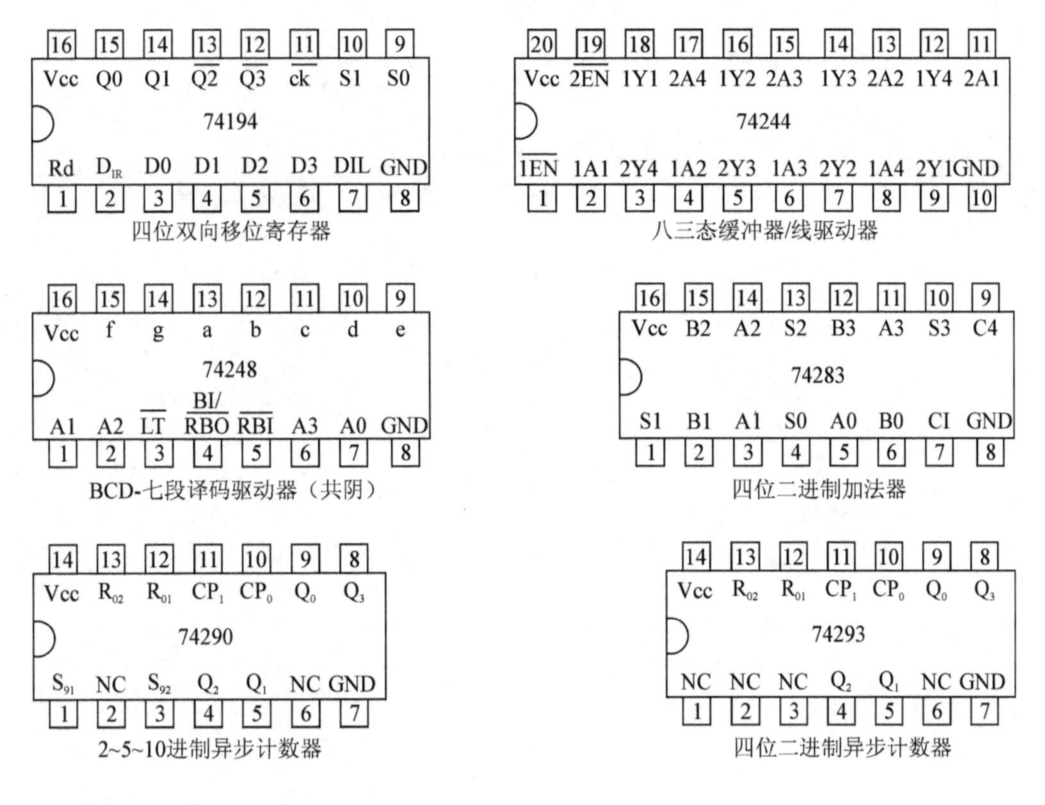

四位双向移位寄存器　八三态缓冲器/线驱动器

BCD-七段译码驱动器（共阴）　四位二进制加法器

2~5~10进制异步计数器　四位二进制异步计数器

二、CMOS 系列引脚图

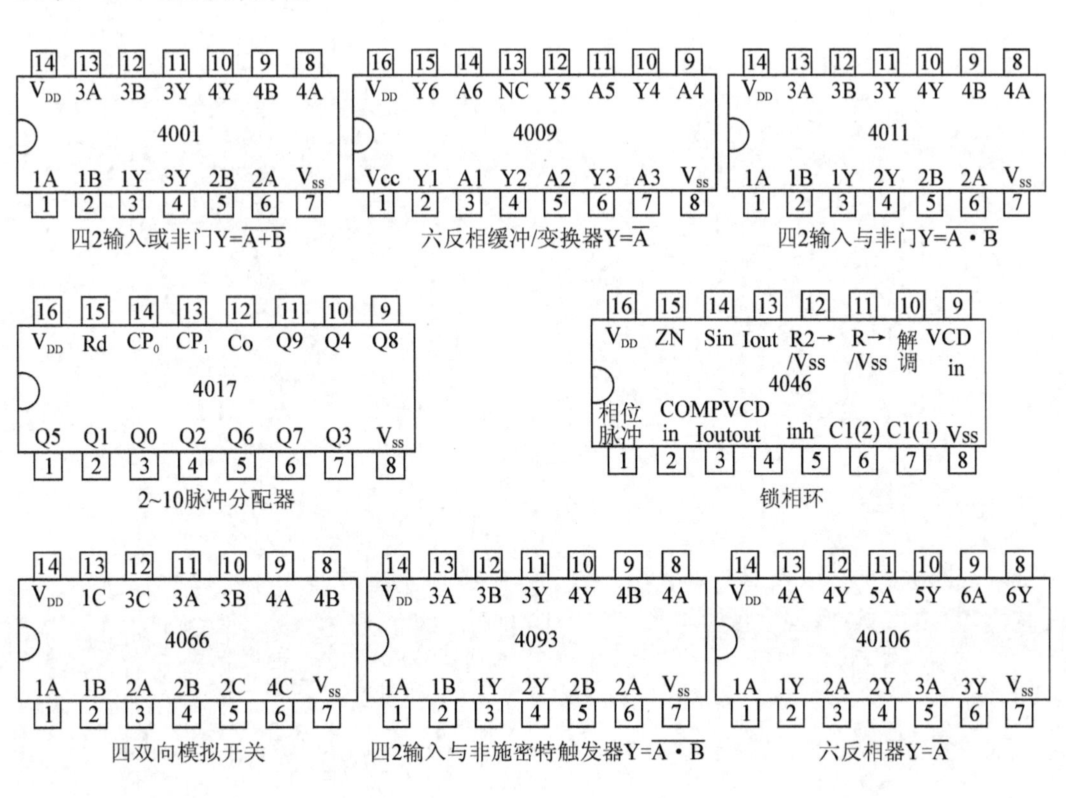

四2输入或非门$Y=\overline{A+B}$　六反相缓冲/变换器$Y=\overline{A}$　四2输入与非门$Y=\overline{A \cdot B}$

2~10脉冲分配器　锁相环

四双向模拟开关　四2输入与非施密特触发器$Y=\overline{A \cdot B}$　六反相器$Y=\overline{A}$